ACCORD DE LA SCIENCE

ET DE

LA RELIGION

PAR

Le Docteur Alfred DEVERS

Médecin en Chef de l'Hôpital de Saint-Jean-d'Angély

PARIS

SOCIÉTÉ GÉNÉRALE DE LIBRAIRIE CATHOLIQUE

VICTOR PALMÉ, DIRECTEUR GÉNÉRAL

76, Rue des Saints-Pères, 76

BRUXELLES	GENÈVE
SOCIÉTÉ BELGE DE LIBRAIRIE	HENRI TREMBLEY, ÉDITEUR
8, rue Treurenberg.	Rue Corraterie, 4.

1889

ACCORD DE LA SCIENCE

ET DE

LA RELIGION

ACCORD DE LA SCIENCE

ET DE

LA RELIGION

PAR

Le Docteur Alfred DEVERS

Médecin en Chef de l'Hôpital de Saint-Jean-d'Angély

PARIS

SOCIÉTÉ GÉNÉRALE DE LIBRAIRIE CATHOLIQUE

VICTOR PALMÉ, DIRECTEUR GÉNÉRAL

76, RUE DES SAINTS-PERES, 76

BRUXELLES	GENÈVE
SOCIÉTÉ BELGE DE LIBRAIRIE	HENRI TREMBLEY, ÉDITEUR
8, rue Treurenberg.	Rue Corraterie, 1.

1889

*La foi au Christ, bien loin d'ôter les lumiè-
res de la raison humaine, leur ajoute plutôt
une nouvelle splendeur, soit qu'elle les préserve
des erreurs que l'humanité peut encourir, soit
qu'elle les fasse pénétrer plus avant dans le
vaste champ des choses intellectuelles.*

LÉON XIII.

Encyclique *(Officio Sanctissimo),* décembre 1887.

Aux hommes de bonne volonté

Je dédie ce livre aux hommes de bonne volonté, et plus particulièrement à ceux qui ne croient pas ou qui hésitent à croire. Je le leur dédie, parce qu'il a été composé à leur intention, dans l'espoir que, Dieu aidant, leurs yeux s'ouvriront à la lumière du christianisme et que leur âme y trouvera consolation et paix, *pax ordinis*, comme dit saint Augustin, c'est-à-dire la paix de l'âme assise sur l'ordre éternel. Car ce n'est pas en vain que pour célébrer la naissance du Sauveur ont retenti, dans la plaine de Bethléem, ces angéliques paroles : « Gloire à Dieu au plus haut des cieux et paix sur la terre aux hommes de bonne volonté. *Gloria in excelsis Deo et in terrâ pax hominibus bonæ voluntatis.* »

AVANT-PROPOS

Dans les nobles desseins dont l'âme est occupée,
Les vers sont le clairon, mais la prose est l'épée.

Tout le monde connaît ces vers de Louis Veuillot.

Aussi bien, chers lecteurs, trouverez-vous un poème en tête de ce livre. C'est un coup de clairon que j'ai voulu donner pour attirer votre attention, dans l'espoir qu'après avoir lu la poésie, vous voudrez bien aussi lire la prose. Elle n'est pas de moi, cette prose, mais elle n'en remplira que mieux sa fonction d'épée, car je l'ai choisie tout exprès dans les ouvrages des hommes les plus illustres de tous les temps et de tous les lieux : historiens, philosophes, mathématiciens, législateurs, médecins, orateurs, physiciens, chimistes, naturalistes, etc. ; sans en excepter ceux dont l'hostilité contre le christianisme est connue, afin de bien mettre en évidence leur inconséquence et le peu de solidité de leurs affirmations habituellement hostiles, puisqu'ils se réfutent eux-mêmes.

Craignant d'être accusé de partialité, j'ai évité autant que possible de citer des auteurs ayant appartenu directement à l'Église, et je n'ai fait d'exception que pour ceux qu'il eût été vraiment trop difficile de laisser dans l'ombre.

J'ai aussi reproduit quelques passages de nos plus grands poëtes. Qui oserait en contester le charme et la valeur?

Pour toutes ces citations, j'ai suivi l'ordre alphabétique du nom des auteurs, comme le plus simple et le plus clair.

Enfin, j'ai voulu surtout protester ouvertement et hautement contre cette idée fausse, malheureusement trop répandue de nos jours, que le christianisme est le parti des arriérés et des ignorants, et montrer par des témoignages et des documents irrécusables, que c'est bien plutôt le contraire qui est la vérité.

J'ose donc espérer qu'après avoir lu ce livre tout entier avec attention et sans parti pris, il vous... bien difficile de ne pas être de mon avis, en consi... que les plus grands génies, qui ont paru sur la terre avant l'Ère chrétienne, se sont toujours inclinés devant un Être suprême, et que tous ceux qui ont paru depuis ont en outre reconnu hautement la divinité de N. S. Jésus-Christ.

Mais pourquoi venir troubler notre quiétude, me direz-vous peut-être? Pourquoi, si nous nous trouvons heureux ainsi, tenez-vous tant à nous convertir?

Heureux! Êtes-vous réellement heureux? Le malheur ne vous a donc jamais touchés; mais, comme dit Victor Hugo :

> Quoi donc, n'avez-vous rien au cœur qui vous déchire?
> N'avez-vous rien perdu de ceux que vous aimiez?
> Qui sait où sont les morts? Comment pouvez-vous rire?

S'il en était autrement vous seriez de bien rares privilégiés !

Et cependant vous ne seriez pas encore heureux, car c'est impossible, vous devez avoir des moments de doute, des moments où cette question brûlante de la religion et de la vie future se pose malgré vous à votre esprit ; or, pas un de vous, n'est-ce pas, ne voudrait mourir comme l'athée, dans le poème de la *Désolation*, d'Auguste Barbier :

> Et quand viendra le jour où, comme un homme las,
> Tout d'un coup, malgré toi, s'arrêteront tes pas,
> Quand le froid de la mort, dénouant ta cervelle,
> Dans le creux de tes os fera geler la moelle,
> Alors, pour en finir, si par hasard tes yeux
> Se relèvent encor sur la voûte des cieux,
> Souviens-toi, moribond. que là-haut tout est vide :
> Va dans le champ voisin, prends une pierre aride,
> Pose-la sous ta tête, et, sans penser à rien,
> Tourne-toi sur le flanc et crève comme un chien.

L'athéisme est vraiment flagellé de main de maître dans ces vers magnifiques.

Mais l'athéisme absolu est si rare qu'on peut presque le regarder comme un produit pathologique, et je ne vous fais pas l'injure, chers lecteurs, de vous prendre pour des athées endurcis.

Alfred de Musset, ce grand poète, mort si jeune, au moment même où les vastes horizons du christianisme semblaient s'ouvrir devant lui, a exprimé admirablement cette souffrance qui envahit le cœur de l'homme à un certain moment de sa vie, et en même temps il a indiqué le remède qui lui a été offert par la venue de Notre Seigneur Jésus-Christ.

> Je ne puis... Malgré moi l'infini me tourmente,
> Je n'y saurais songer sans crainte et sans espoir
> Et, quoiqu'on en ait dit, ma raison s'épouvante
> De ne le point comprendre, et pourtant de le voir.

Et plus loin :

> Je leur dirais à tous quoique vous puissiez faire,
> Je souffre, il est trop tard, le monde s'est fait vieux ;
> Une immense espérance a traversé la terre,
> Malgré nous, vers le ciel, il faut lever les yeux.

Levez les yeux au ciel, comme Alfred de Musset, et vous verrez Dieu. — *Cœli enarrant gloriam Dei.* — Cherchez-le aussi dans votre cœur et vous le trouverez, car il y a imprimé profondément son image.

« Il y a deux choses qui m'obligent à croire en Dieu, disait Kant, le ciel étoilé sur ma tête et la loi morale dans mon cœur. »

Et Voltaire, lui-même :

> L'univers m'embarrasse et je ne puis songer
> Que cette horloge existe et n'ait point d'horloger.

Il faut donc reconnaître l'existence de Dieu.

Ecoutez ce que dit Cicéron en plein paganisme : « L'existence de Dieu est une chose si manifeste que j'aurais peine à croire au bon sens de celui qui la nierait. »

Et La Bruyère, au grand siècle de Louis XIV : « Je voudrais voir un homme sobre, modéré, chaste, équitable, prononcer qu'il n'y a pas de Dieu, il parlerait du moins sans intérêt ; mais cet homme ne se trouve point. »

Donc Dieu existe. Or, puisqu'il existe, on ne peut lui refuser ni la conscience, ni l'intelligence, ni la puissance, ni la volonté, ni tous les autres attributs indispensables à son existence même, et du même coup on est obligé d'admettre l'ordre surnaturel tout entier. C'est ce que M. Pasteur a si bien démontré dans son discours de réception à l'Académie française, quand il a dit : « La notion de l'Infini a ce double caractère de s'imposer et d'être incompréhensible. Personne ne peut s'y soustraire, et par elle le surnaturel est au fond de tous les cœurs. »

« Quant à la question de savoir si Dieu peut déroger aux lois qu'il a établies pour faire des miracles, elle serait impie si elle n'était absurde, dit Jean-Jacques Rousseau ; ce serait faire trop d'honneur à celui qui la résoudrait négativement que de le punir, il faudrait l'enfermer. »

Mais, dira-t-on peut-être, si Dieu peut faire des miracles, est-il bien certain qu'il en ait fait réellement ?

D'Aguesseau répond à cette question : « Félicitons-nous, écrit-il à son fils, que les miracles sur lesquels notre foi repose soient des faits aussi avérés que les conquêtes d'Alexandre ou la mort de César. »

Et Richard de Saint-Victor s'écrie à son tour, comme pour conclure : « Si nos croyances sont fausses, c'est vous-même, ô mon Dieu, qui nous avez trompés par les miracles que vous avez faits. Ce qui est absolument inadmissible. »

C'est pourquoi l'existence de Dieu une fois acceptée, il devient comme impossible de s'arrêter à moitié chemin et de ne pas aller jusqu'à reconnaître la divinité de Notre-Seigneur Jésus-Christ.

Bayle, lui-même, après dix années d'études employées à résoudre cette question : « Devons-nous donner raison aux adversaires ou aux défenseurs du christianisme ? » n'a-t-il pas été forcé d'arriver à cette conclusion : « La divinité du christianisme ne peut laisser aucun doute à quiconque en a médité l'histoire. »

Deux solutions restent en présence : l'affirmation totale ou la négation totale ; et c'est ce que constate Proudhon, le champion de l'athéisme, quand il dit : « Croyez-vous en Dieu ? Si oui, vous n'êtes pas seulement déiste, mais chrétien et catholique, car l'un est inséparable de l'autre. Si non, osez le dire ; car alors ce n'est pas seulement à l'Eglise que vous déclarez la guerre, c'est à la foi du genre humain tout entier. Entre ces deux alternatives, catholique ou athée, il n'y a place que pour l'ignorance ou la mauvaise foi. »

Il faut donc choisir.

D'un côté, quelques savants, il est vrai, et quelques esprits bizarres. De l'autre, l'immense majorité des savants, et certainement les plus illustres, avec le genre humain tout entier. Puisse ce livre avoir raison de vos doutes et faire pencher la balance du côté du Christ. Mon but serait alors atteint et mon ambition satisfaite, car il ne pourrait en résulter pour vous que du bien.

Je termine, chers lecteurs, cette introduction déjà longue, en vous priant d'être indulgent pour le poète et de lui tenir compte de son intention.

Quant aux documents et témoignages, leur portée est tout autre et leur utilité me semble incontestable pour la défense des vérités religieuses. A ce point de vue, ce livre devrait trouver sa place dans les mains des élèves des classes de rhétorique et de philosophie de nos établissements d'enseignement libre. Quelle influence ne pourrait-il pas avoir sur ces intelligences non encore prévenues et dévoyées, en leur montrant réunies en un seul faisceau les immortelles croyances de l'humanité représentée par ses plus grands génies, et, comme un couronnement suprême, la resplendissante auréole de l'Eglise catholique, apostolique et romaine?

Et maintenant, il ne me reste plus qu'à m'incliner devant l'autorité de cette Eglise. J'espère ne pas m'être écarté de son enseignement en voulant la défendre... Ai-je trop présumé de mes forces? Si, par inexpérience, je m'étais trompé, je suis prêt à désavouer et à rétracter tout ce que j'aurais pu avancer de contraire à son infaillible jugement.

POÈME

L'Eglise est insultée... On raille sa croyance.
Au nom de la raison, au nom de la science,
On prétend renverser son glorieux drapeau,
La Croix, qu'elle maintient, adorable fardeau,
Sans jamais se lasser, pour le salut du monde,
La Croix, signe brillant, dans notre nuit profonde.

Au nom de la science, au nom de la raison,
Je viens combattre ici cette prétention.

On aura beau couvrir Jésus-Christ d'infamies,
Inventer, s'il se peut, d'autres ignominies,
Le traiter de jongleur habile ou bien de fou,
Les sages, devant lui, fléchiront le genou,
Reconnaissant de Dieu la sublime figure,
Et redoublant d'amour quand redouble l'injure.

— X —

J'espère ici montrer que la religion
Est sœur de la science, et que notre raison,
En acceptant du Christ la nature divine,
Bien loin de s'obscurcir, rayonne et s'illumine,
Car les plus grands esprits ont partout attesté
Leur croyance invincible à sa divinité ;
Et même de nos jours, ce n'est pas la science
Qui l'insulte et le hait, mais la demi-science.

Je crois au Tout-Puissant, trois fois saint, créateur
De ce vaste univers et notre seul auteur ;
De son divin amour, je crois qu'une étincelle,
En touchant notre argile, y fit l'âme immortelle ;
Qu'il veille sur son œuvre et la veut conserver ;
Que le Fils s'est fait homme afin de nous sauver
En s'offrant en victime au sommet du Calvaire.
Oui, ma libre raison accepte ce mystère,
Car, en le rejetant, pour éviter Jésus,
Elle arrive à l'absurde et ne se connait plus.
Non, la raison n'est pas faite pour tout comprendre ;
Sa faiblesse serait de vouloir le prétendre ;

Si reculé que soit son horizon fini,
Bien au-delà s'étend l'insondable infini.
Même, en ces humbles fleurs que nos pas distraits foulent,
Comme en ces globes d'or qui sur nos têtes roulent,
Le mystère est partout, et l'homme, être imparfait,
Sans atteindre la cause, est atteint par le fait.

Or, nierez-vous le Christ, et sa mort et sa gloire ?
Sur le monde changé nierez-vous sa victoire ?
C'est un fait éclatant qui ne se comprend pas.
Un mortel eût-il pu vaincre ainsi le trépas !
Cloué d'abord en croix, puis scellé dans sa tombe,
Il est ressuscité pour affranchir le monde.
Les Césars ont voulu l'étouffer dans le sang,
Mais plus le sang coulait, plus il était vivant.
Là, trois siècles durant, leur rage s'est usée
A remplir de ce sang le vaste Colysée,
Puis, au bout de ce temps, tout l'empire romain,
Un jour, sous Constantin, s'est réveillé chrétien,
Seul, il put arrêter la hache du barbare ;
Attila s'adoucit en face de la tiare ;
Enfin, le grand Clovis, en embrassant la Croix,
Jura de faire aimer et respecter ses lois.
Et maintenant encor, quand ici-bas tout passe,
Son nom remplit toujours et le temps et l'espace.
Lui seul, avec amour, nous apprend à souffrir ;
Toujours, pour ce saint nom, il est doux de mourir,

Et toujours les autels, où le monde l'adore,
S'élèvent plus nombreux du couchant à l'aurore.
Oui, quel peuple aujourd'hui ne l'a point entendu !
Quel peuple, en l'entendant, ne s'en est point ému !
Amour, bonté, justice et paix dans la lumière,
Tous ces mots sont écrits sur sa noble bannière ;
Devant elle, l'éclat du Croissant a pâli ;
L'Islam envahisseur, à son tour envahi,
Pleure dans ses déserts sa puissance perdue,
Et s'apprête à mourir, si son heure est venue.
De l'archipel austral, le sauvage habitant,
A l'ombre de ses plis, se recueille en priant ;
Vers le ciel entr'ouvert, il relève la tête ;
Aux horribles festins succède une autre fête ;
Chaque île a ses autels tout parfumés de fleurs
Où dans le même espoir se rejoignent les cœurs.
La Chine colossale et l'Afrique insondable
Immenses bastions, à l'aspect formidable,
Se sentent tressaillir, voyant cet étendart
Porté par des martyrs franchir leur vieux rempart,
Résister à la force, au mensonge, à la ruse,
Et toujours, sans que rien ne l'arrête ou ne l'use,
Ni les sables brûlants, ni la main du bourreau,
Pénétrer plus avant ou resplendir plus beau.
Il flotte librement au sein du Nouveau-Monde ;
De l'un à l'autre pôle, en sa marche féconde,

Il unit dans la Foi tous ces peuples divers
Et forme une autre Europe au milieu d'autres mers.

Oui, Jésus est le Dieu qui commande à notre âme ;
Lui seul peut allumer une si pure flamme ;
Lui seul est le Sauveur que la terre attendait,
Que prédisait Moïse et que David chantait,
Cette fleur de Jessé, ce doux fils de Marie
Dépeint par Jérémie, Amos et Zacharie,
Dont Isa racontait jusqu'au genre de mort,
Dont Michée indiquait, plus explicite encor,
Bethléem de Juda, pour le lieu de naissance,
Ce Dieu dont Daniel confirmait l'alliance,
Devant qui se taisaient les dieux de l'univers,
Et que Virgile, à Rome, acclamait dans ses vers.

Quel autre eût jamais pu vivre une telle vie,
Susciter à la fois tant d'amour et d'envie !
Recevant au berceau l'encens, la myrrhe et l'or,
Puis se transfigurant au sommet du Thabor,
Ressuscitant Lazare et mourant au Calvaire,
Il réunit en lui le ciel avec la terre.
D'abord c'est un enfant, c'est un humble ouvrier ;
Chez lui, pendant trente ans, il semble s'oublier.
Mais son heure venue, il se nomme, il commande ;
Tantôt, avec douceur, il calme ou réprimande ;

Tantôt, de son courroux laissant passer l'éclair,
Il frappe sans pitié ; le ciel, la terre et l'air
Obéissent ; partout éclatent les miracles ;
Point en point s'accomplit ce qu'ont dit les oracles ;
La foule qui le suit veut le proclamer roi.
Pleins de haine pour lui, les docteurs de la loi
S'efforcent de le perdre et il les laisse faire...
Puis, du haut de sa Croix, il ébranle la terre.
Cependant il expire, il est enseveli ;
Ses disciples troublés disent : Tout est fini.
Dès le troisième jour, sans force et sans courage,
Ils vont se disperser, fuyant devant l'orage ;
C'est alors que Jésus, se levant du cercueil,
O prodige ! apparait au milieu de leur deuil,
Tel qu'il l'avait promis, resplendissant de gloire,
Et change leurs soupirs en des chants de victoire.

Les apôtres ont vu le Christ ressuscité ;
Thomas même a placé la main dans son côté.

Tous imposteurs, dit-on, ou bien tous en démence !

Quoi, les douze à la fois ? Dans leur intelligence
Le même ébranlement se serait fait sentir,
Ou tous ils se seraient entendus pour mentir ?
Et ces douze pêcheurs, sans art et sans puissance,
Raillés, persécutés pour leur folle croyance,

Au nom d'un Juif flétri, mort entre deux voleurs,
Auraient dans l'univers enflammé tant de cœurs ;
De Jupiter, dans Rome, auraient brisé l'idole,
Puis arboré la Croix au front du Capitole ;
Enfin, prêchant partout le Christ ressuscité,
Ces martyrs de la foi, ces fous de charité,
Seuls auraient fait jaillir cette source féconde,
Depuis dix-huit cents ans s'épanchant sur le monde
Et lui versant l'espoir, la vertu, le bonheur ?...
Tous ceux qu'elle abreuva sont aux postes d'honneur.
Car les peuples chrétiens dominent sur la terre
Par les lois, par les arts, non moins que par la guerre,
Les autres ne font plus que se taire et languir,
Et c'est aux chrétiens seuls qu'appartient l'avenir.

Hé bien ! Ce flot d'amour, de lumière et de vie,
Serait le résultat d'un acte de folie,
Ou l'effet calculé d'un très habile acteur
Qu'on voudrait présenter comme un sage imposteur ?
Oh ! non, c'est impossible, et ma raison proteste ;
Il est ressuscité... Son œuvre r.. l'atteste.

L'Eglise est là, debout, dominant l'univers ;
Elle soutient les bons et résiste aux pervers.
On voit luire à son front la promesse immortelle.
« Les Portes de l'Enfer luttent en vain contre elle. »

Grandissant sous le feu des persécutions,
Elle marche, enseignant toujours les nations.
Son pouvoir est divin... Sa sublime croyance
Illumine le monde et l'emplit d'espérance.
Arrachant à la mort son aiguillon cruel,
Par la croix du Sauveur elle entr'ouvre le ciel
Et conduit les enfants dans la maison du Père.
L'Eglise a transformé la face de la terre ;
O Jésus ! Ma raison, d'accord avec ma foi,
Reconnaît humblement que Dieu même... c'est toi.

Et pourquoi récuser ta clémence infinie ?
Puisque tu mis en nous cette immortelle envie
De l'immortalité, tu voulus nous sauver,
Mais non pas malgré nous et sans nous éprouver.
Nous succombions au mal... Tu te fis mieux connaître ;
Tu pris notre nature et tu parlas en maître,
Apportant le devoir, l'amour, la charité,
A notre ingratitude opposant ta bonté.
Aussi, quand, tout chargé des crimes de la terre,
Tu fus mort sur la Croix victime volontaire,
La vieille humanité, libre de tout fardeau,
Vit rajeunir son front sous un signe nouveau.
Oui, sans cesse, ô Jésus, pour elle tu t'immoles ;
Toujours tu la nourris du miel de tes paroles
Et de ton divin corps sur l'autel descendu ;
Oui, ton amour lui rend plus qu'elle n'a perdu !

O Christ ! Si tu n'es pas fils de Dieu, Dieu toi-même
En ayant la puissance et la vertu suprême,
Il faut donc que, t'aidant de sa complicité,
L'Eternel ait voulu jouer l'humanité ?
Mais, que dis-je ?... Tout croule alors dans la nature ;
La sainte vérité fait place à l'imposture ;
Le mal n'est plus le mal, le bien n'est plus le bien,
Dieu lui-même s'efface... il ne reste plus rien,
Plus rien que le hasard... ; soutenir ce blasphème,
C'est mettre en interdit la conscience même ;
S'il est halluciné pour un être idéal,
L'homme tombe du coup plus bas que l'animal ;
Il lui faut réprimer cette ardeur de justice,
Ce sentiment du beau qui porte au sacrifice,
Ce besoin d'un bonheur impossible ici-bas
Et que la foi lui montre au-delà du trépas ;
Il lui faut au devoir opposer la licence...
Soutenir ce blasphème, oh! c'est de la démence !...
La raison se révolte à voir le genre humain
Traité par l'athéisme avec un tel dédain.

Car enfin, sans foyer, d'où viendrait l'étincelle
Qui resplendit en nous, dans notre chair mortelle,
Quand le monde moral apparaît à nos yeux
Plus durable et plus grand que la terre et les cieux ;

Quand notre esprit perçoit au-delà de l'espace
Où flottent les soleils, plus loin que ce qui passe,
D'un esprit infini la stable majesté ;
Dieu n'est pas le mensonge, il est la vérité.

Il fallait qu'en nos cœurs tu misses la croyance
A ton Être, Seigneur, pour que ton existence
S'imposât comme un fait certain au monde entier,
Qui ne cessa jamais d'adorer, de prier,
D'inonder tes autels du sang pur des victimes,
Dans l'espoir d'obtenir le pardon de ses crimes.
Oui, cet instinct est vrai, constant, universel,
Il nous force à tourner nos regards vers le ciel ;
Un jour, nous t'y verrons !... La consolante image
De l'immortel bonheur n'est point un vain mirage ;
Tu fis les instincts vrais... ; seul de l'humanité
L'universel instinct ne peut être écarté,
Ni relégué bien loin dans les pays du rêve ;
Car la raison nous dit que ta justice achève
De couronner là-haut ton œuvre en nous jugeant,
Pour honorer le bon et punir le méchant.
Chacun, dans l'avenir, aura sa destinée.
Pour l'immortalité, notre âme est façonnée ;
L'humanité le sait... Cet instinct est si fort
Qu'il lui fait surmonter les tourments et la mort.

Jamais on ne pourra vaincre sa résistance.
Arracher de son cœur l'invincible espérance
Qui la jette à genoux devant son Rédempteur...
Oui, Jésus-Christ commande, il règne, il est vainqueur!

Mais j'entends, à son tour, invoquer la science ;
On dit que notre foi prouve notre ignorance ;
On répond en citant Darwin ou bien Hégel :
« Dieu n'est que le reflet de l'homme sur le ciel,
« Un fantôme impuissant que l'homme a seul fait naître
« Et qu'il peut, s'il le veut, faire aussi disparaître ;
« Un vieux nom bien usé, très mûr pour le néant,
« Et que même bientôt ne saura plus l'enfant. »
On répond : « Que nous fait le Christ et son Calvaire ?
« Le Fils doit au néant accompagner son Père.
« Nous n'avons plus besoin de l'hypothèse Dieu
« Pour expliquer le monde, et la force en tient lieu.
« De toute éternité par la force animée,
« En vertu du progrès sans cesse transformée,
« La matière produit les agrégats divers
« Qui retournent se perdre au sein de l'univers.
« Mortels, en attendant, jouissez de la vie,
« Sachant bien qu'elle est tout et n'est de rien suivie;

« Epuisez, s'il se peut, la coupe du plaisir ;

« Plus de maître importun qui commande au désir,

« La volonté fait loi..., Ce que l'on nomme crime,

« N'est que le résultat d'un acte légitime

« Du cerveau secréteur...; de même la vertu

« Provient du mouvement que l'atome a reçu.

« Rien n'est bien, rien n'est mal, puisque tout est matière,

;« Votre âme est un vain mot...; d'abord l'homme était
[pierre,

« Puis végétal, puis singe..., aujourd'hui demi-dieu ;

« La forme ne dépend que du temps et du lieu ;

« En raison du progrès, vous avez l'assurance

« D'être un jour tout-puissants,...; croyez-en la science. »

Arrière, malheureux, qui niez l'Infini,

Car à tous il s'impose, et toujours devant lui

La Science, inclinant son noble front de reine,

Sait de la Foi, sa sœur, respecter le domaine ;

Le sien, c'est le fini, c'est l'univers entier,

Œuvre qui lui révèle un sublime ouvrier,

Autant dans la monade, au sein des mers perdue

Que dans l'étoile d'or remplissant l'étendue.

Toujours elle aperçoit l'incessante action

D'un Etre tout-puissant, sa suprême raison,

Dans tout ce qui se meut, dans tout ce qui respire ;

C'est à s'en approcher que toujours elle aspire.

Mais elle se perdrait dans son élan vers lui,
Si sa sœur ne venait lui prêter son appui.
Plus elle avance seule, et plus s'épaissit l'ombre
Qui couvre du passé le commencement sombre.
En vain le monde entier lui livre ses trésors...;
Qu'importe tout cela ? Si malgré ses efforts
L'homme reste toujours l'insoluble problème ?
Si, voulant tout connaitre, il s'ignore lui-même ?
L'homme, ce composé de matière et d'esprit,
Où va-t-il ? D'où vient-il ? Comment s'est-il produit ?
C'est la foi qui répond ; le rayon de lumière
Qu'elle a reçu du ciel éclaircit ce mystère.

Aussi bien ces deux sœurs par des chemins divers
Rencontrent l'Eternel... L'une dans l'univers
Voit éclater partout sa gloire et sa puissance,
L'autre est un don gratuit de sa magnificence.

Lui seul était, planant sur l'abîme béant,
Quand sa voix fit sortir le monde du néant.
Les atomes, soudain, innombrables, sans forme,
Comme d'inertes points couvrent l'espace énorme,
Et leur masse immobile, attendant un moteur,
Ne laisse dégager ni clarté ni chaleur...
Il commande... ; soudain, l'immense nébuleuse
S'ébranle, tourbillonne et devient lumineuse ;

Tel est le *fiat lux* de la création,
Tout monde à son berceau ne fut qu'un tourbillon.

La science est ici d'accord avec Moïse ;
Au travers de l'éther, vibration transmise,
La lumière parut bien avant le soleil
Et le jour n'était pas à notre jour pareil.

Astre échappé des flancs du tourbillon solaire,
La terre brille alors de sa propre lumière ;
Mais dès le second jour son éclat s'affaiblit ;
Dans son parcours glacé son écorce durcit.
Les épaisses vapeurs circulant dans l'espace.
Se condensent... Les eaux recouvrent sa surface
Ou flottent au-dessus comme un noir vêtement,
Et, pour les séparer, s'étend le firmament.
Contre le dur granit, la lave incandescente
Océan souterrain, lance sa vague ardente ;
L'aride se soulève en limitant les mers,
Et la vie apparait... ; des végétaux divers
Recouvrent le sol nu d'un tapis de verdure ;
L'atmosphère bientôt s'éclaircit et s'épure.
Pour la première fois, des hauteurs du ciel bleu
Tombent en gerbes d'or les longs rayons de feu,
Puis, la reine des nuits, se couronnant d'étoiles,
A son tour resplendit dans l'espace sans voiles.

D'innombrables poissons peuplent les océans ;
Les flots sont sillonnés de reptiles géants ;
Les oiseaux fendent l'air de leurs rapides ailes ;
Au bord des clairs ruisseaux bondissent les gazelles,
L'énorme mastodonte et les fauves puissants
Remplissent les forêts de leurs rugissements.
Chaque espèce à son tour domine sur la terre.
Mais un reflet divin pénètre la matière ;
L'homme image de Dieu reçoit enfin le jour
Et vers son Créateur s'incline avec amour.

À l'hymne universel ajoutant sa prière,
Oui, l'homme a toujours su reconnaître son Père ;
Au milieu des déserts, des cités ou des bois,
Pour l'implorer toujours il élève la voix ;
Il se sent supérieur à toute créature,
Seul maître incontesté, vrai roi de la nature,
Seul responsable enfin, seul libre de son sort.
Aussi d'un œil avide interrogeant la mort,
Il se trouble en songeant au terrible *peut-être*
Que recèle la tombe... « Être ou bien ne pas être ? »
Ce problème l'obsède... ; il en est tourmenté ;
Mortel, il entrevoit son immortalité.
Car il est le produit d'une autre intelligence
Et par elle il vivra... : c'est là son espérance,
Il atteindra ce but ardemment souhaité,
La contempler au Ciel dans toute sa beauté.

« La mort l'entoure en vain de ses ombres funèbres,

« Sa raison voit le jour à travers les ténèbres.

« Borné dans sa nature, infini dans ses vœux,

« L'homme est un roi tombé qui se souvient des cieux,

« Soit que déshérité de son antique gloire

« De ses destins perdus il garde la mémoire,

« Soit que de ses désirs l'immense profondeur

« Lui présage de loin sa future grandeur. » [1]

Et vous osez toucher à sa noble figure,

Vous ne frémissez pas de jeter en pâture

A ses sens enivrés des affirmations

Que tous les vrais savants traitent de fictions ?

Si vous réussissiez, quel progrès dérisoire !

Quelle honte pour vous, qu'une telle victoire !

On verrait les humains du devoir oublieux

Dans leurs actes singer leurs prétendus aïeux ;

La force au lieu du droit ; l'ardente convoitise

Des appétits brutaux sans réserve permise ;

La guerre universelle et le bras du plus fort

Niveler tous les fronts dans la fange ou la mort.

Et vous osez encor nous taxer d'ignorance,

Vous osez contre nous invoquer la science !

(1) Ces huit vers sont de Lamartine.

Mais voyez donc partout; ses plus nobles enfants
Condamnent hautement vos rêves malfaisants.
Sur quoi les basez-vous ?... Sur rien, sur l'hypothèse ;
Vous n'avez aucun fait appuyant votre thèse,
Ce chef-d'œuvre, il est vrai, d'imagination,
Mais pour y croire il faut contraindre la raison.
C'est de la fantaisie et non de la science.
Jamais vous ne pourrez rayer l'intelligence,
Qui d'un si vif éclat brille dans l'univers,
Et qui sut le peupler de tant d'êtres divers.
Nous sentons le besoin d'un Sauveur et d'un Père ;
Jamais vous ne pourrez éteindre la lumière
Qui rayonne sur nous du haut du Golgotha,
Ni chasser de nos cœurs Celui qui l'apporta.
Vous répondrez un jour de toutes les colères
Que pourront susciter vos malsaines chimères,
Si le Bien et le Mal ensemble confondus
Ne font plus qu'un aux yeux des peuples éperdus.
Pitié, pitié, Seigneur, pour la foule en délire !
Mais pour ces orgueilleux que ton nom fait sourire,
Quand ils croiront dormir de leur dernier sommeil,
Par un coup de ta foudre éclaire leur réveil !

O soleil des esprits que l'univers adore,
Tous les plus grands esprits dont la terre s'honore,

Ont incliné leurs fronts devant ta Majesté,
Car la science aussi mène à la Vérité.
O soleil des esprits, éternelle lumière,
De ce monde changeant seule cause première,
Rien ne vit que par toi ; les êtres en tous lieux
Reflètent ta pensée existante avant eux.
Oui, la matière esclave et non pas souveraine,
Obéit à ta voix, sans amour et sans haine,
Sans pouvoir rien changer à tes ordres reçus,
Pour former des sujets définis et voulus.
Et comme les tableaux successifs d'un grand maitre,
Dont la main se devine en les voyant paraître,
De même ces sujets, dans leur diversité,
Portent le sceau commun de ta paternité.
Ta volonté forma chaque anneau de la chaîne
Qui va de l'infusoire à la nature humaine,
Pour marquer les degrés de l'animalité ;
Car chaque espèce est fixe, et son type arrêté
Sous ses variétés demeure inaltérable.
Ta volonté traça le cercle infranchissable
Où l'espèce à jamais commence et doit finir.
A toi seul, Dieu puissant, appartient l'avenir.
Et plus de la Nature on écarte le voile,
Plus on te reconnait dans la fleur, dans l'étoile,
Dans l'aile qui soutient le léger papillon
Dans la raison de l'homme et dans l'humble grillon.

Oui, tout dans l'univers est poids, nombre, harmonie ;
Ton cachet est partout... aveugle qui le nie !
Il suffit de vouloir pour y lire ton nom.

Les Bacon, les Képler, les Volta, les Newton,
Les Euler, les Pascal..., l'honneur de la science,
Partageaient des chrétiens la divine croyance.
De même les Dumas, les Liebig, les Bernard,
Les Biot, les Gay-Lussac, les Chevreul, les Chauffard,
Les Flourens, les Pasteur, nos plus illustres maîtres,
Récusent de Darwin les grotesques ancêtres.

O phalange sacrée, avec toi nous marchons
Dans le chemin du vrai, loin des illusions.
L'athéisme aux abois nous taxe d'ignorance ;
Fais-lui sentir ta force et sa propre impuissance ;
Qu'il reconnaisse enfin sa détestable erreur
Et s'annule à jamais devant le Créateur
Que la science admet, que la raison proclame
Et que le genre humain dans ses transports acclame.

Le Dieu de la nature est le Dieu de l'amour
Et, quand nous l'implorons, de lui vient le secour.
Ce Dieu n'est pas pour nous une chose inconnue,
Sans parole et sans nom..., une vaine statue
Qu'un mur d'airain sépare à jamais des vivants,
Il s'appelle Jésus, nous sommes ses enfants,
Et lui-même a voulu mourir sur le Calvaire
Pour nous rendre à ce prix notre grandeur première.

Ainsi, vous tous, qu'entraîne un faux savoir trompeur,
Ouvrez enfin les yeux... revenez au Sauveur.
Vous pouvez l'adorer, quand les plus fiers génies
Contemplent à genoux les splendeurs infinies,
Les suprêmes beautés de son amour divin...
Seul un Dieu pouvait tant aimer le genre humain !
Croyez-moi, son Eglise est vraiment notre mère !
Unissons donc nos cœurs dans la même prière,
Et tous, pour obéir à la voix du Seigneur,
Ne formons qu'un troupeau, n'ayons plus qu'un pasteur.

Ce Pasteur, il est là sur la chaire de Pierre,
Depuis dix-huit cents ans réflétant la lumière
De son Maitre divin, comme un phare immortel,
Pour éclairer nos pas sur la route du ciel.
L'Enfer, dans sa fureur et son orgueil, s'efforce
De le jeter à bas par la ruse ou la force.

Les siècles ont passé, mais il n'a point fléchi ;
Les siècles passeront, il n'aura point vieilli.
Sur son roc immobile et portant haut la tête,
Il voit se déchainer l'infernale tempête ;
En vain, peuples et rois, ensemble conjurés,
Sapent ses fondements par le Christ assurés,
Et joignent leurs efforts aux efforts de l'Abîme,
Rien ne peut ébranler cette immuable cime.
Ainsi qu'un astre brille à la voûte des cieux
D'un éclat toujours pur et toujours radieux,
Tel, sans faiblir jamais, ce phare tutélaire
Trace dans notre nuit son sillon de lumière.

Ce pontife, il est là qui nous ouvre ses bras ;
Oh ! pourquoi ses enfants se montrent-ils ingrats !
Qui, mieux que lui, pourrait soulager les misères,
Dans les cœurs ulcérés, apaiser les colères ;
Comme un père il nous aime et nous veut protéger ;
Frères, venez à lui, *car son joug est léger.*
Lui seul a le secret des choses éternelles,
Lui seul a le pouvoir de nous donner les ailes
Qui nous emporteront au séjour des élus,
Pour y vivre à jamais heureux, avec Jésus.

ACCORD DE LA SCIENCE

ET DE

LA RELIGION

DOCUMENTS & TÉMOIGNAGES

ABBADIE

(Vérité de la religion chrétienne, Ch. IX.)

Le résumé des preuves de l'existence de Dieu et des objections de l'incrédulité arrive à ces cinq comparaisons ou parallèles :

1º Le sentiment des athées est singulier et extraordinaire ; le nôtre a l'avantage du consentement général ;

2º Il est de notre intérêt, et de notre intérêt honnête et raisonnable, de croire qu'il y a un Dieu, au lieu qu'il est seulement de l'intérêt de la cupidité et des passions déréglées de croire qu'il n'y en a point ;

3º Notre sentiment a une infinité d'heureuses suites et c'est le contraire pour l'incrédulité ;

4° Il y a plus de ténèbres et de difficultés dans l'opinion de ceux qui nient la divinité que dans le sentiment de ceux qui la reçoivent ;

5° Enfin, il y a une infinité de raisons qui persuadent cette première vérité, sans qu'il y en ait une seule qui puisse passer comme preuve pour montrer le contraire.

ADDISSON

(De la religion chrétienne, 1re et dernière pages.)

Mon but est de m'assurer d'une manière plus indubitable des faits rapportés dans les évangiles et de l'authenticité de ces livres qui les rapportent ; vérité d'autant plus intéressante, que la preuve de cette authenticité et de ces faits est la base sur laquelle repose tout l'édifice de la religion. Nous étudierons d'abord les auteurs païens qui ont parlé de Jésus-Christ.

Ainsi, nous venons de voir la facilité que les païens avaient eue de s'éclairer ; et le témoignage, que les uns ont donné par leurs écrits et leurs aveux, d'autres par leur conversion et leur martyre, est pour nous une preuve de plus et une consolation.

Les faits qui fondent la crédibilité du christianisme sont d'une telle probabilité, d'une telle certitude, que les rejeter serait choquer les règles les plus sûres de la logique et renoncer aux maximes les plus communes de la raison.

Addisson à son lit de mort.

Mon fils, voyez dans quelle paix de l'âme meurt un chrétien.

ADRIEN (EMPEREUR)

Lettre à Minucius Fundanus, proconsul d'Asie.

L'affaire doit être éclaircie, si l'on ne veut pas égarer les esprits, ni faciliter à la calomnie son œuvre perverse. Si les habitants de la province ont contre les chrétiens des griefs qu'ils puissent faire valoir devant les tribunaux, qu'ils s'adressent aux juges au lieu de vociférer et d'exciter des tumultes contre eux soit au théâtre, soit au marché. Il vaut mieux qu'un accusateur se présente et que tu l'écoutes. S'il prouve qu'un chrétien a violé la loi, qu'il soit puni suivant la gravité de son crime. Si la calomnie s'en mêle, démasque-la pour la réprimer ensuite.

AGASSIG

(Les Poissons fossiles, 1 p. 171, et Essai de classification. 1 Sect. 1)

Le monde est la manifestation d'une pensée aussi puissante que féconde, la preuve d'une bonté aussi infinie que sage, la claire démonstration d'un Dieu personnel premier auteur de toutes choses, régulateur de l'univers, dispensateur de tous biens.

Un même plan embrasse dans une vaste échelle toutes les espèces paléontologiques, aussi bien que les espèces et familles actuelles des végétaux et des animaux. Il n'y a qu'un même type organique plus ou moins arrêté partout ailleurs dans son développement et développé en entier dans l'homme seul.

Chez certains animaux, on voit, il est vrai, paraître des organes qui ne s'expliquent point par des fonctions correspondantes, comme par exemple les dents des baleines qui ne percent pas, les mamelons des mâles chez les mammifères. On a cherché à étayer l'hypothèse Darwinienne sur la persistance de ces organes rudimentaires. Mais ces organes ne figurent dans le corps de l'animal que comme des éléments architectoniques; ils ont été conservés et maintenus pour la symétrie et pour montrer la régularité constante du plan général de la nature, malgré leur évidente inutilité pratique.

De quelque côté que l'on prenne la théorie, qui attribue à l'influence des agents physico-chimiques l'origine des êtres organisés, cette théorie ne supporte ni l'examen, ni la critique. L'intervention d'une intelligence suprême agissant toujours d'après un même plan peut seule rendre compte de phénomènes de ce genre.

C'est pourquoi le transformisme doit être con-

...déré comme une bévue scientifique, inexacte dans les faits sur lesquels elle s'appuie, antiscientifique dans sa méthode et malsaine dans ses tendances.

D'AGUESSEAU

(*IVe Médit.*, tome II, p. 144)

'Je sens qu'il y a des faits qui ne me sont connus que par le témoignage des hommes, dont il m'est aussi peu possible de douter que des vérités les plus évidentes, comme celles de la géométrie. Puis-je douter, par exemple, de l'existence de Rome, où je n'ai jamais été ?.....

Puis-je seulement soupçonner que l'historien me trompe, ou qu'il est lui-même trompé, quand il m'assure qu'Auguste a été le premier empereur romain ?.....

Si les vérités de la géométrie sont plus lumineuses, parce que j'en découvre le principe, celles-ci ont l'avantage d'être à la portée du commun des hommes et de faire dans leur âme une impression plus profonde et plus durable. On dispute tous les jours sur les méthodes géométriques ; on dispute sur l'évidence même ; mais on ne s'est jamais avisé de disputer sur l'existence de Rome ; et, s'il s'est trouvé quelquefois des hommes qui ont révoqué en doute des faits de cette nature, on les a regardés comme des fous ou du moins comme des sophistes méprisables, qui abusaient de la subtilité de leur esprit.

« Quiconque a bien médité toutes ces preuves trouve, qu'il est non seulement plus sûr, mais plus facile de croire que de ne pas croire; et je rends grâce à Dieu d'avoir bien voulu que la plus importante de toutes les vérités fût aussi la plus certaine.....

Félicitons-nous donc, mon fils, que les miracles sur lesquels notre foi repose, soient des faits aussi avérés, que les conquêtes d'Alexandre ou la mort de César.

XIIIe Discours, 14 août 1699

La vérité s'est fait entendre par la voix du pape et par celle des évêques; elle a appelé la lumière, et la lumière est sortie du sein des ténèbres. Il n'a fallu qu'une parole pour dissiper les nuages de l'erreur.

« Un des plus saints pasteurs, que Dieu dans sa miséricorde ait jamais donné à son Église, un pape digne par son éminente piété d'être né dans ces siècles heureux, où le ciel mettait au nombre de ses saints tous ceux que Rome avait élevés au rang de ses pontifes, est celui que la Providence a choisi pour faire ce discernement si nécessaire, mais si difficile, entre la vraie et la fausse spiritualité. Il semble que Dieu, dont les yeux sont toujours ouverts sur les besoins de son Église, ait prolongé les jours de notre saint pontife, qu'il ait ranimé sa vieillesse comme celle de l'aigle, pour parler encore le langage de l'Écriture, et qu'il lui ait inspiré une nouvelle ardeur à l'extrémité de sa course, pour le mettre en état d'être non seulement l'auteur, mais le consommateur de ce grand ouvrage.

ALBIERI

(Le problème de la destinée humaine. — Florence 1873)

Partout où existe un être pensant, cet être a l'idée du divin. Partout où bat un cœur d'homme, ce cœur pressent l'infini ; partout où les lèvres humaines peuvent articuler une parole, elles ont une parole qui nomme Dieu.

AMBROISE (SAINT)

De fide resurrectionis, c. 52

Puisque notre vie repose sur l'union de l'âme et du corps, et que la résurrection doit être suivie de récompenses et de châtiments, il faut que tout l'homme reparaisse tel qu'il est par nature, pour recevoir la rétribution que méritent ses œuvres. Comment l'âme seule serait-elle soumise au jugement, elle, qui doit rendre compte de la vie qu'elle a passée dans le corps ?

AMPÈRE

(Revue des Deux Mondes, Juillet 1835)

L'ordre d'apparition des êtres organisés, tel

qu'il nous est révélé chaque jour par l'étude des différentes couches de l'écorce terrestre, est précisément l'ordre de l'œuvre des six jours , tel que nous le trouvons dans la Genèse.

Il faut donc admettre nécessairement, ou que Moïse avait dans les sciences une instruction aussi profonde que celle de notre siècle, ou qu'il était inspiré. L'une ou l'autre de ces conclusions s'impose.

Nota. — Ampère, à son lit de mort, répondit à un ami qui s'offrait de lui lire un chapitre de l'Imitation de J.-C. : « Oh ! je la sais par cœur toute entière. » Ce fait a été raconté par Arago.

ARAGO (ÉTIENNE)

(Annuaire de 1853)

Celui qui, en dehors des mathématiques pures, prononce le mot *impossible*, manque de prudence.

Remarques scientifiques, t. III, p. 500

La force d'attraction ne peut suffire à elle seule pour expliquer le mouvement des corps célestes.

ARISTOTE

(Métaphysique, II, 1, 3)

Comme les yeux des oiseaux de nuit sont disposés par rapport à la claire lumière du jour, ainsi notre intelligence, qui est l'œil de notre âme, est disposée par rapport aux choses divines, qui sont de leur nature les plus claires et les plus évidentes de toutes. L'incompréhensibilité du mystère n'est due qu'à l'imperfection de notre intelligence ; car, en face de la clarté absolue, notre esprit éprouve un éblouissement pareil à celui de l'oiseau de nuit dans la pleine lumière du jour.

Ce qu'il y a de plus grand et ce qu'il y a de plus petit, Dieu et l'atome, échappent précisément de mille manières au regard de l'esprit le plus pénétrant.

Id. ii, 2

En matière de causes, on ne peut reculer jusqu'à l'infini, mais il faut nécessairement admettre une cause première et suprême sans laquelle aucune cause moyenne n'est concevable.

Id. iv 6, xii 7, 8 et 9.

Comment quelque chose pouvait-il être mu avant qu'il existât une force motrice ? Donc Dieu existe, Dieu pur et suprême esprit.....

Dieu est la cause de tout mouvement, car rien n'entre en mouvement, si ce n'est par l'action d'un être déjà en mouvement lui-même ; donc Dieu est immuable, immatériel, activité pure, pur esprit ; donc il est la source de toute vie ; la vie même à sa plus haute puissance. L'esprit divin

doit avoir un objet digne de soi ; cet objet de sa
pensée n'est autre que lui-même ; Dieu se pense
lui-même. C'est dans cette connaissance qu'il a
de lui-même, que Dieu trouve son bonheur. Dieu
fait mouvoir l'univers comme objet de l'amour
universel, parce qu'il est le bien suprême, le principe de toute vie et l'être unique par l'espèce
comme par le nombre.

Il en est du monde comme d'une armée ; pour
qu'il y ait de l'ordre il faut un chef ; ce n'est
pas l'ordre qui fait le chef, mais c'est le chef
qui fait l'ordre. Ceux qui n'admettent pas un
chef jouissant d'une existence à part et distincte
du monde, se voient forcés d'admettre des
absurdités : savoir que l'Etre est sorti du néant ou
bien que tout ce qui existe est la même chose.....
Il n'y a qu'un principe suprême ; ceux qui
admettent une série infinie d'êtres dont chacun
a son principe propre, ruinent l'unité du monde,
et y substituent une multitude d'individualités
indépendantes les unes des autres, ce qui est le
contraire de ce qui existe réellement.

ARNAULT

(La recherche de la vérité, ch. I)

Quand on compare les deux voies générales
qui nous font croire qu'une chose est, la raison
et la foi, il est certain que la foi suppose toujours
quelque raison. Car, comme dit saint Augustin

dans sa lettre 122, nous ne pourrions pas nous porter à croire ce qui est au-dessus de notre raison, si la raison même ne nous avait persuadé qu'il y a des choses que nous faisons bien de croire, quoique nous ne soyons pas encore capables de les comprendre ; ce qui est principalement vrai à l'égard de la foi.

Dieu étant la vérité même, il ne peut nous tromper en ce qu'il nous révèle de sa nature ou de ses mystères ; d'où il paraît, encore que nous soyons obligés de captiver notre entendement pour obéir à J.-C., comme dit saint Paul, nous ne le faisons pas aveuglément et déraisonnablement.

ARNOBE

(Adversus Gent., 1, 45)

Était-ce un simple mortel, un homme comme nous, Celui dont la puissance, dont une seule parole chassait les infirmités, les maladies et toutes les incommodités corporelles ?

Était-ce un homme comme un autre, Celui qui, d'une seule parole, guérissait des centaines de malades à la fois ; Celui dont la voix apaisait la mer courroucée et faisait taire la tempête ; Celui qui marchait sur les flots ; Celui qui, avec cinq pains, rassasiait une multitude de cinq mille personnes et faisait remplir douze corbeilles des restes du repas ?

Etait-ce un homme comme nous, Celui qui rappelait dans leurs corps les âmes depuis longtemps parties, dont les morts ensevelis depuis quatre jours entendaient la voix et pour être débarrassés de leur linceul sortaient de leur sépulcre ?

Etait-ce un homme comme l'un de nous, Celui qui lisait dans le secret des âmes et des cœurs ? N'était-il rien de plus que nous, Celui qui, après avoir déposé son enveloppe mortelle, se fit voir en plein jour à plus de cinq cents personnes réunies ; Celui qui, après sa résurrection s'entretint avec ses disciples, fut interrogé par eux, les reprit, les avertit ; Celui qui, pour qu'ils ne pussent croire avoir été trompés par leur imagination, conversa plusieurs fois familièrement avec eux, se laissa toucher par leurs mains ?

Non ; c'était le Dieu très haut, le vrai Dieu descendu parmi les hommes comme Dieu sauveur. Lorsqu'il quitta momentanément le corps, dont il s'était revêtu pour le salut du monde, et qu'il laissa voir quelle était sa nature, les éléments se troublèrent et l'univers en fut ébranlé.

ARNOLD

(Le développement de la classe ouvrière, p. 16, Bâle 1881)

Un fait constant, c'est que l'Eglise catholique a relevé le travail manuel du mépris où il était, et si l'on considère que les villes, séjours des ouvriers, se formèrent généralement autour des sièges épiscopaux, on peut même dire que l'Eglise a fondé le travail libre. Un autre fait non moins certain, c'est que toute ville saluait comme un jour de délivrance le jour où elle passait de la juridiction du comte à celle de l'évêque. « Sous la crosse il fait bon vivre. »

Les évêques n'étaient pas les oppresseurs, mais les protecteurs des cités dont ils favorisaient le développement.

ATHANASE (SAINT)

(De Incarnatione verbi, t. I, ch. XLVII)

Qui ne sait qu'avec tous leurs livres, les docteurs de la sagesse hellénique, n'ont jamais persuadé personne, même parmi leurs disciples, d'embrasser la vertu ? Tandis que le Christ, avec ses enseignements tout simples, et sans user des artifices de l'éloquence, a formé par tout l'univers des sociétés entières d'hommes, qui savent mépriser la mort et s'attacher à ce qui ne meurt point, négliger les choses du temps et ne regarder que celles de l'Eternité, ne faire aucun cas de la gloire terrestre et n'aspirer qu'à la gloire du Ciel.

Oratio II, C. arian 2

Si Dieu n'est point fécond de sa nature, s'il est stérile comme serait une lumière qui n'éclairerait point, comme une source sans eau, comment les Ariens peuvent-ils lui attribuer la création du monde ? En refusant la vertu créatrice à sa nature, comment peuvent-ils l'accorder à sa liberté ? S'il a voulu créer quelque chose hors de lui, à plus forte raison a-t-il voulu être père d'une génération qui vint de sa nature propre. *Deus solus, sed non solitarius.*

ATHÉNAGORE

(De resurrect. c. Gent. III, 17 et 18)

Ce n'est pas en vain que Dieu a créé le monde ; car Dieu est sage, et jamais la sagesse n'a accompli une œuvre sans but ou dans un but personnel, car elle n'a besoin de rien. Pour ce qui est de la raison première et universelle, Dieu a créé l'homme pour lui-même et à cause de la bonté et de la sagesse, qui éclatent de toute part dans la création ; quant à la raison qui touche de plus près à la créature, on peut dire que Dieu a créé l'homme précisément à cause de la vie de l'homme, mais non pas à cause de cette vie terrestre si courte et de si peu de durée.

AUGUSTIN (SAINT)

(Civit Dei XI, 26. — De Trinit. XII, t. XV.)

De toutes les créatures il n'en est pas qui se rapproche plus de Dieu que l'homme, et c'est pourquoi nous reconnaissons en nous-mêmes l'image affaiblie de l'ineffable trinité. En effet, nous sommes et nous connaissons que nous sommes, et nous aimons notre être, ainsi que la connaissance que nous en avons. Aucune illusion n'est possible sur ces trois objets. Car, comme je connais que je suis, ainsi je connais que je me connais. Lorsque j'aime ces deux choses, j'y en ajoute une troisième de la même importance que les deux autres. Et ces trois choses n'en font qu'une, ne sont qu'un seul et même être. Donc en voyant l'amour vous voyez la trinité : Celui qui aime, Celui qui est aimé, et leur mutuel amour.

(L. c. c. tract. xxxviii in Joan.)

Vous vous étonnez que le Verbe de Dieu se soit enfermé dans le sein de la Vierge Marie. Mais dans la parole de l'homme, toute éloignée qu'elle est de l'essence divine, il se passe quelque chose de semblable. La parole de l'homme a aussi son incarnation. Comment cela ? Ma parole est d'abord à l'état de pensée et toute spirituelle dans mon esprit, différente de la parole sensible et vocable que ma bouche prononce et qui frappe votre oreille. Ensuite, lorsque la parole de mon esprit, ma pensée que mon esprit a engendrée, veut se produire au dehors, qu'arrive-t-il ? Elle s'incarne dans la voix, devient parole sonore et arrive ainsi jusqu'à vous. Ma parole, mon verbe

est en moi, il s'incarne dans la voix; le Verbe
de Dieu était dans le sein du Père, et il a pris la
nature et la chair de l'homme. Mon verbe, qui
qui était en moi, est parvenu jusqu'à vous, il
s'est révélé à vous. Vous entendez ce verbe, et
des milliers d'autres l'entendent avec vous; et
cependant il est mon verbe et il n'a pas cessé
d'être mon verbe, la pensée de mon esprit. De
même le Verbe de Dieu est devenu visible pour
tous, sans cesser d'être dans le sein du Père.
Comment pouvez-vous outrager le mystère du
Verbe de Dieu, vous qui ne comprenez pas même
la parole de l'homme?

La révélation est un fait nouveau et sublime,
mais elle n'est pas étrangère à la raison au
point de ne pas se rattacher à elle sous aucun
rapport. Nous devons raisonner notre foi, afin de
pouvoir rendre compte de nos espérances. C'est
la raison, qui nous mène à la foi, en pesant les
motifs sérieux que nous avons de croire. Ces
motifs sont susceptibles d'être démontrés et
constatés avec la plus entière certitude.

(*De fide, c.* VII)

N'aurions-nous pas sur le Christ et sur l'Église
les témoignages des prophètes, qui ne serait
cependant disposé à croire qu'une révélation
divine a dû se manifester au monde, en voyant
l'univers adorer le seul vrai Dieu, abandonner
les idoles et renoncer aux superstitions les plus

enracinées ? Et qui a pu amener une telle révolution ? Un homme baffoué, emprisonné, chargé de fers, battu de verges, insulté et enfin mis à mort par ses concitoyens; des disciples, pêcheurs et publicains, simples et ignorants qu'il avait choisis pour prêcher son évangile et annoncer sa résurrection, dont ils avaient été témoins; ils furent fidèles jusqu'à la mort et combattirent par la patience, rendant le bien pour le mal, et demeurèrent vainqueurs non en donnant la mort, mais en la recevant. Voilà les puissants moyens qui ont transformé le monde en lui faisant adopter une nouvelle croyance, et converti les cœurs à l'Évangile. Comment le Crucifié aurait-il atteint un semblable résultat, si Dieu ne s'était pas fait homme en sa personne?

(In Job tract. xxiv 1)

Comment le miracle serait-il contraire à la nature, puisqu'il a lieu par la volonté de Dieu, et que la volonté de ce Créateur suprême de l'univers forme l'intime essence de toutes choses. Les miracles par lesquels Dieu conduit et gouverne le monde, sont, à cause de leur régularité même, si peu appréciés des hommes que personne seulement ne remarque la merveille que Dieu opère dans chaque grain de blé qui germe. C'est pourquoi il s'est réservé dans sa miséricorde quelque opération extraordinaire à faire en temps et lieu, afin d'étonner les hommes en leur

2

montrant, non des choses plus grandes, mais des faits extraordinaires, puisque ses merveilles ordinaires ne les frappaient plus. En effet, la résurrection de N.-S. Jésus-Christ était seule capable d'amener les disciples à croire à l'Église et à l'avenir du christianisme. C'est pourquoi ils ont eu le pouvoir de faire des miracles, et c'est pourquoi ils ont réussi. Que si quelqu'un croit que les apôtres n'ont pas opéré de miracles, lorsqu'ils ont déterminé le monde à croire à la résurrection de N.-S. J.-C., ce grand miracle nous suffit, que tout le monde ait cru sans miracle.

(*Serm* cxvi *cf.*)

Le Christ s'est manifesté aux apôtres et à nous, mais ni aux apôtres, ni à nous, il n'a été donné de le voir tout entier. Ils le virent lui la tête (de l'Eglise) et crurent au corps (de l'Eglise); et nous, nous voyons le corps, et nous croyons à la tête. La fondation et la durée de l'Eglise au milieu des orages de tous les siècles, est le plus grand des miracles se perpétuant à la face de l'univers, l'accomplissement de toutes les prophéties.

(De Civitate Dei xi *et de Genes ad litt. 4, 18)*

Il est certain que les trois premiers jours de la création ne sont pas des jours astronomiques, mais des jours prophétiques, c'est-à-dire des périodes d'une durée indéterminée ; car ce n'est qu'à partir du quatrième que le soleil et la lune apparaissent, et que la nuit et le jour sont déterminés ; par conséquent, les autres jours peuvent être envisagés de la même manière. On ne saurait objecter la formule qui termine le récit de chaque jour « et il fut soir et il fut matin », puisqu'elle est employée pour les trois premiers, où il n'y avait ni lever ni coucher de soleil ; il faut donc entendre par soir le fait d'une création accomplie, et par matin le fait d'une création à accomplir. La suite des jours n'est qu'une façon d'exposer et de rendre sensible le récit de la création ; l'homme a été créé pour connaître Dieu, l'aimer en le connaissant, le posséder en l'aimant, et être heureux en le possédant. Car le bonheur c'est la paix de l'âme assise sur l'ordre éternel. — (*Civ. Dei* xxx 15).

Le quatrième jour de Moïse marque l'heure où les deux grands luminaires du ciel commencèrent de briller pour notre globe, non celle où ils sortirent du néant ; l'heure où l'on aurait pu les voir dans le foyer, non dans leur clarté reflechie par l'épaisse atmosphère des premiers jours.

BACON

(Novum Organum)

Il est vrai que les premiers jours de la création ne sont pas des jours astronomiques.

La religion est l'arôme qui empêche la science

de se corrompre. Un peu de science éloigne de la religion, beaucoup de science y ramène.

Ibid.

O Père qui avez commencé toutes vos œuvres par la création de la lumière visible, et qui les avez toutes terminées par la création de la lumière intellectuelle quand vous soufflâtes sur la face de l'homme, daignez diriger et protéger cet ouvrage qui, ayant eu votre bonté pour principe, doit avoir votre gloire pour fin.

Testament

Je lègue à Dieu et je dépose entre ses mains mon âme et mon corps. Je le conjure par les mérites de la bienheureuse Passion de mon Sauveur, de se souvenir de mon âme au jour de mon trépas et de mon corps au jour de la résurrection. . . . .

BAGLIVI

(Traduction de J. BOUCHER, *introduction* p. 34 et 35)

La constitution de l'homme est une question fondamentale sur laquelle il n'est pas permis de glisser..... On n'est point libre à cet égard. Médecins, moralistes et métaphysiciens, personne n'a le droit de compter sur des résultats un peu clairs, si l'on veut étudier isolément l'un ou l'autre des principes constitutifs de l'homme.

Que dirions-nous d'un artiste imprudent qui, chargé de réparer une machine hydraulique n'y voudrait voir que des rouages? qu'arrivera-t-il? Auscultée, percutée de toutes manières, la machine laissera voir bien vite la lésion organique qui est la cause du dérangement. L'artiste répare l'organe et s'en va.

Mais l'organe réparé, la machine n'est pas guérie; le mal se reproduit à la même place ou autre part. D'où vient cela? C'est que la maladie vient de plus haut.

Moins imbu du préjugé des organes, un autre artiste vient et trouve cette cause dans les modifications éprouvées par le principe vital de la machine qui est le régime de l'eau motrice. Ce régime est ramené à ses conditions normales et l'artiste s'en va.

Pourquoi cependant la maladie obstinée persiste-t-elle à reparaitre? C'est qu'elle vient de plus haut encore..... et peut-être il faudra qu'un troisième artiste vienne pour montrer que la maladie toute entière résidait dans l'intelligence chargée d'animer la machine et de veiller au jeu libre et régulier du principe vital et des organes.

On objectera peut-être que ce dernier point regarde la morale. Or, cela se peut à la rigueur. Mais la seule conclusion qu'on puisse tirer c'est qu'il faut bien se garder alors (comme le dit

Baglivi liv. I, ch. XIV) de bannir de la médecine les considérations morales et métaphysiques.

BALBO (CÉSAR)

(Destruction du pouvoir temporel des papes, p. 11.)

Notre civilisation est une civilisation chrétienne, fille de la religion chrétienne ; ce qui affaiblit la religion chrétienne, entrave le progrès, entrave la marche de notre civilisation. Donc celui qui rêve de maintenir l'idée d'humanité, de progrès, de civilisation en dehors de la foi chrétienne, dans le sein de laquelle cette idée est née et s'est développée dans le cours des siècles, celui-là tente l'impossible.

BALMÈS

(Cité par Hettinger, Apologie du christianisme, tome I, page 17)

Ne rien vouloir admettre d'extraordinaire n'est pas toujours un signe certain qu'on a l'esprit philosophique. D'où vient l'homme ? Admettez-vous le récit de Moïse ? Si vous l'admettez, s'il est vrai que Dieu ait créé l'homme, qu'il l'ait entretenu et instruit une première fois, quelle difficulté trouvez-vous à croire qu'il lui a parlé de nouveau ? Si vous rejetez le récit mosaïque, je vous demanderai encore d'où vient l'homme ? Est-il tout à coup sorti du sein de la terre ? Mais quoi de plus extraordinaire qu'une telle origine ? S'est-il formé par voie de développement graduel ? A-t-il passé par les divers degrés du règne animal, et les ancêtres de Bossuet, de Newton, de Leibnitz seraient-ils tout simplement d'illustres singes, issus eux-mêmes de certains reptiles ou monstres aquatiques, et ainsi de suite jusqu'au plus bas degré de l'échelle des êtres vivants ? Toutes ces choses me semblent passablement extraordinaires. Nous ne sortons pas de l'extraordinaire, quelque chose que nous supposions.

Id. page 52.

Le doute religieux ne procure une certaine paix et un certain bonheur terrestre aux hommes qu'au milieu de leur carrière. Pour dormir assez tranquille sur cet oreiller, il faut être plein de santé et de vie et n'entrevoir qu'à peine, comme un objet perdu dans un très obscur lointain, cette dernière heure où l'esprit doit enfin se séparer du corps. Mais, le jour où le danger vient à planer sur l'existence, que les maladies, ces messagères de la mort, se présentent pour nous avertir que le terrible moment n'est plus guère éloigné ; si un danger imprévu nous fait tout à coup comprendre que nous oscillons comme suspendus par un cheveu, sur le gouffre de l'éternité, alors le scepticisme cesse de nous tranquilliser. La sécurité menteuse qu'il

nous procurait encore tout à l'heure se change
en une inquiétude cruelle, anxieuse, pleine de
reproches, d'effroi et d'épouvante. Le doute alors
commence à n'être plus tranquille et à devenir
effrayant.

Mais pour que le doute devienne à l'âme un
dur et cruel supplice, il n'est pas toujours
nécessaire que l'homme se trouve dans ce
moment terrible où sa vue se trouble, où la
perspective d'un avenir obscur et inconnu
l'épouvante ; mille fois même, pendant le cours
ordinaire de sa vie, au milieu de ses occupa-
tions de chaque jour, le sceptique sent tomber
goutte à goutte, sur son cœur, le venin de la
vipère qu'il cache dans sa poitrine. Un profond
dégoût s'empare de l'âme, un malaise indescrip-
tible l'étreint et la torture. C'est un mortel
affaissement, un mécontentement général contre
tout ce qui nous entoure, un engourdissement
pénible de toutes les forces. Que suis-je venu
faire dans le monde ? se demande l'homme. Quel
avantage est-ce pour moi que j'aie été tiré du
néant ? Le jour d'aujourd'hui ne m'apporte point
le contentement, non plus que celui d'hier ;
demain sera-ce que fut hier ? Mon âme a soif de
jouir et elle ne jouit pas ; elle aspire au bonheur
et le bonheur ne se laisse pas atteindre !

BARTH (Dr)

(Dict. Encyclopédique, art. Anatomie-Pathologique,
tome IV, p. 290)

Quelle que soit l'importance que l'on doive
attribuer aux lésions constatables par les diverses méthodes d'exploration, il y a les forces de
l'organisme vivant qui échappent aux apprécia-
tions de l'anatomie pathologique. Il y a la vie,
en définitive, et les manifestations intellectuelles
et morales qui ne sont pas du domaine des
sciences physico-chimiques.

BARTHELEMY SAINT-HILAIRE

(Journal des Savants, 1862, p. 607)

On conçoit que la matière suive aujourd'hui
les lois infaillibles qui la régissent et qui conser-
vent une régularité invariable ; mais il a fallu
une impulsion première, qui a tout ordonné pour
l'inépuisable série des temps..... Les déviations
mêmes que présente l'admirable système des
cieux attestent la présence immanente et indéfec-
tible de celui qui les a faits. Le surnaturel est
partout..... Seulement, il faut que la science se
résigne à résoudre certains problèmes autrement
que par une observation impossible ; et celui de
l'origine de toutes choses est un de ces problèmes
auxquels on ne renonce que par timidité, tout

en croyant pratiquer une sage réserve. La question de l'origine est inévitable et il ne servirait de rien de vouloir l'éluder.

Ibid. 1862, p. 608.

De deux choses l'une : ou l'homme a commencé comme nous le voyons commencer aujourd'hui, ou il a commencé autrement ; c'est-à-dire que l'homme a dû naître enfant ou naître adulte. Dans le système de l'adulte, il n'y a qu'une seule obscurité, ou, si l'on veut, qu'un seul miracle ; dans le système de l'état d'enfance, il y en a deux, la naissance d'abord et ensuite la persistance. Dans l'alternative, le choix n'est pas douteux ; et puisqu'on ne peut pas écarter toutes les difficultés, la sagesse veut qu'on se borne à une seule, au lieu de les multiplier comme à plaisir.

Ibid. page 610.

Le rapport entre l'idée et le mot ne s'explique clairement que dans un petit nombre d'onomatopées. Le plus souvent ce rapport est inexplicable. C'est au fond la question que Platon se posait dans le Cratyle. La convenance des mots, soit avec les idées de l'esprit, soit avec la réalité des choses, n'existe pas en soi, puisqu'elle change avec les peuples et tout à fait à leur insu. Il y a là une obscurité que la raison ne saurait dissiper et qu'on peut regarder comme divine.

La seule affirmation qu'on puisse se permettre
dans ces ténèbres inextricables, c'est que les
humains, qui les premiers ont imposé des noms,
ont dû être nécessairement en très petit nombre.
C'est une sorte de législation très exclusive
qu'ils ont exercée; on est obligé d'admettre que
les pères de la parole primitive ont transmis leur
découverte autour d'eux et à leurs descendants,
sans qu'elle fût plus discutée que ne l'est
aujourd'hui la langue reçue et parlée par les
enfants dans la famille. Je vais même plus loin,
et je dis que l'invention du langage par un seul
couple se comprend bien mieux que par un
nombre même restreint d'individus. Il n'y avait
pas du moins de confusion possible, et l'homme
naissant adulte comme nous venons de le dire,
a fait son langage et l'a transmis comme il trans-
mettait la vie à sa postérité. C'est donc encore
ici la solution de la Genèse qui me parait de
beaucoup la plus rationnelle.

Ibid. page 79.

En dehors de la Bible qui est à la fois un
livre historique et sacré, aucun peuple asiatique
n'a su écrire son histoire.

BAYLE

(Cité par Boyer, *Du rôle des médecins dans la Société,*
Montpellier, 1869, page 30.)

aucun doute à quiconque en a médité l'histoire. »
Bayle aimait à répéter cette affirmation. Elle
résultait pour lui de ses profondes recherches
poursuivies pendant dix années consécutives,
pour résoudre cette question : « Devons-nous
donner raison aux adversaires ou aux défenseurs
du christianisme ? » Il l'étudia avec la méthode
sévère qu'il appliquait à l'anatomie pathologique
et à la pathologie, et il arriva à la conviction la
plus absolue, conviction à laquelle il sut toujours
désormais conformer ses écrits et ses actions.

BEAUMONT (ELIE DE)

(Cours de zoologie comparée.)

L'apparition des types particuliers d'organisation dans les différentes formations géologiques
présente une série continue, depuis le plus bas
degré jusqu'au plus élevé, série analogue à
celle qui existe actuellement dans la création,
en sorte que, depuis le commencement du monde,
c'est le même plan d'organisation qui existe.

BEKERS (HUBERT)

(Sur le besoin d'un règlement, Munich 1862, p. 11.)

La demi-culture intellectuelle qui se contente
de tout effleurer, qui glisse rapidement sur la
surface des choses et qui n'approfondit rien, a

des dangers d'autant plus grands que le champ de la science s'étend de jour en jour, que les exigences de la véritable instruction ne cessent d'augmenter et qu'on est plus exposé à ne rien étreindre quand on veut tout embrasser.

La mauvaise influence morale de cette dissipation des forces de l'esprit, de cette espèce d'évaporation intellectuelle, éclate principalement dans certains cas où elle va jusqu'au mépris absolu de tout ce qui tend à s'élever au-dessus du terre-à-terre, soit dans la science, soit dans la vie ; avec ce mépris aussi, va toujours de pair l'immoralité la plus grossière et la plus effrénée.

BENSEN

(*Les Prolétaires*, Stuttgart 1847, p. 172.)

Le principe chrétien, que la grandeur consiste dans le renoncement, que là est tout l'honneur aux yeux de Dieu, reste en vigueur durant le moyen-âge. On voit alors les plus nobles et les plus puissants embrasser volontairement la pauvreté sans rien perdre de leur considération au jugement de qui que ce soit. Et d'un autre côté on voit des fils de pauvres, voire même de serfs, s'élever à la dignité de princes ecclésiastiques de l'empire, et une fois là persévérer dans une pauvreté volontaire qui les rapproche de leurs familles.

Cette disposition du clergé fut la principale force qui lutta contre cet égoïsme politique, qui, croissant à mesure que croissent les nations, reconnaît à peine la dignité d'homme dans les pauvres et les petits, et en abuse sans scrupule pour arriver à ses fins. La prédication donnait satisfaction au plus petit, et le clergé, au tribunal de la pénitence, comme dans les tribunaux extraordinaires, exigeait réparation pour des offenses contre l'humanité, qu'aucune loi civile ne réprimait.

BENTLEY

(Réfutation de l'athéisme)

La religion nous dit que nous sommes l'ouvrage d'un être souverain, bon, sage et puissant; qu'il nous a placés ici-bas pour contempler et pour célébrer le spectacle brillant des cieux et de la terre ; qu'il y a créé suffisamment et même en abondance toutes les choses qui nous sont nécessaires ou qui nous accommodent ; qu'il y a promis en particulier à ceux qui lui obéissent, de pourvoir à tous leurs besoins et de les protéger contre tous les dangers ; et qu'il a envoyé son fils au monde pour y mettre en lumière la vie et l'immortalité, et pour y donner au genre humain la promesse du salut éternel, à condition que l'on obéît à ses commandements.

L'athéisme, au contraire, voudrait nous persuader que tout cela n'est qu'un songe ; qu'il n'y a point d'être tel que celui que l'on suppose si excellent, qui nous ait créés et qui nous conserve ; que tout ce qui nous environne n'est que matière obscure, destituée de tout sentiment et poussée au hasard par les impressions de la fatalité ; que les hommes sortirent du limon de la terre, et que ce que nous appelons l'âme périt avec le corps.

Où est le bon sens d'abandonner ainsi de gaieté de cœur, l'espérance d'une vie éternelle et de consentir à sa propre destruction avec joie ?

Id. fin.

Il est temps de tirer notre conclusion générale. Tant de traits d'intelligence et de sagesse dans la structure organique des corps animés et dans toutes les parties du monde inanimé, ne prouvent pas seulement d'une manière invincible que toutes ces choses ne peuvent, ni s'être faites d'elles-mêmes, ni être l'ouvrage du hasard ou de la matière ; mais ils prouvent encore de la même manière qu'il y a un être intelligent et immatériel, qui y a manifesté sa puissance éternelle et sa divinité. Quand on considère surtout, qu'il n'y a rien dans cet univers qui n'ait sa destination et les qualités qui y conviennent, qui peut être assez aveugle pour n'y pas reconnaître la sagesse d'un créateur ?

BERNARD (CLAUDE)

(La Science expérimentale, Paris 1878, 2º édit.)

Le corps humain est un composé de matière qui se renouvelle incessamment. Dans un espace de huit années, la chair, les os, les nerfs sont renouvelés par l'alimentation. La boite crânienne n'est plus occupée au bout de huit ans par la même masse cérébrale. Comment donc expliquer le souvenir, puisqu'il survit à la disparition complète de cette même matière, qui avait autrefois constitué le cerveau? C'est qu'il y a autre chose dans l'homme, que la matière, quelque chose d'immatériel, de permanent, de toujours présent, et ce quelque chose, c'est l'âme, c'est la vie.

De sorte que ce qui constitue la machine vivante, ce n'est pas la nature de ses propriétés physico-chimiques si complexes qu'elles soient, mais bien la création de cette machine qui se développe sous nos yeux dans des conditions déterminées d'avance et d'après une idée définie. Cette force transmise à la matière est la cause première, créatrice, législative et directrice de la vie; par elle, il existe une finalité harmonique préétablie dans chaque corps organisé, dont les actions partielles sont solidaires et génératrices les unes des autres.

BERNARDIN DE SAINT-PIERRE
(Études de la Nature)

La sagesse divine répandit ses biens sur la terre, afin que pour les recueillir, l'homme en parcourut les différentes régions, qu'il développa sa raison par l'inspection de ses ouvrages et qu'il s'enflammât de son amour par le sentiment de ses bienfaits.

BERNOUILLI (Jacques)
(Epitaphe, d'après Genoude, t. iv, p. 311)

Comme Archimède, voulant parer son tombeau de sa plus belle découverte géométrique, ordonna d'y tracer un cylindre circonscrit à une sphère, Bernouilli ordonna de graver sur le sien une spirale logarithmique, qui se reproduit sans cesse dans ses développées, avec cette devise : *eadem mutata resurgo*, (de même qu'elle change je ressuscite) — tant sa foi était vive dans les promesses de Jésus-Christ.

BERRYER
(Adresse des Avocats de Lyon à Berryer, mourant)

Pour nous, avocats, fiers de nous dire vos frères..... nous voulons à l'heure où votre foi cherche au-delà de ce monde la récompense espérée et la vérité sans ombres, vous dire de quelle lumière votre vie éclaire notre route et quelle place vous assure parmi nous l'admiration et la reconnaissance de vos concitoyens et de vos confrères.

Dernières paroles de Berryer à M. Marie, reproduites par celui-ci.

Mon cher ami, soyez, je vous en prie, mon organe auprès de notre barreau, auprès de nos confrères; je les ai bien aimés. Ils m'ont aussi bien aimé, c'est une grande joie pour moi que ce souvenir.

Ce sera mon dernier honneur de mourir le doyen de notre ordre. Ah ! mon ami, ce grand barreau, qu'il reste toujours comme il a été, ferme dans sa foi, dans son amour pour le droit ; car là est sa puissance, sa grandeur, sa force..... Faites à tous mes derniers adieux.

BERTIN (Émile)

(Dict. Encyclop. des Sciences médicales, art. mort)

Quand l'homme meurt, que devient l'hôte lui-même de ce bâtiment en ruines ? Quel est l'instant précis où l'esprit s'échappe de sa prison matérielle ? Quelles sont, après la mort de l'organisme humain, les destinées de l'âme, dont il était tour à tour le serviteur et le maître ?

Ce n'est pas la physiologie qu'il faut interroger sur ces profonds mystères ; la science de la nature reste muette à leur égard, ou n'y répond que par des données vagues et négatives. Il est évident que toute reproduction concrète de la personne, que toute manifestation sensible de la pensée est et demeure empêchée par le fait de la mort. On ne peut sentir, vouloir, agir, qu'avec des appareils pour recevoir les impressions externes, des centres nerveux pour élaborer des perceptions, et un réseau de transmission pour porter les ordres de l'encéphale à leurs exécuteurs musculaires..... mes regards n'arrivent pas au-delà ; ils ont vu se rompre les rayons de la roue, sans pouvoir constater ce qu'est devenu le centre ; ils ont mesuré le rivage à l'entour du gouffre, sans pouvoir en sonder les profondeurs.

Mais notre esprit peut aborder autrement ces abimes de l'infini dont il émane, et abandonnant le monde extérieur et les phénomènes objectifs, pour se contempler face à face par un retour sur lui-même, il conserve le droit d'assimiler ses destinées à son essence et d'approprier à sa nature l'immortalité qui l'attend.

BERZÉLIUS

(*Manuel de Chimie*)

L'essence du corps vivant n'est pas fondée sur les éléments inorganiques, mais sur quelque

chose de tout autre. Ce quelque chose s'empare des éléments inorganiques communs à tous les corps vivants, et par la disposition particulière qu'il leur donne, il en forme un résultat, un produit d'un caractère particulier et individuel. Ce quelque chose, que nous nommons force vitale, est complètement à part des éléments inorganiques ; il n'est pas une de leurs propriétés originelles...

Qu'est-il donc ? Nous ne le savons pas. Une force, pour nous incompréhensible et étrangère à la nature morte, a un jour introduit ce *quelque chose* dans la masse inorganique, et cela non pas en opérant au hasard, mais en poursuivant à travers une étonnante diversité un but unique avec une admirable et souveraine sagesse.

BIOT

(Journal des Savants 1859–1860)

« Les Indiens dont on a vanté l'antiquité fabuleuse n'ont ni chronologie, ni histoire. Leur astronomie est un plagiat de celle des Chinois et des Grecs et ce n'est que vers le milieu de l'époque des Souttras (440 av. J.-C.) qu'ils font usage de l'Écriture ; toutes les dates de leurs calculs reposent de même que chez les Chinois sur une fiction mathématique et n'offrent aucun caractère sérieux. »

Ibid.

L'homme peut bien, à l'aide des forces qui agissent en lui-même ou qu'il emprunte au monde extérieur, éveiller dans la matière morte certaines énergies ; mais avec tout son génie, l'homme est impuissant à créer le plus misérable atome ; il l'est encore plus à produire quelque organisme vivant par toutes les combinaisons imaginables des atomes morts, même en appelant sur ces atomes toutes les forces physico-chimiques.

BISHOPP

(Traité de Géologie chimique et physique, Munich 1867, p. 74)

Les différences entre l'homme et le singe de l'ordre le plus élevé ne s'étendent pas seulement à quelques points isolés, tels que l'angle facial, la position du grand trou occipital, l'arrangement, l'espèce et la structure des dents, la grandeur absolue ou relative du cerveau, l'ordre de ses circonvolutions, la conformation des extrémités, — mais elles s'étendent jusqu'au moindre détail, produisant un effet général encore plus frappant que les traits particuliers et saillants que l'on se plaît à relever. L'homme le plus étranger aux comparaisons scientifiques, un enfant même, ne sera point embarrassé pour placer d'un même côté tous les singes du monde et de l'autre tous les hommes de la terre, sans en excepter les habitants de la Nouvelle-Zélande, ni les insulaires d'Andaman, tant les différences sont nombreuses et variées et relatives au moindre détail.

Id. i p. 3, et ii p. 101.

Dans toutes nos recherches nous arrivons toujours à un point que nous ne pouvons dépasser. Le naturaliste est aussi impuissant à expliquer l'apparition de la première plante sur la terre que l'origine des choses.

BLAINVILLE (DE)

(Histoire des Sciences de l'organisation, t. iii, p. 141 à 143)

Qu'on médite avec attention et surtout qu'on pratique les enseignements des grands ascétiques formés par le christianisme, on y trouve une psychologie profonde, et l'art de prévenir les maladies morales comme celui de rétablir les âmes dans leur état normal.

BLANQUI

(Histoire de l'Economie politique, ch. ix)

La libre concurrence repose sur un principe essentiellement chrétien : celui de la liberté et de l'égalité des droits. Toutefois, entre les mains de l'égoïsme qui en abuse, elle devient un instrument dont les forts se servent pour dépouiller les faibles. Comme toute liberté, la libre concurrence déchaîne toutes les forces, les bonnes comme les mauvaises ; elle a donc pour effet de précipiter la ruine d'une nation dans le sein de laquelle prédominent les forces du mal. L'association, la justice chrétienne, et surtout la charité, sont appelées à protéger les petits contre la puissance écrasante du capital. Il n'y a pas de milieu : qui veut la liberté doit vouloir la charité chrétienne. Sans elle, la liberté n'est que la voie qui mène à un nouvel esclavage.

BŒHMER

Voyez PERTZ. (*Archives de la Société historique,*
v^e vol., page 29.)

Il n'y a que l'Eglise qui puisse sauver le droit et la liberté dans les orages qui nous menacent. Ceux qui veulent l'Etat sans religion et qui pour cela foulent aux pieds tout ce qui tient à la religion et à l'Eglise, mais qui, néanmoins, ne se lassent point de faire des phrases sur le progrès et la liberté, méritent bien que la main de fer de quelque despote militaire ramasse un jour les morceaux de la crosse pastorale brisée par eux et s'en serve en guise de knout pour battre leurs serviles épaules..... Le despotisme militaire, ce chancre de notre époque, ne pouvait naître tant que la papauté intervenait comme puissance dominante dans les affaires du monde. Il gagne

chez nous tout le terrain que perdent la religion
et l'Eglise.

BOERHAVE

(Cité par CRUVEILLER, *Discours sur la tombe
de Duméril*, p. 3)

Mes meilleurs malades sont les pauvres, parce
que Dieu est chargé de me payer pour eux.

(Cité par GENOUDE, t. IV, p. 243)

Boerhave, à l'âge de 20 ans, prononça un
discours académique, dans lequel il combattit
avec tant de talent la doctrine de Spinosa, que
la ville de Leyde, sa patrie, crut devoir le récompenser par une médaille d'or.

BOGUE (Dr)

(*Essai sur la divine autorité des écrits des Evangélistes et des Apôtres, 1801.* — Introduction.)

Je n'ai pas la prétention de vous obliger à
croire, parce que d'autres hommes ont cru. Non,
ce n'est pas ce que j'exige de vous, mais je désire
que vous examiniez ce que ces hommes ont cru
être la vérité, afin que vous soyez persuadés
comme eux . . . .
. . . .

Celui qui connaît peu les Ecritures et les
rejette, doit commencer son examen par le

Nouveau Testament, comme renfermant dans toute sa perfection le système du christianisme. Quand il l'aura lu avec attention, qu'il remonte aux livres de l'Ancien Testament ; de nouvelles preuves, qui ne feront que confirmer d'autant plus l'Evangile, s'offriront à lui dans toutes les prophéties, qui étaient autant de préparations de la venue de Jésus-Christ ; l'Ancien Testament, au moyen de cette marche, sera plus aisément et mieux entendu.

BOILEAU

(Epître XII. — *L'amour de Dieu*, 1695)

A M. L'ABBÉ RENAUDOT.

Docte abbé, tu dis vrai : l'homme, au crime attaché,
En vain sans aimer Dieu, croit sortir du péché.
Toutefois n'en déplaise aux transports frénétiques
Du fougueux moine auteur des troubles germaniques,
Des tourments de l'enfer la salutaire peur
N'est pas toujours l'effet d'une noire vapeur,
Qui, de remords sans fruit agitant le coupable
Aux yeux de Dieu le rende encor plus haïssable.
Cette utile frayeur, propre à nous pénétrer,
Vient souvent de la grâce en nous prête d'entrer,
Qui veut dans notre cœur se rendre la plus forte
Et pour se faire ouvrir déjà frappe à la porte.
Si le pécheur, poussé de ce saint mouvement,
Reconnaissant son crime aspire au sacrement,

Souvent Dieu tout à coup d'un vrai zèle l'enflamme ;
Le Saint-Esprit revient habiter dans son âme,
Y convertit enfin les ténèbres en jour,
Et la crainte servile en filial amour.
C'est ainsi que souvent la sagesse suprême,
Pour chasser le démon, se sert du démon même.
. . . .
Voulez-vous donc savoir si la foi dans votre âme
Allume les ardeurs d'une sincère flamme ?
Consultez-vous vous-même. A ses règles soumis,
Pardonnez-vous sans peine à tous vos ennemis ?
Combattez-vous vos sens ? Domptez-vous vos faiblesses ?
Dieu, dans le pauvre, est-il l'objet de vos largesses ?
Enfin dans tous ses points pratiquez-vous sa loi ?
Oui, dites-vous ? Allez, vous l'aimez, croyez-moi.
Qui fait exactement ce que ma loi commande,
A, pour moi, dit ce Dieu, l'amour que je demande.
Faites-le donc ; et, sûr qu'il nous veut sauver tous,
Ne vous alarmez point pour quelques vains dégoûts
Qu'en sa ferveur souvent la plus sainte âme éprouve.
Marchez, courez à lui : Qui le cherche, le trouve.

Id.

LETTRE DE L'ABBÉ BOILEAU A BROSSETTI SUR LA MORT DE SON FRÈRE.

Je ne suis nullement en état, Monsieur, de faire
une réponse aussi ample que je devrais à votre
obligeante lettre. L'affliction que j'ai dans le
cœur par la perte que j'ai faite de mon frère,
dont j'étais l'aîné de presque deux ans, ne me

laisse pas la tête assez libre pour satisfaire comme je voudrais à ce devoir.

Permettez-moi donc, Monsieur, de vous dire seulement que sa mort a été très chrétienne, et qu'il a donné la plus grande partie de ses biens aux pauvres. Je vous en écrirai davantage, quand Dieu voudra que je sois plus en état de vous entretenir que je ne suis présentement.

BONALD (DE)

(Démonstration philosophique. — Préface)

On demandera peut-être pourquoi il y a tant d'incrédules et d'ennemis de la religion, si elle est prouvée à la fois par la raison et l'autorité. La réponse est facile. Il y a longtemps qu'on a dit que, s'il résultait quelqu'obligation morale de la proposition géométrique que les trois angles d'un triangle sont égaux à deux angles droits, cette proposition serait combattue et sa certitude mise en problème.

(Législation primitive)

Les esprits chagrins ne remarquent que les vices chez les peuples chrétiens, parce que les vertus y sont l'état ordinaire et seul autorisé. Au contraire, les enthousiastes ne remarquent chez les païens que les vertus de quelques hommes hors ligne, parce que le vice y était l'état commun et permis par les lois.

BONAVENTURE (SAINT)

(*Sur la Passion du Seigneur*)

Gravez dans votre cœur la vie de N. S. Jésus-Christ. Voyez-le tel qu'il fut, c'est-à-dire humble parmi les hommes, bon envers ses disciples, miséricordieux envers les pauvres dont il se faisait en tout point l'égal. Considérez comme il ne méprisait personne, et comme aussi il ne flattait point les riches. Considérez comme il était exempt des soucis du monde, combien il était patient dans les offenses et charitable dans les réponses. Il ne cherchait pas à se venger par des propos amers, mais à guérir par de douces paroles ; considérez comme il supportait patiemment les peines et la pauvreté, comme il était compatissant pour les souffrances des autres, plein de condescendance pour les imperfections des faibles, indulgent pour le repentir, calme dans tous ses discours.....

Agissez ainsi et votre amour pour lui s'enflammera de plus en plus ; vous vous attirerez son amitié et ses faveurs. Plus vous vous serez efforcé de lui ressembler ici-bas, plus vous serez placé près de lui dans le séjour de sa gloire et de la béatitude éternelle.

BONNET (Charles) de Genève

(Dict. hist. et géographique de Bouillet, page 256)

Dans ses traités sur la nature, il s'attache à montrer que tous les êtres font partie d'un même système et forment une échelle non interrompue ; que tous proviennent de germes préexistants.— Dans ses traités de métaphysique, il accorde une grande part au cerveau et à l'organisation ; mais il se défend avec force d'être, comme on l'en a accusé, matérialiste et fataliste — Bonnet était au contraire un philosophe profondément religieux et qui croyait à une autre vie.

BORDEU (Dr)

(Analyse médicinale du sang, dernière page)

Il n'y a pas seulement une médecine humaine, mais une médecine divine. C'est celle dont Jésus-Christ se servait pour guérir les malades. J'ai peine à croire comment la médecine divine et la médecine humaine ne sont pas restées toujours intimement unies. Les règles de la dernière n'ont de vrais fondements, que si elles sont éclairées et modérées par les règles de la première.

BOSSUET

(Discours sur l'histoire universelle, dernier chapitre)

La seule Eglise catholique remplit tous les siècles

précédents par une suite qui ne peut lui être contestée. La loi vient au-devant de l'Evangile ; la succession de Moïse et des patriarches ne fait qu'une 'même suite avec celle de Jésus-Christ. Etre attendu, venir, être reconnu par une postérité qui 'dure autant que le monde, c'est le caractère du Messie, en qui nous croyons. Jésus-Christ était hier, il est aujourd'hui, et il est aux siècles des siècles ; quatre ou cinq faits authentiques et plus clairs que la lumière du soleil font voir notre religion aussi ancienne que le monde. Ils montrent par conséquent qu'elle n'a point d'autre auteur que Celui qui a fondé l'univers, qui tenant tout en sa main a pu seul et commencer et conduire un dessein où tous les siècles sont compris.

Méditations sur l'Evangile

Seule, l'Eglise de Jésus-Christ a l'avantage d'être fondée sur des faits miraculeux et divers, qu'on a écrits hautement, sans crainte d'être démenti, dans le temps même qu'ils sont arrivés.

Oui, Celui-là doit être plus qu'un homme, qui au travers de tant de coutumes, de tant d'erreurs, de tant de passions compliquées, de tant de fantaisies bizarres, a su démêler au juste et fixer avec précision la règle des mœurs.

Réformer ainsi le genre humain, c'est donner à l'homme la vie raisonnable ; c'est une seconde création aussi noble que la première ; c'est un ouvrage si grand, que si Dieu ne l'avait pas fait, lui-même l'envierait à son auteur.

. . . .

Cependant Dieu permet qu'il y ait des incrédules pour l'instruction de ses enfants. Sans les aveugles, sans les sauvages, sans les infidèles qui restent, et dans le sein même du christianisme, nous ne connaîtrions pas assez la corruption profonde de notre nature, ni l'abîme d'où Jésus-Christ nous a tirés. Si sa sainte vérité n'était contredite, nous ne verrions pas la merveille qui l'a fait durer parmi tant de contradicteurs, et nous oublierions à la fin que nous sommes sauvés par la grâce.

Traité de la connaissance de Dieu et de soi-même

Dis-moi, mon âme, comment entends-tu le néant, si non par l'Être ? Comment entends-tu la privation, si ce n'est par la forme dont elle prive ? Comment l'imperfection, si ce n'est par la perfection dont elle déchoit ? Mon âme, n'entends-tu pas que tu as une raison, mais imparfaite, puisqu'elle ignore, qu'elle doute, qu'elle erre et qu'elle se trompe ? Mais comment entends-tu l'erreur, si ce n'est comme privation de la vérité, et comment le doute ou l'obscurité, si ce n'est comme privation de l'intelligence et de la lumière ; ou comment enfin l'ignorance, si ce n'est comme privation du savoir parfait ; comment dans la volonté le dérèglement et le vice, si ce n'est comme privation de la règle, de la droiture et de la vertu ?

Il y a donc primitivement une intelligence, une science certaine, une vérité, une fermeté, une inflexibilité dans le bien, une règle, un ordre avant qu'il y ait une déchéance de toutes ces choses ; en un mot il y a une perfection avant qu'il y ait un défaut. Avant tout dérèglement, il faut qu'il y ait une chose qui est elle-même sa règle, et qui, ne pouvant se quitter soi-même, ne peut non plus ni faillir, ni défaillir. Voilà donc un être parfait, voilà Dieu.....

Quand, recueillis en nous-mêmes, nous nous rendrons attentifs aux immortelles idées dont nous portons en nous-mêmes la vérité, nous trouverons que la perfection est ce que l'on connaît le premier, puisque, comme nous l'avons vu, on ne connaît le défaut que comme une déchéance de la perfection.

Oraison funèbre d'Anne de Gonzague

Depuis qu'il a plu à Dieu de me mettre dans le cœur que son amour est la cause de tout ce que nous croyons, cette réponse me persuade plus que tous les livres.

BOUBÉE

(Géologie élémentaire, Paris 1838, p. 86)

Puisqu'un livre (la Genèse) écrit à une époque

où les sciences naturelles étaient si peu développées, renferme cependant, en quelques lignes, le sommaire des conséquences les plus remarquables, auxquelles il ne pouvait être possible d'arriver qu'après les immenses progrès amenés dans la science, par le XVIII⁰ et le XIX⁰ siècle ; puisque ces conclusions se trouvent en rapport avec des faits qui n'étaient ni connus, ni même soupçonnés à cette époque, qui ne l'avaient jamais été jusqu'à nos jours et que les philosophes de tous les temps ont toujours considérés contradictoirement et sous des points de vue toujours erronés ; puisqu'enfin ce livre si supérieur à son siècle sous le rapport de la science, lui est aussi supérieur sous le rapport de la morale et de la philosophie naturelle, on est obligé d'admettre qu'il y a dans ce livre quelque chose de supérieur à l'homme, quelque chose qu'il ne voit pas, qu'il ne conçoit pas, mais qui le presse irrésistiblement.

BOURDALOUE

(Accord de la raison et de la foi, ch. i.)

Un homme du monde qui fait profession de christianisme et à qui l'on demande compte de sa foi, dit : Je ne raisonne point, mais je veux croire. Ce langage bien entendu peut être bon, mais dans un sens assez ordinaire ; il marque peu de foi et même une secrète disposition à l'incré-

dulité; car qu'est-ce à dire, je ne raisonne point?
Si ce prétendu chrétien savait bien là-dessus
démêler les véritables sentiments de son cœur,
ou s'il les voulait nettement déclarer, il recon-
naîtrait que souvent cela signifle : je ne raisonne point, parce que si je raisonnais, je ne
croirais rien ; je ne raisonne point, parce que si
je raisonnais, ma raison ne trouverait rien qui
la déterminât à croire ; je ne raisonne point,
parce que si je raisonnais, ma raison même
m'opposerait des difficultés qui me détourneraient
absolument de croire.

Or, penser de la sorte et être ainsi disposé, c'est
manquer de foi, car la foi, je dis la foi chrétienne,
n'est point un pur acquiescement à croire, ni
une simple soumission de l'esprit, mais un
acquiescement et une soumission raisonnables,
et si cette soumission, cet acquiescement n'étaient
pas raisonnables, ce ne serait plus une vertu. Il
faut donc raisonner, mais jusqu'à un certain
point et non au-delà ; mais assez pour se rendre
compte des motifs qui rendent la religion évidemment croyable.

Dr BOYER (Léon)

Du rôle de la Médecine et des Médecins
dans la Société (Montpellier, 1869.)

Nous trouvons ici l'occasion de réfuter un
préjugé faux, dangereux, pénible pour nous,

combattu cent fois par les hommes les plus
illustres et dont on a de nos jours tenté de
rajeunir les vieilles racines, de manière à le
poser comme un axiome.

« Les sciences positives et surtout la médecine
fournissent, nous dit-on, des arguments irrésistibles au matérialisme et à l'athéisme ; devant
eux, l'existence de Dieu, celle de notre
âme, nos espérances d'immortalité disparaissent
comme des fantômes. » Vainement des récla-
mations unanimes s'élèvent de tous les points
du globe ; vainement nous entendons les protes-
tations puissantes des vrais savants, tels que les
Cuvier, les Biot, les Flourens, les Claude
Bernard, les Chevreuil, les Dumas, les Liebig,
les Pasteur........ L'on s'obstine à invoquer en
faveur du matérialisme l'autorité de la science,
malgré les énergiques dénégations de ses plus
illustres représentants.

Comme les esprits les plus distingués de tous
les siècles, ils cherchent à leur source première
la lumière et la vérité, et trouvent dans les
sciences positives les preuves les plus certaines
en faveur de nos croyances les plus douces et
les plus universelles ; on fausse leurs doctrines
et on leur impose malgré eux le matérialisme et
l'athéisme. On veut à tout prix les en convaincre
et l'on affirme que lorsqu'ils s'insurgent contre
ces accusations odieuses, c'est par faiblesse
d'esprit, par respect humain et parce qu'ils

n'ont pas le courage de révéler leur pensée réelle.

Conservons le calme et la dignité de la force devant ces vieilles tactiques, ces bruyantes et tumultueuses clameurs. Elles ont perdu leur prestige et ne prévaudront pas devant ce concert unanime, où les grandes voix de la science viennent s'unir à la grande voix de la nature pour affirmer l'existence et les attributs du législateur suprême, celle de notre âme spirituelle, des facultés qui la distinguent, la certitude de nos futures destinées.

Nous ne répondrons point ici en détail aux calomnies dirigées contre les sciences nommées positives et contre la médecine. On est fâché de voir reparaître en plein xix° siècle des arguments toujours les mêmes, faux dans leurs principes, désastreux et odieux dans leurs conséquences. Nous rappellerons seulement qu'ils ont été ruinés par leurs bases, dès qu'ils se sont montrés au grand jour dans tous les temps et dans tous les lieux, par les philosophes, les médecins, les savants les plus positifs, tels que les Képler, les Galilée, les Newton, les Harvey, les Morgagni!!... C'est-à-dire les mathématiciens, les astronomes, les physiciens, les naturalistes occupés sans cesse à observer, à expérimenter, à scruter la nature, la matière et les lois qui les régissent.

Les grands philosophes affirment que la vraie médecine, plus encore que les autres sciences naturelles, démontre Dieu, notre spiritualité, notre immortalité. Remarquons que les anatomistes, les anatomo-pathologistes, les physiologistes sont au premier rang parmi les médecins spiritualistes. Citons parmi un grand nombre d'autres : Rivière, Baillou, Winslow, Cheyne, Baglivi, Morgagni, Boërhave, Haller, Hoffmann, Bayle, Laennec, Récamier, Cayol, Chomel, Cruveillier, etc.

BREWTER

(Cité par Caussette, *Le bon sens de la foi*,
Paris 1878, tome ii, page 461).

Lorsque le Sauveur mourut, l'influence de sa mort s'étendit en arrière dans le passé, à des millions d'hommes qui n'avaient jamais entendu son nom, et en avant à des millions qui ne devaient jamais l'entendre. La distance dans le temps et dans l'espace, ne peut atténuer la vertu salutaire de la Rédemption. Toute puissante pour le larron sur la Croix, en contact avec la source divine, elle conserva la même vertu en descendant les âges, soit pour l'Indien et la Peau-rouge de l'Occident, soit pour l'Arabe de l'Orient. Pourquoi cette même action ne pourrait-elle pas s'étendre à toutes les terres de l'espace baignées dans l'auréole du même soleil, à toutes les races planétaires du passé et de l'avenir ?

BROCA (Dr)

(Dict. encycl. des Sciences médic., art. Anthropologie)

La recherche des origines, en prenant ce mot dans un sens absolu, n'est pas de l'ordre scientifique ; car au-delà des faits observés, au-delà des faits plus reculés que l'on découvre par voie d'induction, et de ceux plus reculés encore que l'on n'aborde qu'avec l'hypothèse (l'hypothèse Darwinienne, par exemple) restent et resteront toujours des faits primordiaux devant lesquels l'hypothèse elle-même demeure sans puissance et sans voix. La recherche scientifique fait alors place, suivant la nature des esprits, au doute philosophique ou à la croyance. Car la cause du premier passage de la matière inorganique à l'état de matière organisée est située en dehors de l'extrême limite de la science. Ce serait vouloir se payer de mots que de dire que la matière a la propriété de s'organiser, lorsqu'elle se trouve placée dans des conditions favorables.

BROGLIE (DUC DE)

(Discours pour la réception de M. Gréard,
18 janvier 1888).

Cet abri d'un spiritualisme élevé que vous offrez, Monsieur, à l'enseignement public, pour reposer en quelque sorte sa tête au milieu du conflit orageux que livrent autour de nous les vents de toute doctrine, l'y laissera-t-on long-temps en paix? Vous savez que l'asile n'est déjà plus respecté ; au nom du principe, une première fois faussé et forcé, suivant moi, de la liberté de conscience, on conteste à l'État le droit de faire enseigner aussi bien une philosophie quelconque, qu'une religion ; et l'existence de Dieu, la vie future, toutes les croyances chères aux âmes généreuses rejoignent dans la même proscription les dogmes révélés. La croyance à l'auteur de la nature, comme on disait encore naguère, n'est pas traitée moins dédaigneusement que la foi au surnaturel. Philosophes et chrétiens sont désormais mis en interdit de la même manière et n'ont plus rien à se reprocher les uns aux autres.

Puis là-dessus on s'en va gravement effacer le nom de Dieu, avec aussi peu de respect pour la rime que pour la raison, non-seulement des vers de Racine, mais des fables de La Fontaine, et qui sait ! peut-être aussi des chansons de Béranger, si on n'en vient (car il ne faut désespérer de rien) à en faire des livres scolaires ! Vous souriez, Monsieur, de ces puérilités, au nom du bon sens et du bon goût. Mais le bon sens, le bon goût, la bonne grâce, qui n'auront jamais de meilleur interprète que vous , quand ont-ils suffi pour contenir des passions déchaînées et arrêter les conséquences logiques d'un raisonnement? Comment s'étonner qu'on ne veuille plus laisser le nom de Dieu nulle part, quand les voix les plus éloquentes et les moins suspectes n'ont pu réussir à lui maintenir même une place dans la loi ! Qui ne sait avec quelle tyrannie certaines idées, une fois admises, exercent, jusqu'au bout, sans pitié, leur irrésistible empire !.....

BROGNIART

(Considération sur la nature des végétaux aux diverses époques de la formation de la terre. Institut des Sciences, t. XVI, p. 423.)

Pendant la période houillère, la terre était couverte d'un nombre infini de plantes, mais dont la variété était assez restreinte. Aucun mammifère, aucun oiseau n'animait ces épaisses forêts. Elles occupaient le globe tout entier, développées dans une demi-obscurité par une chaleur intense et une extrême humidité.

BROUSSAIS

(Lettre citée par Nicolas.)

A MES AMIS, MES SEULS AMIS,

Je sens, comme beaucoup d'autres, qu'une intelligence supérieure a tout coordonné. Sur tous les points, j'avoue n'avoir que des connaissances incomplètes dans mes facultés intellectuelles; et je reste avec le sentiment de l'existence d'une intelligence coordonnatrice, que je n'ose encore appeler créatrice, quoiqu'elle doive l'être.

BUFFON

(Théorie de la terre, page 71).

En examinant avec attention l'intérieur de la terre, nous voyons des montagnes affaissées, des rochers fendus et brisés, des contrées englouties, des îles nouvelles, des terrains submergés, des cavernes comblées, etc., toutes choses mêlées et dans une confusion telle qu'elles ne nous présentent d'autre image, que celle d'un amas de débris et d'un monde en ruine.

«Cependant, nous habitons sur ces ruines avec une entière sécurité. Les générations d'hommes, d'animaux et de plantes se succèdent sans interruption. La terre fournit abondamment à leur subsistance. La mer a des limites et des lois; l'air a ses courants réglés; les saisons ont leurs retours périodiques et certains; tout nous paraît être dans l'ordre. La terre, qui, tout à l'heure, n'était qu'un chaos, est un séjour délicieux où règnent le calme et l'harmonie, où tout est animé et conduit avec une puissance et une intelligence, qui nous remplissent d'admiration, et qui nous élèvent jusqu'au Créateur.

LETTRE DE BUFFON A SON FILS

«Mon fils, regardez Dieu comme le principe et

la fin de toutes choses. Que la raison et la foi soient les deux flambeaux qui vous guident dans le cours de votre vie.

Au Dieu de paix (*Prière*)

Grand Dieu dont la seule présence soutient la nature et maintient l'harmonie des lois de l'univers ; vous qui du trône immobile de l'Empyrée, voyez rouler sous vos pieds toutes les sphères célestes sans choc et sans confusion ; qui, du sein du repos, reproduisez à chaque instant leurs mouvements immenses, et seul régissez dans une paix profonde ce nombre infini de cieux et de mondes ; rendez, rendez enfin le calme à la terre agitée ! qu'elle soit dans le silence ! qu'à votre voix la discorde et la guerre cessent de faire retentir leurs clameurs orgueilleuses !

Dieu de bonté, auteur de tous les êtres, vos regards paternels embrassent tous les objets de la création ; mais l'homme est votre être de choix ; vous avez éclairé son âme d'un rayon de votre lumière immortelle ; comblez vos bienfaits en pénétrant son cœur d'un trait de votre amour. L'homme ne craindra plus l'aspect de l'homme ; le fer homicide n'armera plus sa main ; l'espèce humaine, maintenant affaiblie, mutilée, moissonnée en sa fleur, germera de nouveau et se multipliera sans nombre. La nature accablée sous le poids des fléaux, stérile, abandonnée, reprendra bientôt, avec une vie nouvelle, son ancienne fécondité ; et nous, Dieu bienfaiteur, nous la seconderons, nous la cultiverons, nous l'observerons sans cesse pour vous offrir à chaque instant un nouveau tribut de reconnaissance et d'admiration !

BUKLAND

(De la Géologie et de ses rapports avec la vérité révélée. Louvain, p. 53, 1841)

Les yeux des trilobites ont la même conformation que ceux des crustacés et des insectes de nos jours. Donc ces organes n'ont pas traversé une série plus ou moins longue de transformations, depuis les formes les plus simples, jusqu'aux plus compliquées ; ils ont été dès le commencement construits de la manière la plus parfaite ; ils ont été créés en parfaite harmonie avec la destination de cette classe d'animaux, telle qu'elle nous apparaît aujourd'hui. On trouve même, dans l'organisation des poissons fossiles, tout le contraire de la théorie des transformations. Une espèce se trouve douée de différents caractères organiques qui ne se trouvent plus aujourd'hui réunis, mais disséminés dans des espèces différentes. Ainsi au point de départ de la création, se sont rencontrés des formes plus parfaites, du moins eu égard à cette espèce si remarquable dite des poissons cuirassés.

L'apparition de microcéphales prouve simplement que, comme tout autre organe du corps
humain, le cerveau est susceptible de s'étioler :
mais ne démontre nullement, comme le prétend
Vogt, le développement successif de l'homme à
travers toutes sortes de difformités de ce genre.

(La Géologie et la Minéralogie dans leurs
rapports avec la Théologie)

D'après une opinion à laquelle les découvertes
récentes sont venues ajouter un grand poids, la
lumière n'est point une substance matérielle,
mais seulement un effet des ondulations de
l'éther, substance infiniment subtile et élastique
qui remplit l'espace tout entier, même les espaces
intermoléculaires de tous les corps. Tant que
l'éther demeure en repos, il y a obscurité complète. Si, au contraire, il est dans un certain état
de vibration, la sensation de lumière existe.
Cela explique pourquoi Moïse ne dit pas « Dieu
créa la lumière », mais que « la lumière soit »,
et aussi pourquoi il distingue la lumière du
soleil, reléguant celui-ci pour ainsi dire au
second plan ; mais cela ne fait que rendre encore
plus merveilleux le récit de la Genèse.

BURDACK

(Anthropologie, 1854, p. 701.)

Au commencement de l'existence du genre

humain, les hommes ne pouvaient pas encore avoir acquis une personnalité aussi marquée ; ils devaient par conséquent dépendre davantage de la nature et être plus impressionnables aux influences extérieures. Il est probable que la nature humaine ne renfermait pas alors des types aussi caractérisés ; ce n'est que petit à petit qu'elle s'est déterminée et qu'elle a formé les différentes races. Ainsi tous les hommes ont dans le sein de leur mère, et immédiatement après leur naissance, une peau rougeâtre. Ce n'est que petit à petit que l'enfant du nègre devient noir, que celui de l'Européen devient blanc et celui du Mongol jaune. Maintenant que les forces naturelles n'agissent plus avec la même intensité, et que les rapports ont pris un caractère plus fixe et plus durable, que l'homme enfin est devenu plus indépendant, le climat n'a plus une influence aussi forte qu'autrefois.

On a objecté qu'un seul couple n'aurait pas pu produire un aussi grand nombre d'hommes qu'il y en avait, au dire de Moïse, dès le temps qui a précédé le déluge. — C'est une erreur facile à réfuter. — Car en supposant en moyenne quatre enfants par mariage, un seul couple aurait produit, mille ans après, selon cette moyenne, assez de descendants pour que la terre fût peuplée plus qu'elle ne l'est aujourd'hui.

BURMEISTER

(*Histoire de la création*)

Dans les corps organiques, la matière n'est jamais l'élément déterminatif de la forme ; c'est au contraire la forme de l'organisme qui est l'essentiel, auquel la base matérielle est subordonnée. Ce pouvoir qu'ont les organismes de maîtriser les affinités chimiques de la matière, est une des faces de cet ensemble de propriétés que nous appelons vie. Quant à dire ce qu'est cette vie, cette force vitale, nous ne le savons pas plus que nous ne saurions dire ce que c'est qu'une force en général ; quoiqu'il en soit, cette force vitale domine l'affinité chimique tout le temps qu'elle dure. La période dans les limites de laquelle se meut l'organisme vient-elle à sa fin, aussitôt la mort arrive.

Id.

Si un grand nombre d'animaux en mangent d'autres, ceux-ci à leur tour mangent de l'herbe, et l'animal, en dernier compte, n'absorbe rien dans sa substance qui n'ait existé déjà sous une forme quelconque comme matière organique. C'est ce qui démontre l'impossibilité qu'un organisme animal ait pu exister avant un organisme végétal, bien qu'il soit à supposer qu'ils ont dû se suivre à un court intervalle.

Id.

La loi qui régit la nature étant une pensée, n'est pas immédiatement sensible, ni perceptible ; mais elle se réalise dans les phénomènes, et elle s'impose avec le caractère de la nécessité. Il faut bien le reconnaître, qu'on le veuille ou non.

BYRON (Lord)

(*Mémoires de Lord Byron*, t. v, p. 172)

Je ne suis pas ennemi de la religion et pour preuve, j'élève ma fille à un catholicisme strict dans un couvent de la Romagne ; car je pense que l'on ne peut jamais avoir assez de religion quand on en a ; je penche de jour en jour davantage vers les doctrines catholiques.

CABANIS

(Cité par Nicolas, *Lettre posthume*, 1838.)

L'âme, loin d'être le résultat de l'action des parties, l'ensemble des fonctions du cerveau et de la moëlle épinière (comme je me l'étais figuré autrefois), est bien une substance, un être réel, qui par sa présence inspire aux organes tous les mouvements dont se composent leurs fonctions, qui retient liés entre eux les divers éléments employés par la nature dans leur composition régulière et les laisse livrés à la décomposition, du moment qu'elle en est séparée définitivement et sans retour.

L'esprit de l'homme n'est pas fait pour comprendre que les opérations de la nature s'opèrent sans prévoyance et sans but, sans intelligence et sans volonté. Aucune analogie, aucune vraisemblance ne peut le conduire à un semblable résultat. Je l'avoue, mon intelligence se refuse à concevoir comment une cause ou des causes dépourvues d'intelligence, peuvent en donner à leurs produits.

CANDOLLE (DE)

(Encyclopédie universelle, de Vorepierre)

La lumière et la chaleur, à l'époque du terrain houiller, étaient réparties sur le globe d'une manière à peu près uniforme, puisqu'on trouve des débris de fougères arborescentes dans ce terrain, aussi bien aux environs du pôle que dans les régions équatoriales. Peut-être trouvera-t-on un jour que le magnétisme terrestre et une haute température du globe ont pu produire jadis aux environs du pôle une chaleur et une lumière inconnues maintenant. Peut-être découvrira-t-on que les aurores boréales ont été autrefois beaucoup plus fréquentes et beaucoup plus intenses que dans notre époque. Ces découvertes de la science moderne sont donc venues apporter au récit de Moïse leur appui certain, en montrant qu'aux premiers jours de la terre la lumière et la chaleur n'étaient pas réparties à la surface du globe comme elles le sont à présent.

CANTU (CÉSAR)

(Histoire universelle, 3ᵉ édition parisienne 1868, p. 24)

Le christianisme releva l'histoire et la rendit universelle du moment où, proclamant l'unité de Dieu, il proclama celle du genre humain ; en nous apprenant à invoquer notre Père, il nous enseigna à nous regarder tous comme des frères. Alors seulement put naître l'idée d'un accord entre tous les temps et toutes les nations, ainsi que l'observation philosophique et religieuse des progrès perpétuels et indéfinis de l'humanité, vers le grand œuvre de la régénération et le règne de Dieu.

Id. pages 128 et 129.

" Une des choses les plus étonnantes, c'est la concordance de la Genèse avec les plus récentes acquisitions de la science. Seule entre toutes les cosmogonies, elle met une différence entre la création de la matière et son organisation, entre le principe dans lequel se manifeste son existence et son incubation par l'esprit de Dieu, jusqu'à ce qu'elle devienne propre à former les étoiles et les planètes. La création de la matière ne put être que l'acte instantané d'une volonté omnipotente ; mais pour l'ordonner il fallait la succession des temps.....

Autre prodige. Moïse distingua la lumière primitive de celle que nous devons au soleil. Une philosophie légère s'est moqué de lui, parce qu'il avance que la lumière fut créée avant le soleil, qui en est la source ; mais la science est venue démontrer qu'il existe une autre lumière qui se produit sans le concours du soleil ; et la puissance de cette lumière fut si grande, dans le principe, qu'elle suffît pour faire germer les premiers végétaux.

Id. page 153.

Les mêmes idées, dit Vico, nées parmi des peuples entiers inconnus entre eux, doivent avoir un motif commun de vérité.....

De là, vient cette foi vague dans la survivance de l'esprit au corps, qui établit une différence entre la mort de la brute et celle de l'homme, et qui s'exprime d'une manière si diverse : chez l'Egyptien élevant des pyramides à des momies éternelles ; chez le Kamtchadale plaçant un chien près de la fosse ; chez l'habitant de la Nouvelle-Hollande plongeant le cadavre dans la mer ; chez le sauvage qui croit en mourant partir pour la terre des âmes, pour le pays de ses pères ; chez le magicien qui évoque les ombres et chez le superstitieux qu'épouvantent les revenants. En général, dans les fêtes et les cérémonies, les moyens d'éterniser la mémoire sont différents, mais les sentiments restent les mêmes.

CARO

(Leçons à la Sorbonne, 1885)

L'homme regarde au-dessus du contingent physique et de ses lois. Il a comme l'intuition d'un absolu supérieur, et son regard, illuminé par la lumière de l'amour et de l'espérance, entrevoit Dieu, c'est-à-dire la raison suprême, dont les faits observés ne lui ont livré que la perception élémentaire.

CARUS

(Psychologie, p. 27)

Le premier commencement des choses est une énigme indéchiffrable. La manière dont elles sont émanées de l'esprit éternel et primordial, source nécessaire du monde, voilà une question non moins enveloppée de ténèbres impénétrables que ne le sont aussi celles qui dérobent à notre regard la question de savoir comment un jour toute cette émanation pourra disparaître...

(Traité de la connaissance de la nature et de l'esprit)

Dans les gouttes microscopiques d'une fluidité

encore indifférente et inerte de chaque germe, il y a comme un type ou mieux un prototype spirituel qui opère. Toutes les fois que quelque chose doit naître, que ce soit une œuvre de la nature ou bien une œuvre d'art, la première condition requise pour cette naissance, c'est quelque chose de préexistant à tout objet temporel, c'est-à-dire l'idée, la loi. Cette idée précède nécessairement toute réalité créée, de même qu'il faut que le plan d'un édifice soit entièrement arrêté dans l'esprit de l'architecte, avant que les pierres puissent se superposer les unes aux autres pour effectuer la construction. La forme est encore indifférente dans le germe ; vue à l'aide des meilleurs instruments, ce n'est qu'une boule dont la cavité est remplie d'une matière fluide incolore. Tel est le premier commencement de tous les organismes que nous connaissons. Il n'y a pas d'anatomie assez subtile pour distinguer le premier germe d'un oiseau de celui d'un poisson, voire même de celui d'un homme.

CAUCHY

(Quelques mots aux hommes de bon sens, 1833)

Décomposez la matière, découvrez les merveilles les plus cachées de la nature, explorez autant que faire se peut toutes les parties de l'univers, et ne craignez pas que les faits se trouvent en désaccord avec les livres saints, parce que la vérité ne peut contredire la vérité.

La matière n'est pas plus infinie, qu'elle n'est éternelle, car il est admis en mathématiques que le nombre actuellement infini est impossible. Le nombre des étoiles, le nombre des révolutions de la terre autour de son axe, le nombre des hommes qui ont existé, tous ces nombres sont des nombres finis. Ces deux idées, nombre et infini, se contredisent nécessairement, essentiellement.

(Comptes-rendus des séances de l'Académie des Sciences, tome xxi, 1845)

Le seul être duquel la force physique puisse venir est l'être nécessaire. La force est une expression de sa volonté. Les différentes forces productrices de l'équilibre et du mouvement ne sont que des causes secondaires.

CAUSSETTE

(Le bon sens de la foi, tome ii, page 242).

L'intelligence la plus juste est celle en qui les sciences de l'esprit et celles de la matière se déroulent dans un parallélisme harmonieux. En général, les grands savants ont été religieux, parce que toutes les connaissances, marchant de front dans ces vastes esprits, y formaient un bel équilibre.

Je ne me rappelle point ici l'instruction théologique de Descartes et de Pascal déjà mentionnée ; mais n'oublions pas que Newton passa les dernières années de sa vie à sonder les mystères de l'Apocalypse. Euler a laissé un ouvrage intitulé « Défense de la révélation ». Leibnitz était assez versé dans certaines questions religieuses pour fournir la réplique à Bossuet. Enfin, grand nombre de sommités scientifiques en Allemagne, en Angleterre et en Amérique, sans compter celles de la France, sont là pour attester que ce qui éloigne de la foi, ce n'est point la science de la nature que l'on a, mais la science de la religion que l'on n'a pas.

Il y a beaucoup de malentendus entre la foi et les intelligences ; et il y aurait bien peu de savants incrédules, s'ils se rappelaient qu'il faut être aussi savant dans ce que l'on nie que dans tout le reste, pour nier avec l'autorité de la science. Aujourd'hui, comme au temps de Cicéron, nous sommes opprimés par les opinions, non-seulement du vulgaire, mais des hommes légèrement instruits en matière de religion. *(Oppressi sumus opinionibus, non modo vulgi, verum etiam hominum leviter erudientium).*

Id. — tome II, p. 348.

Le divorce apparent entre la science et la foi est de date récente. Jusqu'au XVIII° siècle, les savants proprement dits étaient des esprits universels. Les trois pères de l'astronomie moderne, Copernic, Newton et Képler, étaient croyants jusqu'à la piété la plus tendre.....

A partir du XVIIIe siècle, les branches du savoir humain se séparent. La philosophie et la littérature restent aux esprits élevés ; la science se transforme en une manifestation ou une interrogation habile de la matière, et à force de regarder vers la terre, désapprend de lever la tête vers le ciel ; cependant il ne faut pas croire que, même dans cette culture anormale de certaines aptitudes intellectuelles au détriment des autres, la science soit vouée aux conclusions athées.

En Allemagne, par exemple, dans ce pays des négations radicales, pensez-vous que l'exégèse matérialiste obtienne tous les suffrages? Détrompez-vous? Henri Steffens, H. V. Schubert, Karl, V. Raumer, Joh V. Fuchs, André et Rudolph Wagner, Frédéric Plaff, J. Madler, Joh Muller, J. Hyrtl, Gustave Bischoff, Hermann, V. Meyer, Carl, V. Léonhard, Fred August Quenstedt, K. E. V. Bar et bien d'autres, attestent par leurs travaux que le respect pour la foi peut marcher de pair dans de grands esprits, avec la science de premier ordre.

Et en France, pour la centième fois, je pourrais écrire ici les noms de Cuvier, A. Brongniart, Deluc, Binet, Biot, Ampère, Aug. Cauchy, de Quatrefages, Marcel de Serres, de Blainville, Elie de Beaumont, en réponse à ceux qui regardent la foi comme le parti des arriérés, et la négation comme le drapeau des seuls voyants de la nature et de l'avenir.

Et en Angleterre, cette patrie de Darwin et de sir Ch. Lyelle, — aurait-on abandonné la bible pour les nouvelles genèses de l'histoire naturelle ? Nullement, nous pouvons citer Chalmers, Bukland, Wewel Sedgwick, Feming, Hugh Miller, John Macculoch, Davy, Owen, Conybeare, Hitcheock, James Richard, Sir O. Brewster, Jamesson, Silliman, Edward Turner.... et d'après cela il nous sera facile de comprendre l'image de Claudius, représentant la nature comme un immense autel, devant lequel les grands génies fléchissent le genou, et les troupes légères du monde savant passent le chapeau sur la tête.

Id. tome i, p. 270.

Les miracles de N. S. Jésus-Christ s'imposent avec l'enchassement historique dans lequel ils sont en quelque sorte montés. Ils s'imposent parce qu'ils sont d'un caractère si parfaitement inimitable, que l'inventeur en serait plus étonnant que le héros. Ils s'imposent parce qu'ils sont si évidents que les Juifs ne les ont pas contestés, mais les ont attribués au démon, et que Celse, Porphyre et Julien l'apostat, ne les pouvant récuser comme faits, les traitaient comme des opérations magiques. Ils s'imposent parce que l'histoire profane elle-même les garantit. Chalcidius mentionne l'apparition de l'étoile qui conduisit les Mages au divin berceau ; Macrobe, quelques circonstances du massacre des innocents; Lampride, le dessein d'Adrien et d'Alexandre Sévère d'élever un temple à Jésus, et Phlégon affranchi d'Adrien, l'éclipse de soleil qui jeta son voile de deuil sur le déicide. Ils s'imposent parce que Paul, qui avait été incrédule, affirme lui aussi avoir contemplé le plus grand des miracles, le Christ ressuscité. Ils s'imposent enfin parce que même quand on nie les récits évangéliques, on ne peut nier que leurs auteurs ne soient morts pour les certifier.

CELSE

(Controverse avec Origène)

Les chrétiens ont raison de penser que ceux qui vivent saintement seront récompensés après la mort et que les méchants subiront des supplices éternels. Mais en ceci ils ne nous ont rien appris de nouveau ; ce sentiment leur est commun avec tout le monde. Ce qu'ils ont de particulier, c'est une folle prétention de vouloir répandre leur doctrine sur l'univers entier. Mais quel homme doué de bon sens pourra admettre que tous les peuples de la terre, Grecs et barbares, puissent être amenés à embrasser la même religion. (1)

(1) Cette folle prétention s'est pourtant réalisée.

CHALMERS (Dr)

(*Discours sur l'astronomie*)

Une religion positive est un commerce entre l'infini et le fini, une manifestation de Dieu à l'intelligence humaine. Or, Dieu qui est l'objet de cette vision est immense ; l'intelligence, qui en est le sujet, est limitée. Nécessairement l'image de Dieu tombant dans un récipient moindre doit le déborder ; c'est une simple règle de proportion. Aussi l'homme qui rejette la vérité religieuse, parce qu'il ne peut l'embrasser totalement dans sa compréhension, ressemble à l'insensé qui nierait le soleil, parce qu'en ouvrant sa croisée, il n'a pu enfermer toute la lumière de l'astre dans sa chambre.

J'affirme que le christianisme a tout à gagner et qu'il n'a rien à craindre des progrès des sciences physiques.

Supposons que parmi les myriades innombrables des mondes, l'un d'eux soit visité par une épidémie morale qui s'étendrait sur tout son peuple et qui l'entraînerait à une mort immuable, ce ne serait pas une tache sur la perfection de Dieu, s'il balayait cette offense loin de l'univers qu'elle a déparé. Nous ne devrions pas être surpris non plus, si parmi la multitude des autres mondes qui charment notre oreille par l'hymne de leurs prières, il laissait le monde égaré périr solitairement dans la culpabilité de sa rébellion.

Mais dites-moi, oh! dites-moi, si ce ne serait pas un acte de la plus exquise tendresse dans le caractère de Dieu, s'il cherchait à ramener à lui ses enfants que l'erreur a séduits, et quelque peu nombreux qu'ils soient, lorsqu'on les compare à la multitude de ses adorateurs, s'il leur envoyait des messagers de paix pour les appeler, plutôt que de perdre le seul monde qui dévie de son chemin ?

CHAMPIGNY (DE)

(Le Chemin de la Vérité, Paris 1874, p. 175)

Il ne faut pas demander aux docteurs de l'incrédulité une grande profondeur scientifique, ni une grande vigueur de démonstration. Nous chrétiens, qui admettons une révélation divine, nous commençons par en établir les preuves aussi convaincantes que nous le pouvons, et cette preuve une fois établie et acceptée, nous n'avons pas à démontrer en particulier chacun de nos dogmes ; la révélation nous les fournit marqués de son sceau, et par cela seul certains. Dans les écoles incrédules, on n'a pas reçu de révélations divines, on n'admet pas une révélation comme possible et on procède cependant comme si on avait une lumière d'en haut ; on ne prouve pas ses dogmes, on les impose ; on les établit non par voie de démonstration, mais par voie d'autorité. On prétend s'appuyer sur la

science, quand on ne s'appuie que sur des hypothèses et sur des rêveries.

Id. page 317.

Rappelons ici les noms de quelques uns de
nos contemporains savants illustres, et qui
furent ou sont encore de fervents chrétiens.

Ainsi dans les mathématiques Binet et Lamé,
dans la médecine Récamier et Cruveiller, dans la
chimie Thénard, dans la mécanique Clapeyron,
dans la géologie de Bonnard, dans l'astronomie
Biot. J'en passe et des meilleurs. — On sait ce
mot de Dupuytren à un de ses confrères qui se
vantait d'être matérialiste : « Alors, monsieur,
vous n'êtes pas médecin, vous n'êtes que vétéri-
naire ». On sait la fin, toute chrétienne et toute
catholique, du grand chirurgien Nélaton. On
sait celle de l'éminent géologue Edouard de
Verneuil.

Dans les pays étrangers, citons Liebig, Brewster, le capitaine Maury ; pour la science astronomique, le Père Secchi ; j'oubliais Gratiolet, le
plus brillant professeur d'anatomie comparée,
que nous ayons eu depuis M. de Blainville et,
comme lui franchement chrétien.

Enfin, c'est notre académie des sciences qui,
avec M. de Quatrefages, a le plus nettement
condamné les systèmes du transformisme et du
polygénisme, et, avec M. Pasteur, le système des
générations spontanées. On peut affirmer qu'elle

est en grande majorité hostile à l'athéisme et au matérialisme.

Id. — *Discours pour la réception de M. Littré à l'Académie*

Vous avez cru, monsieur, que la science des faits, la science des choses visibles, devait suffire à l'humanité; vous avez interdit à l'homme d'aller au-delà.

Ce travail naturel et logique qui, des choses visibles, s'élève aux choses invisibles, et qui est le labeur propre et la plus haute mission de notre raison, avec un stoïcisme impitoyable, vous avez cru devoir le supprimer; vous avez mis en interdit l'intelligence humaine..... mais soyez sûr, monsieur, pour le bonheur de l'humanité, que vous ne la déferez point, ni ne la referez. L'humanité restera ce qu'elle est; avec ses instincts qui ont besoin de la terre, mais qui ont aussi besoin d'autre chose que de la terre.....

Quel abîme plein de désespoir et de ténèbres, ce serait que la vie humaine, si elle ne connaissait rien que de changeant et de successif, et si dans l'ordre de la pensée, elle ne pouvait s'appuyer sur rien de plus grand, de plus durable et de plus certain qu'elle-même.

CHAMPOLLION

(*Lettre du 23 mai 1827*, rapportée par WILLEMON, p. 266).

Aucun monument Egyptien n'est réellement antérieur à l'an 2200 avant notre ère. C'est certainement une très haute antiquité; mais elle n'offre rien de contraire aux traditions sacrées, et j'ose même dire qu'elle les confirme sur tous les points.

CHARLEMAGNE

(*Ses paroles lors de son sacre à Rome*)

Au nom du Christ, devant Dieu et le bienheureux Pierre apôtre, je jure et je promets que je serai le protecteur et le défenseur de la sainte Eglise romaine dans toutes ses nécessités, autant que je serai aidé par le secours divin et selon que je le saurai et pourrai.

CHATEAUBRIAND

(*Génie du Christianisme*, page 84).

Dès l'instant où vous reconnaissez un Dieu, la religion chrétienne arrive malgré vous, avec tous ses dogmes, comme l'ont remarqué Clarke et Pascal. Voilà, ce nous semble, une des plus fortes preuves en faveur du christianisme.

On a peine à concevoir le déchaînement du siècle contre le christianisme. S'il est vrai que la religion soit nécessaire aux hommes, comme l'ont cru tous les philosophes, par quel culte veut-on remplacer celui de nos pères? On se rappellera longtemps ces jours où des hommes de sang prétendirent élever des autels aux vertus sur les ruines du christianisme. D'une main ils dressaient des échafauds; de l'autre, sur le frontispice de nos temples, ils garantissaient à Dieu l'Eternité et à l'homme la mort.

Id. page 154.

Qu'on nous dise d'abord, si l'âme s'éteint au tombeau, d'où nous vient ce désir de bonheur qui nous tourmente? Car il est certain que notre âme demande éternellement; à peine a-t-elle obtenu l'objet de sa convoitise, qu'elle demande encore; l'univers entier ne la satisfait point. L'infini est le seul champ qui lui convienne.

Or, les animaux ne sont point troublés par cette espérance que manifeste le cœur de l'homme. Ils atteignent sur-le-champ à leur suprême bonheur. Un peu d'herbe satisfait l'agneau, un peu de sang rassasie le tigre. Si l'on soutenait, d'après quelques philosophes, que la diverse conformation des organes fait la seule différence entre nous et la brute, on pourrait tout au plus admettre ce raisonnement pour les actes purement matériels ; mais qu'importe ma main à ma pensée, lorsque dans le calme de la nuit, je m'élance dans les espaces pour y trouver l'ordonnateur de tant de mondes ? Pourquoi le bœuf ne fait-il pas comme moi ? Ses yeux lui suffisent, et quand il aurait mes pieds ou mes bras, ils lui seraient pour cela fort inutiles. Il peut se coucher sur la verdure, lever la tête vers les cieux et appeler par ses mugissements l'Être inconnu qui remplit cette immensité. Mais non : préférant le gazon qu'il foule, il n'interroge point, du haut du firmament, ces soleils qui sont la grande évidence de l'existence de Dieu. Il est insensible au spectacle de la nature, sans se douter qu'il est jeté lui-même sous l'arbre où il repose, comme une petite preuve de l'intelligence divine.

Donc la seule créature qui cherche au dehors et qui n'est pas à soi-même son tout, c'est l'homme.

Id. page 170.

Enfin, il y a une autre preuve morale de l'immortalité de l'âme sur laquelle il faut insister : c'est la vénération des hommes pour les tombeaux. Là, par un charme invincible, la vie est attachée à la mort. La nature humaine s'y montre supérieure au reste de la création et déclare ses hautes destinées. La bête connaît-elle le cercueil et s'inquiète-t-elle de ses cendres ?

Que lui font les ossements de son père ? ou plutôt sait-elle quel est son père, après que les besoins de l'enfance sont passés ? D'où nous vient donc la puissante idée que nous avons du trépas ? Quelques grains de poussière mériteraient-ils nos hommages ? Non, sans doute ; nous respectons les cendres de nos ancêtres, parce qu'une voix nous dit que tout n'est pas éteint en eux. Et c'est cette voix qui consacre le culte funèbre chez tous les peuples de la terre ; tous sont également persuadés que le sommeil n'est pas durable et que la mort n'est qu'une transfiguration glorieuse.

CHAUFFARD

(La vie — études et problèmes de biologie générale)

Nous considérons l'Etre humain, suivant en cela la magnifique doctrine de saint Thomas, moins comme un composé de deux entités absolument distinctes, que comme le résultat de deux principes intimement unis qui, se combinant et se pénétrant l'un l'autre, se prêtent un mutuel appui et ne font qu'un en réalité. — En effet, après la mort, le corps humain perd du même coup toutes les propriétés qui le caractérisaient naguère, et ne mérite plus même d'être considéré comme faisant partie du monde organique.

Notre âme est l'universelle cause humaine, le

principe de toutes nos actions. Mais suivant la
nature, la structure des organes et des appareils
qu'elle a elle-même contribué à édifier, ici elle
préside à la sécrétion de telle humeur, de tel
liquide ; là, aux contractions de tel muscle ; sur
un autre point, aux sensations et aux idées.

Il ne faut donc jamais perdre de vue que c'est
uniquement pour faciliter l'analyse des phénomènes biologiques, que l'on est autorisé à
considérer, d'une part, l'âme et le corps comme
deux entités distinctes, pendant quelque temps
rapprochées, qui se partageraient, comme les
ayant en propre, les propriétés que l'on constate
chez l'homme vivant ; et d'autre part le système
nerveux, comme un agent interposé entre les
deux puissances auxquelles il servirait d'intermédiaire.

CHRISTOPHE COLOMB

(Lettre au roi d'Espagne, Jamaïque, 1503)

SIRE,

Diégo Mundis et ces papiers que je lui remets
apprendront à Votre Majesté quelles riches mines
d'or j'ai découvertes dans le Nouveau-Monde...

Ce fut vous, ô grand Dieu, qui m'inspirâtes
et qui me conduisîtes ! Montrez-moi quelque pitié ;
daignez faire grâce à mon entreprise, et que tout
ce qui dans l'univers aime la justice et l'humanité

pleure sur moi, parce que j'ai été condamné
injustement et sans avoir pu me défendre.

Vous, saints Anges, qui protégez l'innocence,
faites parvenir ce papier au roi et à mon illustre
maîtresse la reine. Elle ne voudra pas que celui
qui a donné à l'Espagne de si grandes richesses
soit réduit à manquer de pain et à vivre d'au-
mônes ; et elle comprendra, si elle vit encore,
que l'ingratitude et la cruauté pourront enfin
provoquer la colère céleste. Les richesses que
j'ai découvertes appelleront tout le genre humain
au pillage et me susciteront des vengeurs, et la
nation un jour souffrira peut-être pour les
crimes que commettent aujourd'hui la méchan-
ceté, l'ingratitude et l'envie.

Id. — Sa dernière prière au moment d'être mis
à mort par son équipage révolté.

CHRISTOPHE COLOMB.

Sauveur du monde, n'êtes-vous pas, vous
aussi, entré dans la voie des tourments que pour y
appeler ceux qui, comme vous, aiment l'humanité
et désirent le règne de l'Evangile? Votre œuvre
s'est accomplie après votre mort; la mienne,
tout humble qu'elle soit auprès de la Rédemption,
aura peut-être un jour, en quelque sorte, un autre
ma trace et le lien que je voulais établir entre
les deux hémisphères se formera par les mains
d'un autre. Mon nom ne m'empêchera pas qu'un
autre, que vous daignez choisir, bénisse et vous
ce qui dans l'univers aime la justice et l'humanité.

CICÉRON

(*De natura Deorum*, II, p. 37)

N'est-il pas étonnant qu'un homme puisse se persuader que des corps solides et indivisibles (les atomes) mis en mouvement par leur propre impulsion et leur propre poids, aient, par leur rencontre fortuite, formé ce monde si harmonieux et si beau ? Pourquoi ne pas admettre aussi que d'innombrables caractères faits d'or ou de toute autre matière et représentant chacun une des lettres de l'alphabet, répandus au hasard par terre, pourraient former dans leur chute et nous faire lire les Annales d'Ennius ? Je doute que le hasard pût réussir même à former un seul vers.

Pourquoi cette rencontre fortuite n'a-t-elle pas encore formé ni une ville, ni un temple, ni un portique, ni même une maison, œuvres beaucoup moindres et plus faciles ?

Id. — II, p. 44.

L'existence de Dieu est une chose si manifeste, que j'aurais peine à croire au bon sens de celui qui la nierait.

Id. — De Legg, I, p. 24.

L'esprit humain tel qu'il est, doit nous faire remonter à quelqu'autre intelligence supérieure et qui soit divine.

La nation la plus barbare et la plus féroce pourra ignorer quel est le Dieu qu'elle doit honorer, mais elle saura néanmoins qu'elle doit en adorer un.

Il semble en effet qu'en reconnaissant le Dieu qui l'a créé, l'homme ne fasse que se souvenir.

Id. — *Quœst tuscul,* I, p. 15.

Si le consentement universel est la voix même de la nature et si les hommes de tous les temps et de tous les pays s'accordent à admettre que tout ne finit pas à la mort, nous sommes aussi obligés de croire la même chose, car la nature ne peut pas mentir. Il est impossible que la nature puisse mentir naturellement et universellement.

Id.

Cette loi véritable et première, cette conscience universelle du genre humain, ayant caractère pour ordonner et pour défendre, est la droite raison du Dieu tout-puissant ; invariable et éternelle, elle enseigne le bien et détourne du mal. On ne peut ni l'infirmer par une autre loi, ni en rien retrancher. Ni le peuple, ni le Sénat ne peuvent dispenser d'y obéir. Elle est à elle-même son interprète. Elle ne sera pas autre dans Rome, autre dans Athènes, autre aujourd'hui, autre demain.

CLARKE (DISCIPLE DE NEWTON)

(Métaphysique, IV, p. 6)

La gravitation universelle peut être l'effet d'une impulsion, mais qui n'a certainement rien de matériel dans son principe. Elle est l'effet d'une cause immatérielle.

(Démonstration de l'existence et des attributs de Dieu)

1re proposition. — Quelque chose a existé de toute éternité.

PREUVE. — Par la raison que quelque chose existe, Dieu ou matière, peu importe à présent.

2e proposition. — La chose existante de toute éternité ne peut être qu'un être indépendant et immuable.

PREUVE. — Il faudrait autrement qu'il y eut une succession infinie de causes et d'effets sans cause première, ce qui est contradictoire.

3e proposition. — Cet être existant indépendant et immuable, ne peut être la matière.

PREUVE. — La durée de la matière ne peut être que progressive, puisqu'elle a l'étendue et les dimensions des corps et qu'elle se perpétue en changeant continuellement de forme. Or, si l'éternité est successive, comme elle l'est démonstrativement dans le cas de la matière, elle enferme des siècles infinis.

Or, des siècles infinis ne peuvent être épuisés, ou ils ne seraient pas infinis.

Donc l'éternité de la matière étant successive, cette matière ne pourrait être venue jusqu'à nos jours, puisqu'il faudrait supposer qu'elle eût franchi des siècles infinis; et que des siècles infinis qui pourraient se franchir, ne seraient point infinis.....

Récapitulons :

1° Quelque chose a existé de toute éternité;

2° Cette chose existante est immuable et indépendante;

3° Elle n'est pas la matière;

4° Elle est unique;

5° Elle n'est point un agent aveugle;

6° Elle est toute-puissante;

7° Elle est souverainement sage, bonne et juste...

Voilà Dieu.

CLÉMENT D'ALEXANDRE

(Top. opér. du III°, ch. xk... — 842)

Quelques personnes ayant une haute opinion de leurs bonnes dispositions, ne veulent pas s'appliquer à la philosophie ou aux études dialectiques, ni même à la philosophie naturelle; elles ne veulent que la foi nue et sans ornements; en cela elles sont aussi raisonnables que si elles espéraient recueillir des raisins sur une vigne qu'elles auraient laissé sans culture. Notre Seigneur est appelé allégoriquement une vigne dont nous recueillons les fruits par une culture assidue, suivant la parole du Verbe éternel. Nous devons tailler, bêcher, attacher et faire tous les autres travaux nécessaires, et comme en agriculture et en médecine, celui-là passe pour le plus expert qui a étudié un plus grand nombre de sciences utiles à ces deux arts, nous aussi nous devons regarder comme le plus propre à notre art sublime celui qui tire de toutes les sciences ce qu'elles contiennent d'utile à la défense de la foi.

CONDÉ (Prince de)

(Sa prière habituelle, cité par DE GENOUDE, t. IV, p. 265)

Mon Dieu, n'ouvrez mes yeux que pour admirer vos grandeurs, et ma bouche que pour chanter vos louanges.

Id. — *Instruction à sa famille.*

Vous ne serez jamais ni grands hommes, ni grands princes, ni honnêtes gens, qu'autant que vous serez fidèles à Dieu et au roi.

Id. — *Oraison funèbre,* par BOSSUET.

Chrétiens, soyez attentifs et venez apprendre

à mourir, ou plutôt venez apprendre à n'attendre pas la dernière heure pour commencer à bien vivre ? Ah! prévenez par la pénitence cette heure de troubles et de ténèbres! Par là, sans être étonné de la dernière sentence qu'on lui prononce, le prince demeure un instant dans le silence et tout à coup : « O mon Dieu, dit-il, vous le voulez, votre volonté soit faite ; je me jette entre vos bras ; donnez-moi la grâce de bien mourir. »

Tranquille entre les bras de son Dieu où il s'était une fois jeté, il attendait sa miséricorde et implorait son secours, jusqu'à ce qu'il cessa enfin de respirer et de vivre.

CONDILLAC

(*Le commerce et le gouvernement*, 1776, t. ii, p. 18)

Dans un temps qui croit qu'on peut tout par l'argent, une ruine universelle est la fin inévitable des spéculations commerciales, financières et politiques.

Considérations sur les progrès de la religion.

Au duc de Parme. — Conclusion.

Quand la religion chrétienne n'aurait point trouvé d'obstacle, ce serait encore une chose merveilleuse que la rapidité avec laquelle elle s'est répandue. Cette révolution serait unique dans son espèce. Que penserons-nous donc , si tout se trouvant contraire à sa propagation, elle a eu à combattre les préjugés, les mœurs, les superstitions des peuples ? Quel projet que celui des apôtres ? l'annoncer non-seulement dans l'empire, la porter encore au-delà et chez les nations dont ils ne savaient pas les langues. Ce projet pouvait-il s'exécuter sans des secours extraordinaires ?

CONSTANT (Benjamin)

(Lettre à un ami, citée par DE GENOUDE, introduction page XVII, d'après l'autographe même.)

Hardemberg, le 11 octobre 1811.

MON CHER AMI,

Je ne suis plus ce philosophe intrépide sûr qu'il n'y a rien après ce monde et tellement content de ce monde qu'il se réjouit qu'il n'y en ait pas d'autre. Mon ouvrage de l'histoire du polythéisme est une singulière preuve de ce que dit Bacon, qu'un peu de science mène à l'athéisme et plus de science à la religion. C'est positivement en approfondissant les faits, en en recueillant de toutes parts et en me heurtant contre les difficultés sans nombre qu'ils opposent à l'incrédulité, que je me suis vu forcé de reculer dans les idées religieuses. Je l'ai fait certainement de bien bonne foi ; car chaque pas rétrograde m'a coûté ! Encore à présent toutes mes habitudes et tous mes souvenirs sont philosophiques et je défends porte après porte tout ce que la religion conquiert sur moi. Il y a même un sacrifice d'amour-propre, car il est difficile, je le pense, de trouver une logique plus serrée que celle dont je m'étais servi pour attaquer toutes les opinions de ce genre. Mon livre n'avait absolument que le défaut d'aller dans le sens opposé à ce qui à présent me paraît vrai et bien, et j'aurais eu un succès de parti indubitable.

J'aurais pu même avoir encore un autre succès, car avec de très légères inclinaisons, j'en aurais fait ce qu'on aimerait le mieux à présent, un système d'athéisme pour les gens comme il faut, un manifeste contre les prêtres et le tout combiné avec l'aveu qu'il faut pour le peuple, de certaines fables, aveu qui satisfait à la fois le pouvoir et la vanité.

Id. — De la religion considérée dans ses sources et ses formes, t. IV, ch. II.)

Les écrivains du XVIIIe siècle, si pleins de haine et de mépris pour les livres saints, n'ont réussi, en voulant les avilir, qu'à montrer pleinement leur propre ignorance de l'antiquité. Pour plaisanter sur la Genèse à la manière de Voltaire, il ne faut pas moins d'ignorance que de frivolité.

CONSTANTIN (Empereur)

Par ce signe salutaire, qui est le signe du vrai courage, j'ai sauvé votre ville en la délivrant du joug de la tyrannie et après avoir rendu la liberté au Sénat et au peuple romain, je l'ai rétablie dans son antique état de noblesse et de gloire.

(Inscription que Constantin fit graver sur sa statue, tenant une croix en plein forum, d'après Eusèbe. *Vita Constantini*).

Id. — *Edit de Milan.* — Rapporté par Lactance, liv. xviii, *De morte persecutorum*.

Ayant considéré qu'on ne doit refuser à personne la liberté sur le choix de la religion, nous avons ordonné que l'on permît aux chrétiens, comme à tous les autres, le libre exercice de la leur..... En conséquence, les anciens édits sont abolis ; et il nous plaît d'ordonner purement et simplement, que tous ceux qui veulent observer la religion chrétienne, le peuvent faire sans être inquiétés ou molestés en aucune manière, laissant néanmoins à tous les autres la même liberté pour maintenir la liberté de notre règne......

COPERNIC

(Dédicace de son livre *Des révolutions des sphères célestes* au pape Paul III (1543.)

Très saint père, je vous dédie cet ouvrage,»

afin qu'on ne m'accuse pas de fuir le jugement des personnes éclairées, et pour que l'autorité de vôtre sainteté, si elle approuve cet ouvrage, me garantisse contre les morsures de la calomnie.

Id. — Son épitaphe composée par lui-même

Je ne demande ni le pardon que Paul a reçu, ni la grâce qui a été accordée à Pierre; mais j'implore la miséricorde dont vous avez usé, Seigneur, envers le larron sur la Croix.

COPPÉE (FRANÇOIS)

(*Les Récits et les Elégies.* — Un Evangile.)

En ce temps-là, Jésus, seul avec Pierre, errait
Sur la rive du lac, près de Génésareth,
A l'heure où le brûlant soleil du midi plane,
Quand ils virent, devant une pauvre cabane,
La veuve d'un pêcheur, en longs voiles de deuil,
Qui s'était tristement assise sur le seuil,
Retenant dans ses yeux la larme qui les mouille,
Pour bercer son enfant et filer sa quenouille.
Non loin d'elle, cachés par des figuiers touffus,
Le Maître et son ami voyaient sans être vus.

Soudain un de ces vieux, dont le tombeau s'apprête,
Un mendiant, portant un vase sur sa tête,
Vint à passer, et dit à celle qui filait :
« Femme, je dois porter ce vase plein de lait

Chez un homme logé dans le prochain village.
Mais, tu le vois, je suis faible et brisé par l'âge.
Les maisons sont encore à plus de mille pas,
Et je sens bien que, seul, je n'accomplirai pas
Ce travail, que l'on doit me payer une obole. »

La femme se leva sans dire une parole,
Laissa, sans hésiter, sa quenouille de lin
Et le berceau d'osier où pleurait l'orphelin,
Prit le vase, et s'en fut avec le misérable.

Et Pierre dit : « Il faut se montrer secourable
Maître ! Mais cette femme a bien peu de raison
D'abandonner ainsi son fils et sa maison
Pour le premier venu qui s'en va sur la route.
A ce vieux mendiant, non loin d'ici, sans doute
Quelque passant eût pris son vase et l'eût porté »
Mais Jésus répondit à Pierre : « En vérité
Quand un pauvre a pitié d'un plus pauvre, mon Père
Veille sur sa demeure et veut qu'elle prospère.
Cette femme a bien fait de partir sans surseoir. »

Quand il eut dit ces mots, le Seigneur vint s'asseoir
Sur le vieux banc de bois, devant la pauvre hutte ;
De ses divines mains, pendant une minute,
Il fila la quenouille et berça le petit.
Puis, se levant, il fit signe à Pierre, et partit
. . . .
Et quand elle revint à son logis, la veuve
A qui de sa bonté Dieu donnait cette preuve,
Trouva — sans deviner jamais par quel ami —
Sa quenouille filée et son fils endormi

Id. — *Aux femmes de Lyon*

(Les deux dernières strophes.)

Femmes, il faut donner !... au père de famille,
A la mère sans lait pour l'enfant, à la fille
        Dont la beauté peut s'indigner
Que la faim creuse ainsi son visage livide,
Aux petits écoliers qui vont le panier vide.....
        Il faut donner, donner, donner !

Donner ! C'est la sagesse éternelle et profonde,
Devant la charité, misère du vieux monde,
        Tu recules et tu décrois !
Partage, amour, bonté ! C'est bien la loi suprême :
Et, depuis deux mille ans, pour qu'on s'entr'aide et s'aime
        Jésus nous bénit sur la Croix. . . .

COQUEREL

(Histoire du Christianisme, p. 73)

La puissance des papes a seule empêché les
excès du despotisme. C'est pourquoi, même
dans les temps les plus troublés du moyen-âge,
nous ne trouvons aucune tyrannie que l'on
puisse comparer à celle d'un Néron ou d'un
Domitien à Rome. Les grands despotes viennent
de ce que les rois s'imaginent qu'il n'existe
aucun pouvoir au-dessus d'eux ; alors ils deviennent capables des plus formidables excès,
emportés qu'ils sont par l'illusion d'un pouvoir

sans limite. C'est pour cette raison que l'empereur Frédéric II trouvait son contemporain le musulman Saladin si heureux de n'avoir point de pape en face de lui.

CORNEILLE (Pierre)

(*L'Imitation de N. S. J.-C.*, liv. i, ch. i.)

Heureux qui tient la route où ma voix le convie,
Les ténèbres jamais n'approchent qui me suit
Et partout sur mes pas il trouve un jour sans nuit
Qui porte jusqu'au cœur la lumière de la vie.
Ainsi Jésus-Christ parle ; ainsi de ses vertus,
Dont brillent les sentiers qu'il a pour nous battus,
Les rayons toujours vifs montrent comme il faut vivre,
Et quiconque veut être éclairé pleinement
Doit apprendre de lui que ce n'est qu'à le suivre
Que le cœur s'affranchit de tout aveuglement.

Id.

Pour t'élever de terre, homme, il te faut deux ailes :
La pureté du cœur et la simplicité.
Elles te porteront avec facilité
Jusqu'à l'abîme heureux des clartés éternelles.

Id. Fin.

Le pouvoir souverain de cet absolu maître,
Que ne peuvent borner ni les temps ni les lieux,
Opère mille effets sur terre et dans les cieux
Que l'homme voit, admire, et ne saurait connaître ;

Plus l'esprit s'y travaille et plus il s'y confond.
Plus il les sonde avant, moins il en voit le fond ;
Ils sont toujours obscurs et toujours admirables ;
Et si par la raison ils étaient entendus,
Le nom de merveilleux et celui d'ineffables
Quelques hauts qu'on les vit ne leur seraient pas dus.

CORTÈS-DONOSO

*(Essai sur le Catholicisme, le Libéralisme et le
Socialisme,* Paris 1851, p. 67)

Ce n'est point par la beauté de sa doctrine, que
N. S. Jésus-Christ a vaincu le monde. S'il n'eût
été qu'un homme de belle doctrine, le monde
l'eût admiré un moment et bientôt après il eût
oublié la doctrine et l'homme.

Ce n'est point par ses miracles, que N. S.
Jésus-Christ a vaincu le monde. Parmi les hommes qui en avaient été témoins, les uns l'appelèrent Dieu, les autres magicien, les autres
démon.

Ce n'est point par l'accomplissement en sa
personne des anciennes prophéties, que N. S.
Jésus-Christ a vaincu le monde. La synagogue
qui en était dépositaire ne se convertit point.

Ce n'est point par la vérité que N. S. Jésus-
Christ a vaincu le monde. Car le jour où le monde
eut devant lui la vérité incarnée, on le vit la
nier, la maudire et la crucifier sur le calvaire.
N. S. Jésus-Christ a vaincu le monde et établi

son église sur une base inébranlable par un effet
de sa volonté et de sa toute-puissance divine.

Id., page 24.

Le catholicisme est un système complet de
civilisation, si complet qu'il embrasse tout dans
son immensité : la science de Dieu, la science de
l'ange, la science de l'univers, la science de
l'homme. A cette école on apprend comment et
quand doivent finir, comment et quand ont
commencé les choses et les temps ; là se découvrent les secrets merveilleux qui échappèrent à
toutes les recherches des philosophes du paganisme et que ne put jamais pénétrer l'intelligence des sages ; là se révèlent les causes
finales de toutes les existences, le but auquel se
coordonnent tous les mouvements de l'humanité,
la nature des corps et l'essence des esprits, les
voies par où marchent les hommes, le terme vers
lequel ils tendent, l'énigme de leurs larmes,
l'arcane de la mort, le secret de la vie. Quiconque a bu à cette source de la sagesse est plus
savant que Platon, et plus sage que Socrate.

COUSIN

(*Du vrai, du beau et du bien*, p. 453.)

La philosophie pose les bases du culte extérieur ; mais une fois arrivée là, en face pour
ainsi dire du christianisme, elle s'arrête pour ne

pas franchir les bornes de son domaine. Là est une limite où commence un autre royaume.

Id. p. 429.

La vérité morale, comme toute autre vérité universelle, ne peut demeurer à l'état d'abstraction. Dans nous elle n'est que conçue ; il faut qu'il y ait quelque part un être qui non-seulement la conçoive, mais qui la constitue, et cet être est le Dieu que nous devons adorer.

L'adoration est un sentiment universel de l'humanité. Il diffère en degré selon les différentes natures. Il prend les formes les plus diverses. Souvent même il s'ignore lui-même. Tantôt il se trahit par une exclamation partie du cœur devant les grandes scènes de la nature ou de la vie ; tantôt il s'élève silencieusement dans l'âme muette ou pénétrée. Il peut s'égarer dans son expression ; mais au fond il est toujours le même. C'est un élan de l'âme spontané, irrésistible. Et quand la raison s'y applique, elle le déclare juste et légitime. L'adoration est d'abord un sentiment naturel ; la raison en fait un devoir.

Le christianisme renferme toute la philosophie. Car la vraie philosophie n'est elle-même autre chose que le christianisme philosophiquement compris et expliqué dans une certaine mesure.

Id. — Sur Santa Rosa.

Espérance divine qui me fait battre le cœur

au milieu des incertitudes de l'entendement !
Abîme couvert de tant de nuages mêlés d'un
peu de lumière ! ... Après tout, il est une vérité
plus éclatante à mes yeux que toutes les
lumières, plus certaine que les mathématiques,
c'est l'existence de la divine Providence. Oui
il y a un Dieu, un Dieu qui est une véritable
intelligence ; qui, par conséquent, a conscience
de lui-même, qui a tout fait, tout ordonné avec
poids et mesure, et dont les œuvres sont excel-
lentes, dont les fins sont adorables, alors même
qu'elles sont voilées à mes faibles yeux. Le
monde a un auteur parfait, parfaitement sage et
bon. L'homme n'est point un orphelin ; il a un
père dans le Ciel. Que fera ce père de son enfant
quand il reviendra ? Rien que de bon. Quoiqu'il
arrive, tout sera bien. Tout ce qu'il a fait est
bien fait ; tout ce qu'il fera je l'accepte d'avance ;
je le bénis. Oui, telle est mon inébranlable foi,
et cette foi est mon appui, mon asile, ma
consolation, ma douceur en ce moment formidable. (Université catholique, avril 1839.)

CREUZER

(Symbolique, 4e édit., p. 44.)

Les Hégéliens posent en principe que l'homme
excellent par nature n'a, pour parvenir au souverain bonheur, qu'à perfectionner autant que
possible son intelligence. Mes investigations ont,

au contraire, démontré que chez tous les peuples
de l'antiquité a régné la conscience d'une dépra-
vation, d'une déchéance intellectuelle et morale,
ainsi que le désir d'une réconciliation avec
Dieu ; mais que seulement cette conscience
n'avait pas été jusqu'à concevoir l'ordre et le
mode vrai du salut qui consiste dans la pureté
morale, dans le sacrifice volontaire de l'esprit,
et dans une foi vive, à un amour éternel ; ce
que le christianisme était seul capable de faire.

CRUVEILLIER.

(Discours sur la tombe de Duméril, fin)

Adieu donc, cher et excellent collègue ; adieu
donc pour la dernière fois, ou plutôt qu'il me
soit permis de dire avec le doux langage de la
foi : au revoir, au revoir !

CUVIER.

(Université catholique, avril 1830)

Moïse nous a laissé une cosmogonie dont
l'exactitude se vérifie chaque jour d'une manière
admirable. Les observations géologiques s'accordent parfaitement avec la Genèse sur l'ordre
dans lequel ont été successivement créés tous
les êtres organisés. La concordance est complète.
Les philosophes qui parlent de la nature

comme ayant une sorte d'existence personnelle distincte du créateur, distincte des lois qu'il a faites et dont tout porte l'empreinte, sont absolument puérils et ne méritent pas d'être écoutés.

Id. — Anatomie comparée

Des naturalistes matériels dans leurs idées, voyant que le plus ou moins d'usage d'un membre en augmente ou en diminue la force et le volume, se sont imaginé que des habitudes et des influences longtemps continuées, ont pu changer par degré les animaux au point de les faire arriver successivement à l'état où nous voyons maintenant les différentes espèces ; idée peut-être la plus superficielle et la plus vaine de toutes celles que nous avons eu à réfuter. On y considère en quelque sorte les corps organisés comme une simple motte de pâte ou d'argile qui se laisserait mouler entre les doigts. Aussi, du moment où ces auteurs ont voulu entrer dans le détail, ils sont tombés dans le ridicule. Quiconque ose avancer sérieusement qu'un poisson, à force de se tenir au sec, pourrait voir ses écailles se fendiller et se changer en plumes et devenir lui-même un oiseau, ou qu'un quadrupède, à force de pénétrer dans des voies étroites, de se passer à la filière, pourrait se changer en serpent, ne fait autre chose que prouver son ignorance de l'anatomie.

CYPRIEN (SAINT)

(Lettre à Donat)

Lorsque j'étais assis dans les ténèbres, que je flottais au hasard sur la mer orageuse du siècle, incertain de ma vie, étranger à la vérité et à la lumière, je tenais pour très difficile et très dur, à cause des mœurs d'alors, la réalisation des promesses de Dieu par rapport au salut, savoir que par l'effet du baptême l'homme pût changer, dans son âme, tout en restant dans les liens du corps.

Comment, me disais-je, une semblable conversion est-elle possible ? Comment se défaire tout à coup, de vices que nous avons apportés en venant au monde ? ou d'habitudes, si vieilles qu'elles sont devenues comme une seconde nature ?

Voici les réflexions que je faisais et je désespérais de m'améliorer, la corruption me paraissant une chose naturelle et nécessaire. Mais une fois que j'eus été baptisé et purifié des souillures de ma vie passée, qu'une lumière nouvelle se fut répandue en moi, que j'eus reçu l'esprit d'en haut, alors mes doutes s'éclaircirent, les voiles se déchirèrent, et la force me fut donnée d'entreprendre l'œuvre avec succès, l'œuvre qu'auparavant je considérais comme si difficile, comme impossible même.

CYRILLE (SAINT) d'Alexandrie

Se peut-il que le verbe engendré du père se soit vu manquant du secours céleste ? Non, il serait absurde de le penser. Mais Adam notre premier père, ayant transgressé le commandement de Dieu et secoué le joug de la loi divine, la nature humaine tomba dans l'abandon de Dieu, fut chargée du poids de la malédiction et soumise à la mort. Alors le fils de Dieu, étant descendu sur la terre pour relever notre nature déchue, prit notre chair comme descendant d'Adam et devint notre frère. En même temps que la déchéance et l'ancienne malédiction, par le sacrifice du Calvaire devait cesser l'abandon de Dieu dans lequel le genre humain se trouvait dès le commencement. Voilà pourquoi le Christ fût au nombre des délaissés et pourquoi, afin de faire cesser cet état de choses, il s'écrie : Pourquoi m'avez-vous abandonné ?

DANTE

(*Enfer*, t. III, page 1)

Par moi l'on va dans la cité des larmes ; par moi l'on va dans l'abîme des douleurs ; par moi l'on va chez les races perverses... rien ne fût créé avant moi que les substances éternelles, et moi je dure éternellement... O vous, qui entrez ici, laissez toute espérance...

Id. — Paradis, t. XXXIII, I.

Vierge mère, fille de ton fils, plus humble et plus grande qu'aucune autre créature, terme fixe dans l'éternel conseil. Par toi notre nature s'est tellement ennoblie, que son créateur n'a pas dédaigné de devenir son propre ouvrage. En ton cœur s'est allumé l'amour qui brûle éternellement dans le sein du Père et c'est ainsi qu'a germé cette fleur céleste. Pour nous tu es un soleil d'ardente charité ; durant le temps que nous traversons ce pays de mort, tu nous verses un flot continu d'espérance et de vie. O notre chère dame, si grande et si puissante ! chercher la grâce et ne pas recourir à toi, c'est vouloir sans ailes s'envoler au ciel. Telle est ta bonté, que tu viens à notre secours quand nous t'invoquons et même avant que nous t'invoquions. En toi est la clémence, en toi la piété, en toi la gloire, en toi se trouve réuni tout ce que la créature a de vertu.

DAVID (Roi)

(Quelques versets du Psaume CXXXVIII)

Où irai-je, Seigneur, pour fuir vos regards ? Si je monte dans les cieux vous y êtes ; si je descends dans les abîmes vous y êtes encore ; si dès le matin je prends des ailes pour voler jusqu'à l'extrémité des mers, c'est votre main même qui me soutiendra. Alors j'ai dit : peut-être que les ténèbres me cacheront ; mais non, la nuit devient toute lumineuse pour me découvrir ; pour vous les ténèbres sont comme les clartés du jour. Je vous louerai donc, Seigneur, parce que votre immensité éclate d'une manière étonnante ; vos œuvres sont admirables et mon âme est toute pénétrée de votre présence.

(Derniers versets du Psaume CII)

Au commencement, Seigneur, vous avez créé la terre, et les cieux sont l'ouvrage de vos mains.

Ils passeront, mais vous demeurerez. Ils vieilliront comme un vêtement.

Vous les changerez comme un manteau et ils seront changés ; mais vous, vous serez toujours le même et vos années ne finiront point.

Les enfants de vos serviteurs auront une demeure stable et leur race subsistera éternellement.

DAVY (HUMPHRY)

(Les derniers jours d'un naturaliste)

L'influence de la religion survit à toutes les joies terrestres ; elle gagne en force pendant que les organes vieillissent et que le corps approche de sa dissolution. Elle est comme la brillante étoile du soir à l'horizon de la vie et, nous en sommes certains, elle deviendra en un autre temps l'étoile du matin, après qu'elle aura envoyé ses rayons à travers les ombres et l'obscurité de la mort.....

La doctrine des matérialistes était pour moi, dès ma jeunesse, une doctrine froide, pesante, morne, insupportable, qui me paraissait conduire nécessairement à l'athéisme. Lorsque j'avais entendu dans les salles d'anatomie quelque matérialiste s'efforcer d'expliquer comment la matière arrivait à l'irritabilité par un développement graduel, pour parvenir ensuite peu à peu à la sensibilité ; comment après cela elle acquérait les organes essentiels par le seul effet de ses forces inhérentes, pour s'élever enfin jusqu'à la dignité de la nature intelligente, alors il suffisait d'une promenade dans la campagne verdoyante, dans les forêts, le long d'un ruisseau, pour reporter mon âme de la nature à Dieu. Je ne voyais plus alors dans les forces de la matière que des instruments dans la main de Dieu.....

Le vrai chimiste voit Dieu dans toutes les formes si variées de l'univers visible. L'étude du bel ordre, qui règne dans toute cette variété immense, est une perpétuelle démonstration de l'infinie sagesse, qui a daigné dans sa bonté accorder à l'homme les jouissances de la science. Il devient meilleur à mesure qu'il devient plus savant. Il monte du même pas les degrés de la science et de la vertu. Plus son regard pénétrera avant dans les mystères de la science, plus son cœur se remplira d'une foi sublime, et moins le voile à travers lequel il entrevoit les causes des choses deviendra épais, plus aussi il admirera l'éclat de la divine lumière qui s'est rendue visible à ses yeux.

DELAVIGNE (CASIMIR)

(Extrait de la *Vie de Jeanne d'Arc*)

Qui t'inspira, jeune et faible bergère,
D'abandonner ta houlette légère
Et les tissus commencés par ta main ?
Ta sainte ardeur n'a pas été trompée;
Mais quel pouvoir brise sous ton épée
Les cimiers d'or et les casques d'airain ?

L'aube du jour voit briller ton armure,
L'acier pesant couvre ta chevelure,
Et des combats tu cours braver le sort!
Qui t'inspira de quitter ton vieux père,
De préférer aux baisers de ta mère
L'horreur des camps, le carnage et la mort?

C'est Dieu qui l'a voulu, c'est le Dieu des armées!
Qui regarde en pitié les pleurs des malheureux.
C'est lui qui délivra nos tribus opprimées
Sous le poids d'un joug rigoureux.
C'est lui, c'est l'Eternel, c'est le Dieu des armées!

L'ange exterminateur bénit ton étendard,
Il mit dans tes accents un son mâle et terrible,
La force dans ton bras, la mort dans ton regard.
            Et dit à la brebis paisible :
            Va déchirer le léopard.,...

. . . .

Ainsi tout prospérait à son jeune courage ;
Dieu conduisit deux ans ce merveilleux ouvrage,
            Il se plut à récompenser
Pour la France et ses rois son amour idolâtre;
Deux ans il la soutint sur ce brillant théâtre,
Pour apprendre aux Anglais qu'il voulait abaisser,
Que la France jamais ne périt toute entière,
Que son dernier vengeur, fût-il dans la poussière,
Les femmes, au besoin, pourraient les en chasser.

DÉMOCRITE

(Stobée, eclog Ethrie, page 344.)

L'allégation du hasard n'est que l'excuse de
l'ignorance ; parce qu'en effet il n'y a pas de
hasard.....

La vie de l'homme, depuis sa naissance jusqu'à
sa mort n'est qu'une longue maladie.

Ou il n'y a pas de vérité, ou si la vérité existe,
elle est restée jusqu'à présent cachée aux yeux
des mortels.

DELUC

(Lettre sur l'interprétation de la Genèse)

Lorsqu'un peu avant le milieu de ce siècle quelques naturalistes eurent assuré que la Genèse était fabuleuse, ceux qui crurent cette assertion se divisèrent d'abord en deux classes, dont l'une rejeta dès lors toute manifestation directe ou révélation de Dieu aux hommes. Ensuite elle parla de religion naturelle, pour endormir les hommes sur ce qu'ils deviendraient, lorsque toute religion positive serait effacée ; enfin elle aboutit à l'athéisme.

L'autre classe crut alors pouvoir séparer l'histoire du genre humain de celle de la terre elle-même. Ils ne retenaient que l'histoire d'Adam, de Noé, d'Abraham et la théocratie des Hébreux. Mais il n'échappa pas à d'autres que si Moïse n'était pas un historien fidèle de la création de l'univers et de la terre en particulier, si le déluge n'était pas dans toutes ses circonstances un événement réel, Adam et Noé devenaient des personnages chimériques.

La création de l'homme et sa chute, n'étant plus considérées que comme une fable allégorique sur quelque chose d'ignoré, furent livrées à des interprétations arbitraires.

La rédemption des hommes par Jésus-Christ, intimement liée tant à cette circonstance qu'à tout ce que la Bible renferme sur la nature divine, ne parut plus qu'une idée arrangée successivement par des hommes qui avaient voulu, pour le bien de l'humanité, établir une religion positive..... Que dire, en effet, des miracles et des prophéties qui en forment le lien dès le premier de ses livres, si celui-ci n'était qu'une fable ? Les sarcasmes d'abord couverts, puis formels, tombèrent sur toute cette histoire ; ils furent répandus sous mille formes et portés avec un acharnement croissant jusque parmi le peuple.

Ceux d'entre les théologiens qui avaient vraiment à cœur la religion, voyant que tout ce changement dans les idées était parti de l'opinion répandue par quelques naturalistes sur la Genèse, se sont donné la peine, comme c'était pour eux un devoir, d'étudier leurs ouvrages, et par la seule considération de la légèreté de leurs assertions et des contradictions qui règnent entre eux, ils ont vu qu'il n'y avait rien de solide dans leur prétendue science, rien qui dut ébranler une foi si solidement établie depuis bien des siècles et si essentielle au bonheur des hommes.

DESCARTES

(Discours de la Méthode, page 67)

J'ai décrit l'âme raisonnable et fait voir qu'elle ne peut aucunement être tirée de la puissance de la matière, ainsi que les autres choses dont j'ai parlé, mais qu'elle doit expressément être créée ; et comment il ne suffit pas qu'elle soit logée dans le corps humain comme un pilote en son navire, mais qu'il est besoin qu'elle soit jointe et unie plus étroitement avec lui pour avoir, outre cela, des sentiments et des appétits semblables aux nôtres, et ainsi composer un vrai homme.

Au reste, je me suis ici un peu étendu au sujet de l'âme, parce qu'il est des plus importants ; car, après l'erreur de ceux qui nient Dieu, laquelle je pense avoir ci-dessus assez réfutée, il n'y en a point qui éloigne plus tôt les esprits faibles du droit chemin de la vertu que d'imaginer que l'âme des bêtes soit semblable à la nôtre, et que par conséquent nous n'ayons rien à craindre, ni à espérer après cette vie, non plus que les mouches et les fourmis. Au lieu que lorsqu'on sait bien combien elles sont différentes, on comprend beaucoup mieux les raisons qui prouvent que la nôtre est d'une nature entièrement indépendante du corps et que par conséquent elle n'est point sujette à mourir avec lui ; puis, d'autant qu'on ne voit point d'autres causes qui la détruisent, on est naturellement porté à juger de là qu'elle est immortelle.

Id. page 42.

Enfin, s'il y a encore des hommes qui ne soient

pas assez persuadés de l'existence de Dieu et de leur âme par les raisons que j'ai apportées, je veux bien qu'ils sachent que toutes les autres choses dont ils se pensent peut-être plus assurés, comme d'avoir un corps et qu'il y a des astres et une terre et choses semblables, sont moins certaines

Id. — Principes de philosophie, t. ı, ch. 21.

De ce que nous sommes maintenant, il ne s'ensuit pas nécessairement que nous soyons un moment après, si quelque cause, à savoir la même qui nous a produits, ne continue à nous produire, c'est-à-dire ne nous conserve. Et nous connaissons aisément qu'il n'y a point de force en nous par laquelle nous puissions subsister ou nous conserver un seul moment.

DIDEROT

(*Soirées du baron d'Holbach,* plaidoyer de l'abbé Galiani)

Un jour, à Naples, un homme de la Basilicate prit devant nous six dés dans un cornet et paria d'amener rafle de six. Il l'amena du premier coup. Je dis : « Cette chance était possible. » Il l'amena une deuxième fois. Je dis la même chose. Il remit les dés dans le cornet, trois, quatre, cinq fois et toujours rafle de six. « Sangue di

Bacco, m'écriais-je, les dés sont pipés », et ils l'étaient en effet.

Philosophes, lorsque je considère l'ordre toujours renaissant de la nature, ses lois immuables, ses révolutions toujours constantes dans une infinie variété ; cette chance unique et conservatrice d'un monde tel que nous le voyons, qui revient sans cesse malgré cent autres millions de chances de perturbation et de destruction possible, je m'écrie : « Certes la nature est pipée. »

Convenez qu'il y aurait de la folie à refuser à vos semblables la faculté de penser. Sans doute, mais que s'ensuit-il de là ? Il s'ensuit que si l'univers, que dis-je, l'univers, si l'aile d'un papillon m'offre des traces mille fois plus distinctes d'une intelligence que vous n'avez d'indice, que votre semblable a la faculté de penser, il est mille fois plus fou de nier qu'il existe un Dieu, que de nier que votre semblable pense. Or, que cela soit ainsi, c'est à vos lumières, c'est à votre conscience que j'en appelle. La divinité n'est-elle pas aussi clairement empreinte dans l'œil du Ciron que la faculté de penser dans les écrits de Newton ? Quoi ! le monde formé prouverait moins une intelligence que le monde expliqué ? Songez donc encore que je ne vous objecte que l'aile d'un papillon quand je pourrais vous écraser du poids de l'univers !

DION CHRYSOSTOME

(Oratio de Dei Cognitione)

Chez tous les hommes se trouve un grand
désir de revoir les dieux et de les adorer.
Comme des enfants arrachés des bras de leur
mère, éprouvant un désir inexprimable de la
revoir, de l'embrasser, tendant souvent leurs
mains vers elle et en gardent le souvenir jusque
dans leurs rêves, ainsi l'homme ne peut et ne
pourra jamais se défaire de l'idée qu'il y a des
dieux, ni du désir de les voir et d'habiter en
leur société. Cette idée est inhérente à la nature
même de l'homme.

DITTON

(La religion chrétienne démontrée par la résurrection de Jésus-Christ)

Quelle est l'arme employée par les ennemis du
christianisme? La raillerie. Et qu'est-ce que la
raillerie? Une négation. Le rire est vulgaire; il
ne peut pas être une preuve sérieuse; il ne peut
pas même en être une que pour ceux qui
n'ont pas de [illegible] à la philosophie [illegible]
[illegible] Historique des faits [illegible]
constitution [illegible] la nature humaine [illegible]
objecte que l'aile d'un papillon quand je pourrais vous écraser du poids de l'univers!

DŒLLINGER

(Le Christianisme et l'Eglise, préface)

Le naturaliste, qui dissèque une graine, ne peut annoncer, de prime abord, quelle sera la forme et la taille de la plante contenue en substance et en puissance dans cet embryon. Ainsi les païens, et bien plus, les chrétiens eux-mêmes, étaient loin de prévoir la puissance de civilisation, l'énergique fécondité des germes intellectuels et moraux déposés dans le sein de l'Eglise et confiés à sa garde.

Sous nos yeux, au contraire, se déroule l'histoire bientôt vingt fois séculaire du christianisme, et d'un regard, nous pouvons embrasser le progrès de cette grande institution, se développant d'une façon uniforme et pour ainsi dire nécessaire, sans jamais dépasser la plénitude essentielle qu'elle contenait en germe, mais excédant de beaucoup les simples contours, les formes primitives et les timides manifestations des temps apostoliques.

Id.

La fondation de l'Eglise catholique est le complément d'une préparation plusieurs fois millénaire; c'est en même temps le point de départ d'un nouvel ordre de choses. Le monde avant Jésus-Christ et le monde après Jésus-

Christ, telle est la division rigoureuse de l'histoire
du monde. L'état actuel du monde est une fleur,
un fruit, dont la racine est en Jésus-Christ. Un
grand fleuve arrose et féconde l'humanité et sa
source est Jésus-Christ. Avec lui, ont été apportés
au monde les germes d'une civilisation destinée à
embrasser l'univers en tout sens et qui est toujours en voie de développement et de croissance ;
c'est une mine inépuisable d'idées créatrices, une
plénitude de formations nouvelles dans l'État,
dans l'Eglise, dans la science, dans la morale,
intellectuels et moraux, dépendent, etc.

Id. — Erreur, doute et vérité, Munich 1840, page 38[?].

Rien ne peut entrer dans la tête de l'homme
que ce qui peut entrer dans son cœur. Chaque
fois qu'il se refuse à bien faire, son intelligence
est fermée à la vérité. Aussi, disons-le ouvertement, la vraie source de l'erreur n'est pas
l'ignorance, mais la perversion de la volonté.

DROZ (Joseph)

(Aveux d'un philosophe chrétien)

Id.

J'étais loin d'avoir donné à ma croyance les
bases solides qu'aurait exigé le temps où nous
vivions. La philosophie du xviii° siècle régnait ;
l'irréligion était à la mode ; l'indifférence et
l'incrédulité semblaient répandues dans l'air qu'on
respirait. Tandis que je m'occupais de

littérature et que je descendais prudemment de
la poésie à la prose, j'entendais souvent des voix
répéter avec une ferme assurance : « La cause
du christianisme est jugée et à jamais perdue. »
Je ne doutais point qu'il fallait partir de ce
point comme d'un fait certain, lorsqu'on s'entre-
tenait de religion avec des hommes éclairés par
la lumière de leur siècle. Ainsi se décidait alors
la jeunesse.

Le prisonnier, pour conserver ses forces physiques, a besoin que par intervalle on lui fasse
respirer un air pur. L'âme, de même, a besoin,
pour ranimer ses forces morales, de ne pas toujours rester sur cette terre qu'agitent les passions,
et de s'élever par la pensée vers le séjour de la
paix. C'est ce que fait le chrétien par la prière.

Id. — Pensées sur le Christianisme, page 23.

le christianisme a résolu le plus grand problème de morale : ne jamais enorgueillir l'homme
et ne jamais le décourager. Le chrétien sait
qu'il ne peut obtenir la gloire éternelle que par
l'intervention du médiateur. Comment s'enor-
gueillirait-il ? Dans sa faiblesse il est soutenu par
un Dieu. Comment se découragerait-il ? Ainsi
sont évités les deux écueils contre lesquels
échoueront tous ceux que n'éclaire pas le dogme
du médiateur.

DUMAS FILS (ALEXANDRE)

*(Extrait du discours à l'Académie française pour
la réception de M. Leconte de Lisle (31 mars 1887).*

Depuis Valmiki et Homère, un fait extraordinaire et imprévu, quoique prédit, a eu lieu. Au milieu des poèmes Orphiques et Védiques, tout à coup on a vu tomber du ciel, dit-on, un petit livre, un tout petit livre, dont le contenu ne remplirait pas un chant de l'Iliade ou du Ramayana ; et ce petit livre racontait aux hommes la plus merveilleuse histoire qu'ils eussent jamais entendue et leur proposait la morale la plus pure, la plus intelligible, la plus consolante et la plus profitable qui eût été jamais proclamée sur la terre. L'humanité se sentit tout à coup une âme nouvelle à la voix de certains rapsodes venus du petit pays de Judée, récitant et propageant par le monde leur poème, qu'ils déclaraient divin avec tant de conviction et d'enthousiasme qu'ils se laissaient mettre en croix plutôt que de le désavouer d'un seul mot. Les poèmes religieux de l'antiquité s'effacèrent alors peu à peu de la mémoire, ou du moins de la conscience des hommes [illegible] du soleil s'éteignent les étoiles [illegible] sont plus [illegible] pour la [illegible] à partir de ce fait que l'humanité a pris [illegible] l'habitude [illegible] besoin [illegible] la religion [illegible] L'âme a ses besoins, comme le corps et l'esprit.

L'art qui, selon vous, doit être son propre but à
lui-même, n'en crut pas moins devoir se mettre
pieusement au service de la révélation affirmée
divine. Dieu eut, comme les dieux, ses Phidias et
ses Lysippe, ses Apelle et ses Zeuxis dans les
Donatello et les Michel-Ange, dans les Léonard
et les Raphaël, et la musique naquit comme
pour réunir en une seule toutes les voix de la
création à la louange du Créateur récemment
dévoilé. Enfin la poésie elle-même, abdiquant sa
souveraineté directe sur les esprits, se fit la
vassale et mena le chœur de la bonne nouvelle.

Sous le souffle du Dieu de Moïse et de Jésus,
elle inspira la divine Comédie à Dante, la Mes-
siade à Klopstock, Polyeucte à Corneille, Athalie
à Racine, le Paradis perdu à Milton, Faust à
Goëthe, si bien que lorsque vous êtes venu en
France, tout pénétré des poésies orientales et
grecques, aux sources desquelles, vous vouliez
nous ramener, vous vous êtes trouvé en face de
poètes chrétiens.

Lamartine, Hugo, Musset étaient chez nous
les chantres de cette poésie spiritualiste.

DUMAS (de l'Institut)

(De l'enseignement public en France)

« Le Dieu de la révélation est le même que
celui de la nature. L'accord est parfait entre la
science moderne et la révélation. »

Sous l'influence du christianisme le droit n'a plus abdiqué devant la force ; la justice s'est étendue à toutes les nationalités ; la sympathie n'a plus tenu compte de la couleur des hommes ; la liberté a relevé les castes et les races déchues ; le plus humble s'est vu protéger par son origine divine et le plus grand s'est senti responsable devant l'Eternité.

Id. — Eloge d'Isidore Geoffroy Saint-Hilaire.

Isidore Geoffroy Saint-Hilaire et son père voyaient, dans la loi découverte par celui-ci de l'unité de plan dans la constitution des vertèbres, un pas de plus au profit de la pensée humaine vers la connaissance de Dieu.

Id. — Eloge de Faraday.

La science, messieurs, ne tue point la foi, et la foi tue encore moins la science.

DUNOYER (CHARLES), de l'Institut

(Notice sur Duméril, p. 4).

Quand il ne lui a plus été possible de se faire illusion sur l'imminence du danger qui menaçait sa vie, il ne s'est montré occupé que du soin de consoler sa famille. Pour lui il s'estimait heureux de voir se terminer une vie si longue sans plus de souffrance. Aussi se résignait-il tranquillement

à la voir finir et assistait-il à ce travail sans
aucun trouble, s'isolant sans effort de ce qui
mourait en lui, des organes plus ou moins
détruits sur lesquels sa volonté n'avait plus
d'empire, et se réfugiant dans sa pensée toujours
survivante, plein de confiance, ainsi qu'on l'a
dit, dans ce qui allait advenir.

DUPONT WITE

(Revue des deux Mondes, 15 février 1865)

Vous ne me suffisez pas, si vous ne m'enseignez
que la matière. Vous voulez me réduire au
visible et au palpable ; or, j'ai de plus longues
pensées..... L'origine et la fin des choses, un
problème dont je fais partie, c'est ce qui m'attire
par dessus tout. J'aime mieux conjecturer là-
dessus, où il s'agit pour moi de si grand intérêts,
que de savoir par raison démonstrative certaines
choses qui me paraissent secondaires..... Vous
ne m'ôterez pas de l'esprit les appréhensions,
les curiosités d'outre-tombe. Au fond, ma grande
affaire c'est moi, c'est ce qui m'attend, machine
toute brûlante d'idées et de passions, à l'heure
où certains organes cesseront le service de la
machine. (Être ou n'être pas, cela est) de la
dernière gravité ; je me passerai plutôt de chimie
et de géométrie que de votre contemplation et
des espérances qui s'y rattachent. Me disputer
ce rêve, ce n'est pas me remettre à ma place,

c'est me dégrader, car je ne suis pas seulement un animal politique, je suis avant tout un animal religieux. La religion est un besoin invincible de l'humanité.

DUVOISIN

(Démonstrations évangéliques)

Parcourez, dirons-nous à la critique négative, parcourez les écrits innombrables des Pères de l'Eglise qui, dans leurs commentaires, dans leurs traités dogmatiques, dans leurs homélies, ont transcrit en quelque sorte le Nouveau Testament tout entier. Vous y retrouverez le sens et presque toujours les paroles mêmes de nos livres saints. En sorte que si, par impossible, ces livres venaient à disparaître tout à coup, il serait aisé de les refaire en rassemblant les citations éparses dans les auteurs ecclésiastiques. Preuve démonstrative de l'intégrité constante des livres du Nouveau Testament, puisqu'il en résulte que nos exemplaires actuels sont parfaitement conformes à ceux de la plus haute antiquité.

EPICTÈTE

(Entretiens, livre I, chap. XIV, op. 188).

Il n'y a point d'homme orphelin, il y a un ... qui toujours et continuellement prend soin de chacun.

L'homme honnête et vertueux, se souvenant de ce qu'il est et d'où il est venu et de qui il a reçu l'Etre, met tous ses soins à voir comment il remplira les fonctions de son poste, sans jamais quitter son rang et docile à tous les ordres de Dieu. Voulez-vous que j'existe encore quelque temps? Je vivrai en homme libre et de noble origine, ainsi que vous l'avez voulu. N'avez-vous plus affaire de moi ici? Je n'y ai demeuré jusqu'à ce moment que pour vous seul et je suis prêt à vous obéir, comme votre bon serviteur, toujours, pénétré de vos commandements et de vos défenses. Mais pendant que je demeure ici, quel homme voulez-vous que je sois? Sénateur ou plébéien? Soldat ou capitaine? Dans quelque poste, dans quelque rang que vous m'ayez mis, je mourrai mille fois plutôt que de l'abandonner. Mais encore où voulez-vous que je sois? A Rome? A Athènes? Aux îles Gyares? Ah! souvenez-vous seulement de moi en quelque endroit que je sois!

ERSKINE

(Des preuves intrinsèques de la vérité du christianisme, fin.)

Les matériaux du système chrétien reposent en foule autour et au-dedans de nous; ils consistent dans les sentiments de notre propre cœur, dans l'histoire de nos semblables et dans notre propre expérience, dans les avertissements que Dieu nous donne par ses œuvres et par les voies de sa providence, enfin dans les jugements et les prévisions de notre conscience. Nous sentons que nous ne sommes pas des spectateurs désintéressés de toutes ces choses ; nous avons la certitude, que s'il existe un principe qui puisse les expliquer et les lier ensemble, il doit être pour nous de la plus grande importance et doit déterminer notre destinée éternelle. Or, il est évident que ce principe, maître de tous les autres, ne peut exister nulle autre part que dans le caractère de Dieu. Dieu est le souverain universel et il gouverne selon les principes de son propre caractère. Le système chrétien consiste donc dans le développement du caractère divin, et comme ce développement a un objet pratique et moral, il ne s'arrête pas longtemps à satisfaire la curiosité spéculative ; il se hâte de répondre à la question la plus intéressante de toutes : quelle est la route qui conduit au bonheur éternel ? Cette question tient le même rang parmi les questions morales, et pénètre aussi avant dans les mystères du gouvernement spirituel de Dieu, que cette question correspondante : quelle loi régit et retient une planète dans son orbite ? pénètre dans les secrets du monde matériel.

Si une planète avait une âme et un libre arbitre et qu'en déviant de son lumineux sentier, elle encourût les mêmes perplexités et les mêmes dangers que l'homme, lorsqu'il s'éloigne de

Dieu, la demande que ferait la planète après s'être écartée de sa route, serait celle-ci : « Comment puis-je regagner mon orbite de paix et de gloire?» Et la réponse à cette question contiendrait en elle toute la philosophie astronomique en tant que l'ordre du système y serait intéressé.

. . . .

L'homme reçoit lui aussi une réponse. Le sentier du devoir et du bonheur est tracé dans ce précepte: « Tu aimeras le Seigneur ton Dieu, de tout ton cœur, de toute ton âme et de toutes tes forces, et ton prochain comme toi-même pour l'amour de lui. » Mais ce n'est pas assez encore. L'homme a quitté la bonne voie; aussi le moyen de la regagner et de s'y maintenir forme-t-il le trait essentiel du message de paix qui annonce la bonne nouvelle à notre race déchue. Jésus-Christ est le chemin de la vérité et de la vie qui conduit à la faveur divine et à la sainteté. Il est le vrai centre de gravitation morale, le soleil de justice placé dans le ciel pour chasser les ténèbres et attirer, par sa douce et puissante influence, les affections égarées des hommes dans une orbite désigné par la volonté et illuminé par la faveur de Dieu.

supplice, avant qu'un Dieu, prenant sur lui tes maux, ne paraisse sur la terre et ne veuille pour toi descendre dans l'obscure demeure d'Hadès et dans les abimes du Tartare! Alors seulement tu seras délivré de tes tourments par la puissance de ce médiateur.

EULER

(Défense de la révélation divine contre les objections des incrédules, p. 39-40.)

« Lorsque les libres-penseurs nous objectent les difficultés et les contradictions apparentes qu'ils prétendent relever dans l'Ecriture-Sainte, il serait fort à propos de leur faire remarquer qu'il n'est point de science si complètement démontrée, qu'elle n'ait soulevé des objections beaucoup plus sérieuses encore et qu'on y ait relevé des contradictions en apparence insolubles; mais quand on peut remonter jusqu'aux premiers principes de ces sciences, on est à même de faire disparaître ces objections. Cependant, quand bien même on serait dans l'impossibilité de le faire, ces sciences ne perdraient rien de leur certitude. Pourquoi alors de semblables attaques pourraient-elles priver l'Ecriture-Sainte de toute autorité ? »

(Id. — Lettres à une Princesse allemande, lettre 115.)

démonstration géométrique des vérités d'expérience que nous donnent nos sens, ou des vérités historiques que nous donne le témoignage
unanime des hommes. Votre Altesse croit sans
doute qu'il y a eu autrefois un roi de Macédoine
nommé Alexandre, qui s'est rendu maître du
royaume de Perse, quoiqu'elle ne l'ait point vu
et qu'elle ne puisse pas démontrer géométrique-
ment qu'un tel homme ait existé sur la terre. Il
faut donc se contenter des preuves qui conviennent à la nature de chacune des trois classes
de vérités expérimentales, mathématiques, historiques, et c'est ordinairement le défaut des
esprits forts et de ceux qui abusent de leur
pénétration dans les vérités intellectuelles, quand
ils prétendent des démonstrations géométriques
pour prouver toutes les vérités de la religion,
lesquelles appartiennent en grande partie à celles
de la troisième classe.

EURIPIDE

Hécube (traduction de Casimir DELAVIGNE.)

POLYXÈNE.

Obéissons aux Grecs, il les faut désarmer;
A la clarté du ciel mes yeux vont se fermer

HÉCUBE.

Sans moi dans les enfers tu descendras, ma fille!

POLYXÈNE.

Polyxène aux enfers trouvera sa famille.

HÉCUBE

Et moi qui vieillirai sous le poids des douleurs,
Aux flots de l'Eurotas j'irai mêler mes pleurs.

POLYXÈNE

Pour vous, aux sombres bords, que dirai-je à mon père ?

HÉCUBE

Dis-lui que ton trépas a comblé ma misère.

POLYXÈNE

Que dire à votre Hector ?

HÉCUBE

Que Pergame n'est plus ;
Qu'Andromaque gémit dans les fers de Pyrrhus.

POLYXÈNE

Adieu, ma mère ! adieu, rivage du Scamandre,
Lieux sacrés où demain reposera ma cendre !
Chers débris d'Ilion, tombeaux de mes aïeux,
Champs où régnait Priam, recevez mes adieux !

EUSÈBE

(Démonstrations évangéliques)

On doit voir une admirable précaution de la
divine Providence, en ce fait que jamais l'on
n'avait vu tant de peuples réunis sous une même
domination qu'au temps de Jésus-Christ. Sa
naissance coïncide précisément avec la plus
haute splendeur de la puissance romaine, sous
le règne d'Auguste. L'Égypte était vaincue. Le
peuple juif était sous le joug, ainsi que la Syrie,

la Grèce, l'Asie mineure, la Gaule, l'Espagne et l'Afrique.

Supposez les peuples divisés et sans lien d'unité, quelles difficultés les apôtres n'eussent-ils pas rencontrées pour pénétrer partout? Mais maintenant, ils pouvaient accomplir leur grande mission ; Dieu leur avait aplani les voies.

Id. — tome iv, *page 4.*

La prédication évangélique a porté les Grecs et les Barbares qui l'ont reçue d'un cœur droit au faîte de la sagesse. Maintenant, ils mettent tous leurs efforts à bien régler leur vie. Ils déracinent de leurs cœurs les pensées impures ; ils ne jurent pas, ils évitent le mensonge. Une multitude innombrable d'hommes et de femmes viennent écouter les discours qui les portent à fuir, non seulement les actions honteuses, mais jusqu'aux mauvaises pensées. Tous apprennent à pardonner généreusement, à ne pas se venger, à maîtriser leur colère, à partager avec les pauvres. Par amour pour la vie éternelle, ils dédaignent cette vie terrestre si courte. Tous croient certainement en une providence qui régit et gouverne le monde, et ils le prouvent tous les jours, non seulement par leurs paroles, mais aussi par leurs actions.

Id. — Histoire ecclésiastique, t. v, ch. xx.

Comment les apôtres du Seigneur eux-mêmes

auraient-ils ajouté foi à ses paroles, si la vérité de son enseignement n'eût été attestée par ses œuvres divines ? C'est que les miracles de N. S. Jésus-Christ étaient vrais. Les malades guéris et les morts ressuscités par lui, n'ont pas été vus seulement au moment de leur guérison et de leur résurrection ; mais ils sont restés dans le pays, et quelques-uns ont vécu même jusqu'à notre époque. N. S. Jésus-Christ lui-même s'est montré, non seulement aux apôtres, mais à plus de cinq cents de ses disciples, dont quelques-uns vivent encore. J'ai moi-même entendu le bien-heureux Polycarpe rapporter ses entretiens avec saint Jean et plusieurs apôtres. Il nous redisait leurs discours et les paroles sacrées qu'ils avaient recueillies des lèvres mêmes du divin Maître ; et le récit du saint évêque était en tout conforme à l'Ecriture sainte.

FABER

(Le Très Saint Sacrement de l'Autel, p. 340)

Aucun spectacle ne peut être plus attrayant à contempler pour le véritable théologien que les pas de géant des découvertes scientifiques, et les méthodes hardies des infatigables pionniers de la science. Il n'a rien à redouter pour sa foi ; et s'il est embarrassé, c'est par la richesse même des preuves que des découvertes incessantes et nouvelles mettent à sa disposition pour sa défense.

Rien ne peut être plus mesquin, plus commun et plus dénué de sens que l'idée d'un antagonisme entre la science et la religion. Sans doute quelques sciences, dans le premier essor de leur développement, ont troublé les idées de ceux qui s'enivrèrent à leur source et il en résulta des théories hâtives et incomplètes, inconciliables avec l'enseignement de la foi, mais elles ne furent ensuite que des preuves plus frappantes encore de la vérité divine de notre sainte croyance. Car des découvertes plus étendues et un examen plus approfondi amenèrent toujours l'abandon des théories anti-religieuses. On avait représenté la géologie comme une science dont l'étude était particulièrement nuisible à la religion. Mais rien n'est plus faux. Cette longue suite de controverses, qui ont abouti à cette conclusion que la surface actuelle de la terre est moderne et que l'homme est relativement un nouveau venu dans la création, n'est qu'un long enchaînement de preuves en faveur du récit Mosaïque...

(Trois primautés de la révolution)

Cette foule d'animaux qui se succèdent avant la création de l'homme, ces millions d'années pendant lesquelles la terre se préparait à recevoir son maître, ces époques dont le silence de mort nous donne le frisson, alors que la matière inerte existait seule, ces catastrophes grandioses et effroyables qui bouleversaient coup sur coup la terre jusque dans ses abîmes, tous ces phénomènes forment pour ainsi dire une sorte de calendrier à l'aide duquel nous pouvons mesurer un instant la vie de Dieu avant le commencement de la vie humaine.

C'est une erreur de croire que la théorie qui voit dans les six jours de la création six périodes indéterminées, est une découverte moderne imposée à la théologie. Saint Augustin avait déjà exprimé cette pensée, et Bossuet nomme les six jours de la Genèse les six périodes de développement.

C'est pourquoi une interprétation étroite, mesquine de la Sainte Écriture d'une part, une connaissance insuffisante de la nature d'autre part, pourront bien quelquefois amener certains malentendus entre quelques théologiens et quelques savants, mais dans aucun cas le désaccord ne pourra subsister un seul jour entre la foi et la science.

FABRICY

(Titres primitifs de la révélation)

Si quelques peuples modernes ont une croyance moins abstraite et plus raisonnable que celle qui régna longtemps dans le monde païen, si même des philosophes de l'antiquité ont dicté ou enseigné des maximes conformes à la nature de Dieu et de l'homme, c'est à la véritable religion, à une ancienne tradition que les uns et les autres sont redevables des vérités qu'ils ont embrassées ou soutenues. Cette tradition venait originairement d'une révélation divine, ainsi que l'ont démontré quantité de bons écrivains, tels que les Voisin, les Planer, les Bochart, les Huét, les Kircher, les Thomassin, les Clarke, les Cudworth, les Stanley, les Bruker, les Ramsay, les Perchass, les Stillensplut, les Léland, les Bossuet, les Dickinsen, les Schackford, les Goguet, les Ansaldi et d'autres habiles littérateurs.

C'est donc une souveraine intelligence créatrice qui fit connaître elle-même, par une toute autre voie que celle du raisonnement, ces vérités fondamentales éparses dans les monuments des nations. Le théisme a été par conséquent la base de la religion primitive des hommes.

. . . .

La raison et la philosophie furent insuffisantes pour tirer les hommes de la corruption dans laquelle ils étaient tombés. Il fallut une morale dictée par la divinité, pour opérer la réforme des mœurs. Il fallut la parole même de Jésus-Christ pour impressionner le cœur de l'homme.

FALLMERAYER

(*Œuvres complètes*, t. ii, p. 202)

L'Eglise a travaillé à l'acquisition du royaume de Dieu et le reste a été accordé par surcroît ;

elle a exercé une influence civilisatrice qu'aucune autre institution n'a égalée ; elle est devenue le principe civilisateur le plus élevé, le plus large, le plus puissant, le plus durable du monde moderne qu'elle a créé, tellement que la civilisation européenne est essentiellement chrétienne. Tout dans la manière de penser et d'agir des peuples de l'Europe, et même dans leur manière d'être depuis leur enfance jusqu'à l'heure présente, révèle l'influence de la papauté. Le gouvernement des pontifes romains a su former, dans la partie du monde que nous habitons, une pensée européenne universelle, et cette pensée est indestructible. En dépit de tous les germes de division semés par l'hérésie, par la diversité des esprits, par l'orgueil du savoir et par l'inimitié, la direction intellectuelle et morale prise dans l'acception la plus large du mot est demeurée la même chez tous les peuples chrétiens. La répulsion intime pour le système byzantin, le besoin d'opposer l'esprit à l'aveugle matière, le mouvement et la vie à une immobilité de glace, la lumière aux ténèbres, la civilisation à la barbarie, la loi au bon plaisir d'un despote insensé, voilà ce qui caractérise l'esprit européen et ce que nulle force humaine ne peut détruire.

FARADAY
(Cours de physique)

Je viens de vous surprendre peut-être, messieurs, en prononçant le nom de Dieu. Il n'est vrai que c'est contre mon habitude parce que je me considère surtout comme un représentant de la science expérimentale. Mais je n'en suis pas moins chrétien et chrétien convaincu. Oui, messieurs, la notion et le respect de Dieu arrivent à mon esprit par des voies différentes, mais aussi certaines que celles qui nous conduisent à des vérités d'ordre physique. Pour moi, je me contenterai de répondre à ceux qui prétendent que les progrès de la science sont incompatibles avec la foi religieuse, ce que je nie absolument: « Je suis et je serai toujours chrétien. »

FECHNER
(Les trois motifs et raisons de croire, Leipzig 1863)

La grande fable de Dieu et d'une autre vie ne se serait moins propagée et affermie, si elle n'était qu'une fable. On a objecté que tous les hommes ne croient pas en Dieu... mais ceux-là sont en bien petit nombre. Quelques cas isolés d'incroyance chez les individus ne sont dignes d'aucune considération en face d'une croyance partout prédominante et universellement répanduc, croyance ferme et constante, qui suppose des principes d'une énergie universelle concordants et durables. (*Cours de physique.*)

Id.

Un jour, je lisais comment la larve du cerf-volant se construit un cocon plus grand que son corps ne semble le demander, afin que les cornes qui lui pousseront ensuite puissent y trouver place. Qu'est-ce qui instruit la larve de sa vie future, de ses cornes à venir? Qui croira que la même puissance qui a créé l'homme et le cerf-volant, et qui a mis la vérité dans l'instinct du cerf-volant, ait déposé le mensonge dans la foi de l'homme? Or, cette foi qui porte l'homme à disposer de sa vie actuelle en vue d'une autre vie à venir, se développe aussi naturellement dans l'homme que l'instinct dans la larve et n'est » pas moins nécessaire au complet développement de l'insecte, que le même instinct ne l'est au complet développement de l'humanité. A la vérité, la foi à l'immortalité ne se développe pas aussi facilement en chaque homme que l'instinct dans le cerf-volant. Mais si l'on considère l'humanité toute entière au lieu de chaque homme en particulier, on remarquera dans la croyance à l'immortalité le même caractère de nécessité que dans celui de l'instinct.

Id. page 128

Combien la croyance chrétienne est générale

en un Dieu conscient, personnel et roi du monde, pouvant et voulant s'occuper de sa créature, est de tout point supérieure à ce qu'une certaine philosophie moderne a tenté de substituer à Dieu, sous les expressions les plus diverses.

On ne s'est pas lassé d'inventer des expédients et des mots pour supplanter la foi chrétienne, pour substituer au Dieu vivant un être pratiquement inutile, enveloppé qu'il est d'un nuage mystique impénétrable.

Mais ces tentatives ont échoué et elles échoueront toujours, parce que rien ne peut remplacer le christianisme sur le terrain de la pratique, et c'est là une preuve évidente de sa vérité. C'est pourquoi toute philosophie qui va contre la foi chrétienne est déjà condamnée d'avance ; mais toute philosophie qui travaille à accroître l'autorité doctrinale de cette même foi par des raisons scientifiques, et par là même à corroborer de plus en plus son efficacité pratique, a pour elle l'avenir, puisqu'elle a pour elle la vérité.

FÉNELON

(*Lettre* iv *sur la religion*)

On manque encore plus de raison que de religion ; très peu d'hommes peuvent suivre leur raison jusqu'au bout ; de là tant d'erreurs et tant de maux.

La religion, c'est la foi montrant ce que

l'homme ne peut comprendre ; c'est Dieu expliquant l'homme quand l'homme a cessé de se concevoir.

Id. — Réponse de Fénelon à M. de Ramsay,

(Voyez CHATEAUBRIANT, *Génie du Christ*, t. i, page 202)

Pourquoi voudriez-vous rejeter tant de lumières qui consolent le cœur, parce qu'elles sont mêlées d'ombres qui humilient l'esprit ? La vraie religion ne doit-elle pas élever et abattre l'homme, lui montrer tout ensemble sa grandeur et sa faiblesse ? Vous n'avez pas encore une idée assez étendue du christianisme. Il n'est pas seulement une loi sainte qui purifie le cœur, il est aussi une sagesse mystérieuse qui dompte l'esprit. C'est un sacrifice continuel de tout soi-même en hommage à la souveraine raison.

En pratiquant sa morale, on renonce aux plaisirs pour l'amour de la beauté suprême. En croyant ses mystères, on immole ses idées par respect pour la vérité éternelle.

Sans ce double sacrifice des pensées et des passions, l'holocauste est imparfait, la victime est défectueuse. C'est par là que l'homme tout entier disparaît et s'évanouit devant l'être des êtres....

Il ne s'agit pas s'il est nécessaire que Dieu nous révèle ainsi des mystères pour humilier notre esprit, il s'agit de savoir s'il en a révélé ou non ; s'il a parlé à sa créature. L'obéissance et l'amour sont inséparables. Le christianisme est un fait. Puisque vous ne doutez pas des preuves de ce fait, il ne s'agit plus de choisir ce qu'on croira ou ce qu'on ne croira pas. Il y a dans la nature divine une profondeur impénétrable à notre faible raison. L'Etre infini, en effet, doit être incompréhensible à la créature finie. D'un côté, on voit un législateur dont la loi est tout à fait divine, qui prouve sa mission par des faits miraculeux dont on ne saurait douter par des raisons aussi fortes que celles qu'on a de les croire. D'un autre côté, on trouve plusieurs mystères qui nous choquent. Que faire entre ces deux extrémités embarrassantes : d'une révélation claire et d'un obscur incompréhensible ? On ne trouve de ressource que dans le sacrifice de l'esprit, et ce sacrifice est une partie du culte dû au souverain Etre.

Dieu n'a-t-il point des connaissances infinies que nous n'avons point ? Quand il en découvre quelques-unes par une voie surnaturelle, il ne s'agit plus d'examiner le commencement de ces mystères, mais la certitude de leur révélation. Ils nous paraissent incompatibles, sans l'être, en effet; et cette incompatibilité apparente vient de la petitesse de notre esprit, qui n'a pas de connaissances assez étendues pour voir la liaison de nos idées naturelles avec ces vérités surnaturelles.

Id. — Lettre sur les moyens donnés aux hommes pour arriver à la véritable religion.

Aimez la vérité autant que vous aimez votre santé, votre vanité, votre plaisir, votre fantaisie, et vous la trouverez. Un voyageur va au Monomotapa et au Japon pour apprendre ce qui ne le guérira d'aucun de ses maux; quand trouvera-t-on des hommes qui fassent, non pas le tour du monde, mais le moindre effort de curiosité, pour développer le grand mystère de leur état?... En faut-il davantage pour confondre l'incrédule et pour le couvrir de honte sur son ignorance?

Id. — De l'existence de Dieu.

Il est constant que j'ai une idée précise de l'infini. Je discerne très-nettement ce qui lui convient et ce qui ne lui convient pas. Je n'hésite jamais à en exclure toutes les propriétés des quantités et des nombres finis... Donnez-moi une chose finie, aussi prodigieuse qu'il vous plaira; faites en sorte qu'à force de surpasser toute mesure possible, elle devienne comme infinie à mon imagination, elle demeure toujours finie à mon esprit; j'en conçois la borne lors même que je ne puis l'imaginer.

Où l'ai-je prise cette idée qui est si fort au-dessus de moi, qui me surpasse infiniment, qui me fait comme disparaître à mes propres yeux, et qui me rend l'infini présent? Elle est en moi

et elle est plus que moi ; elle me paraît tout et
moi rien. Je ne puis l'effacer, ni l'obscurcir, ni
la diminuer, ni la contredire. Elle est en moi et je
ne l'y ai pas mise, je l'y ai trouvée. Elle ne dépend
pas de moi, c'est moi qui dépend d'elle. Je la
retrouve toutes les fois que je la cherche, et elle se
présente souvent quand même je ne la cherche
pas. Si je m'égare, elle me rappelle ; elle me
corrige ; elle redresse mes jugements, et quoique
je l'examine je ne puis la corriger, ni en douter,
ni juger d'elle.

J'en conclus que c'est l'être infiniment parfait
qui se rend immédiatement présent à moi quand
je le conçois et qu'il est lui-même l'idée que j'ai
de lui.

FERGUSSON

(Journal trimestriel de la Société de Géologie, 1863,
page 327.)

Voici ce que j'ai constaté moi-même aux Indes
et ce qui prouve combien il est difficile de se
faire une idée exacte de certains débris fossiles.
Les briques qui formaient les fondements d'une
maison que j'avais construite furent portées par
l'eau d'un fleuve et déposées dans son lit à une
profondeur de trente à quarante pieds ; depuis
lors le fleuve s'est retiré et à l'endroit où était
ma maisonnette, mais à quarante pieds au-dessus
de ses ruines, on construit actuellement un nou-

veau village. En y faisant des fouilles, on y trouverait mes briques et on pourrait calculer, d'après la profondeur où elles gisent, combien il y a de milliers d'années que je vivais.

FICHTE (J.-H.)

(*Philosophie*, t. XVII, p. 292)

Cette raison universelle et absolue que Hégel identifia avec la pensée de l'homme, de laquelle selon le système panthéiste tout sort, tout se développe suivant la loi d'une aveugle nécessité, n'est qu'une pure abstraction, une hypothèse de haute fantaisie et sans fondement. Cela n'existe, ni ne peut exister. Car qu'est-ce qu'une pensée inconsciente d'elle-même, sinon une pensée qui ne pense pas, c'est-à-dire une pure contradiction ?

La Bible est le livre auquel il faut qu'en définitive toute philosophie revienne.

FIGUIER

(*La terre avant le déluge*)

Quand la croûte terrestre se fut suffisamment refroidie pour que la vapeur d'eau pût s'y déposer à l'état liquide et s'y maintenir, alors une immense couche d'eau peu profonde, mais continue, enveloppa le globe tout entier. L'océan était universel, mais le refroidissement continuant, il en résulta des plissements de l'écorce terrestre ; peut-être aussi cette même écorce fut-elle soulevée par la poussée de la lave incandescente qui s'agitait au-dessous d'elle. Alors le lit des mers se creusa et l'aride en certains points émergea des eaux. Mais la vie ne pouvait apparaître dans ce milieu à température encore excessive. Enfin, dans une atmosphère épaisse, encore chaude, riche en acide carbonique, le règne végétal commença, et dès le début se développa avec une exubérance prodigieuse. Il fallait qu'à cette époque la lumière et la chaleur fussent à peu près uniformément répandues sur toute la surface du globe, puisque nous trouvons aujourd'hui le terrain houiller formé par les débris de cette antique végétation, aussi bien dans les régions glacées avoisinant le pôle que dans les régions brûlantes de l'équateur. Si on veut bien remarquer que c'était partout les mêmes espèces végétales, peu nombreuses et encore facilement reconnaissables, il faut bien en conclure qu'alors la distribution de la chaleur et de la lumière était tou' autre à la surface de la terre qu'elle ne l'est à présent, et qu'il n'existait point encore de climats distincts.

Id.

L'opinion qui place la naissance de l'homme aux abords de l'Euphrate, dans l'Asie centrale, est confirmée par un évènement d'une haute importance dans l'histoire de l'humanité et qu'une foule de traditions concordantes chez différents peuples placent dans ce même lieu ; nous voulons parler du dernier cataclysme qui a bouleversé l'écorce terrestre, plus spécialement connu sous le nom de déluge d'Asie.

FIQUELMONT

(Le côté religieux de la question d'Orient)

Ceux qui combattent l'Eglise catholique n'ont aucune notion de la profonde pensée qui a présidé à sa fondation ; ils ne se doutent pas que l'indépendance du pouvoir ecclésiastique soutient seule l'indépendance de l'homme, le plus grand présent qui pût être fait au genre humain et qui a suffi à lui seul pour élever la civilisation des peuples modernes, laquelle est son œuvre, si fort au-dessus de celle des peuples de l'antiquité.

FLAVIUS (JosÈPHE)

(*Antiq. Jud.*, tome XVIII, page 3)

En ce temps-là vivait Jésus, homme sage, si l'on peut l'appeler un homme, car il opéra des actions extraordinaires et il était le maître de ceux qui aimaient à entendre la vérité. Il y avait beaucoup de disciples qui le suivaient parmi les Juifs comme parmi les Grecs; cet homme extraordinaire était le Christ (Messie). Après que Pilate

l'eut fait crucifier sur l'accusation des principaux
de notre peuple, ses disciples n'en continuèrent
pas moins à l'aimer comme auparavant. Il leur
apparut vivant trois jours après sa mort. Les
prophètes de Dieu avaient prédit ce miracle
ainsi que plusieurs autres qui se réalisèrent
également. Le peuple des chrétiens existe encore
aujourd'hui. Il est ainsi appelé du nom de son
chef.

FLOURENS

(*Éloge de B. Delessert*)

L'antiquité païenne croyait le monde éternel,
toujours le même. Nous savons aujourd'hui que
cela n'est point... Dans ses desseins divins, Dieu
toujours avance; il ne s'arrête que lorsqu'il a
créé l'homme.

Id. — De l'apparition de la vie sur le globe.

Toutes les conditions nécessaires pour
des êtres animés si admirablement combinées et
préparées pour le moment où devait paraître
la vie sur la terre, prouvent Dieu, un seul
Dieu.

Id. — Histoire des travaux de Cuvier.

Id. — De la vie et de l'intelligence, t. II, p. 156.

Après avoir créé tant d'êtres relatifs les uns
aux autres, Dieu a voulu en créer

L'homme seul n'a nulle espèce voisine ; il n'a pas de consanguin ; sur ce dernier point on rougirait d'exprimer seulement un doute. Il est certain que Darwin a oublié que le monde est un cosmos, tandis que, d'après son hypothèse ce serait un chaos.

Id. — Éloge de Tiedeman.

Les hommes, blancs ou noirs, jaunes ou rouges, ont tous, à de très petites différences près, et qui ne sont qu'individuelles, la même capacité crânienne. Le cerveau ne présente aucune différence, absolument aucune, entre celui de l'homme blanc et celui de l'homme noir. Le cerveau du nègre au contraire diffère de celui de l'orang-outang en tout, par son volume et par les lobes cérébraux. La partie où siège la pensée est dominante et caractéristique du cerveau du nègre.

Dans le domaine pur de la psychologie, on peut bien marquer la limite précise qui sépare l'instinct de l'intelligence. Mais d'homme à homme, de race à race, ce ne sont plus que des variétés, des nuances, des degrés que l'éducation fait disparaître ; l'unité de l'intelligence est la dernière et définitive preuve de l'unité humaine.

Id. — De la vie et de l'intelligence, t. ii, p. 156.

du fait certain et démontré par l'expérience. Mais la sensation n'est dans le nerf qu'autant que le nerf vit; la contraction n'est dans le muscle qu'autant que le muscle vit. La sensation, l'irritabilité n'existent donc que parce que la vie, l'âme existe. C'est la vie qui agit dans la sensation et dans l'irritabilité. La vie est le principe, le reste n'est que le mode de sa manifestation et l'on peut dire, avec saint Thomas : la sensation, l'irritabilité n'est pas l'affaire de l'âme seule, ni du corps seul, mais de l'homme tout entier.

La contraction musculaire non plus spontanée, mais provoquée par des agents extérieurs, persiste, il est vrai, quelque temps après la mort; mais cela tient à ce que la fibre musculaire obéit mécaniquement à l'excitation extérieure en vertu de sa nature même, tant qu'elle conserve son intégrité parfaite.

Ce n'est point parce que les forces physico-chimiques sont actives que le corps vit; mais elles sont actives parce qu'il vit. Ce n'est pas la matière qui vit; une force vit dans la matière, la meut, l'agite et la renouvelle sans cesse.

FONTANES

(Œuvres de Fontanes, tome II, page 142, Conversation avec Ch. Bonnet, 1787.)

« Mon ami, le monde actuel souffre de l'absence

de Dieu ; ce vide ne peut être comblé que par Dieu lui-même... Si Dieu ne rentre pas dans la pensée des hommes, vous allez voir ceux-ci diviniser les énergies de la nature et retomber dans un absurde polythéisme, car ils ne sont jamais plus disposés à tout croire, qu'au moment où ils disent fièrement qu'ils ne croient plus à rien. Si la foi publique n'a plus d'aliments sains pour se nourrir, elle fera usage de poisons.

FONTENELLE

(Discours sur la patience)

Les chrétiens sont tels au-dedans d'eux-mêmes que les stoïciens avaient beaucoup de peine à le paraître au-dehors, tranquilles et vainqueurs de la douleur qu'ils endurent ; les chrétiens n'ont qu'à se modeler sur l'exemple de Jésus-Christ. « Que votre volonté soit faite, » dit-il, sur la croix, à son Père, et quelle volonté ! Combien savait-il qu'elle était sévère et rigoureuse ; cependant pour satisfaire aux devoirs de l'obéissance d'un fils, il souscrit à sa propre disgrâce et son unique soulagement au milieu de ses douleurs les plus vives est de tourner les yeux vers la main dont il les reçoit.

Inspirez-nous, Verbe incarné, cette vertu héroïque et si éloignée de la corruption qui nous est devenue naturelle. Daignez nous instruire dans la science de souffrir. Vous qui êtes la raison et la sagesse de votre adorable Père.

...

FRANKLIN (BENJAMIN)

(Mélanges de morale et d'économie politique.)

J'ai vécu longtemps, et plus longtemps je vis, plus je vois des preuves convaincantes de cette vérité, que Dieu gouverne les affaires humaines.

(*Œuvres complètes*, t. II, p. 33.)

Quiconque vous dit ou vous insinue que vous pouvez vous enrichir autrement que par le travail et l'épargne, ne l'écoutez pas, c'est un empoisonneur.

neur.

FRAYSSINOUS (DE)

(Défense du christianisme.)

Le spectacle le plus étonnant que présente l'histoire du genre humain, c'est celui de la religion chrétienne, luttant dans sa naissance contre toutes les erreurs et tous les vices, ensemble dissipant par sa lumière les ténèbres du paganisme, faisant germer les vertus les plus pures au sein même de la corruption la plus profonde, se jouant de la subtilité des sophistes comme de l'ignorance de la multitude, pénétrant

par les seules armes de la persuasion, chez les
nations les plus barbares, comme les plus poli-
cées, étendant son empire de toutes parts,
malgré les résistances de toutes les passions
et de tous les préjugés déchaînés contre elle,
jusqu'à ce qu'enfin après trois cents ans de
combats et de victoires, elle aille s'asseoir
triomphante avec Constantin sur le trône des
maîtres du monde.

(Opera completa, t. ii, p. 33)

L'Écriture Sainte et la nature procèdent également du Verbe divin, l'une comme dictée par le
Saint-Esprit, l'autre comme fidèle exécutrice des
œuvres de Dieu.

Nota. — Nous ferons remarquer ici avec Mallet du
Pan et Sir Brewster, tous deux protestants, que Galilée
fut honoré de l'amitié du pape Urbain qui, en récompense
de ses travaux admirables comme astronome, lui accorda
une pension annuelle, bien qu'il fût né à Pise, par conséquent en dehors des États de l'Église.

Galilée fut, il est vrai, persécuté par le collège ecclésiastique de Rome pour avoir voulu soutenir, non pas
que la terre tournait (Copernic l'avait soutenu avant lui),
mais certaines conséquences théologiques qu'il voulait
en déduire. La lettre suivante, publiée par M. de Falloux
dans le Correspondant, montre en quoi a consisté ce
qu'on appelle son martyre.

« Sienne, janvier 1634,

« Après l'expédition de ma cause, j'ai été condamné à une prison facultative au libre arbitre de Sa Sainteté. Antérieurement j'étais resté cinq mois chez l'ambassadeur de Toscane, qui m'a vu et traité ainsi que sa femme avec un si grand témoignage d'amitié, qu'on n'eût pu mieux faire à l'égard de ses plus proches parents.

« Sa Sainteté m'a donné pour prison le palais et le jardin du grand-duc, à la Trinité-du-Mont. Ensuite j'ai échangé cette résidence contre la maison de Monseigneur l'Archevêque à Sienne, où j'ai passé cinq mois en compagnie du Père de Saint-Iré et en visites continuelles de la part de la noblesse de cette ville. Jamais je n'ai été en meilleure santé qu'à présent. »

GALL

(Anatomie et Physiologie du système nerveux)

Quand je dis que l'exercice de nos facultés morales et intellectuelles dépend des conditions matérielles, je n'entends pas que nos facultés soient un produit de l'organisation. Ce serait confondre les conditions avec les causes efficaces.

Nota. — C'est cependant l'incessante confusion dans laquelle tombe et sur laquelle vit la théorie de l'organicisme!

GAUTIER (Théophile)
(Noël)

Le ciel est noir, la terre est blanche,
Cloches, carillonnez gaîment :
Jésus est né ; la Vierge penche
Sur lui son visage charmant.

Pas de courtines festonnées
Pour préserver l'enfant du froid ;
Rien que les toiles d'araignées
Qui pendent des poutres du toit.

Il tremble sur la paille fraîche,
Ce cher petit enfant Jésus,
Et pour l'échauffer dans sa crèche,
L'âne et le bœuf soufflent dessus.

La neige au chaume coud ses franges,
Mais sur le toit s'ouvre le ciel,
Et, tout en blanc, le chœur des anges
Chante aux bergers : « Noël ! Noël ! »

GAVARRET

(Extrait du *Dictionnaire encyclopédique des Sciences médicales, art. mouvement, p. 264.*)

L'éther est un fluide éminemment élastique,
qui remplit tous les espaces interstellaires, inter-
planétaires et intermoléculaires. Il est inerte,
impénétrable et incoërcible. Nous n'avons pas à

parler ici des observations qui mettent hors de doute l'existence de l'éther, ni des expériences qui ont permis de démontrer l'action réciproque des molécules de l'éther et des molécules de la matière pondérable. Nous devons nous contenter d'ajouter que l'éther joue, par rapport à la lumière et à la chaleur rayonnante, le même rôle que l'air par rapport au son; les expériences les plus rigoureuses ont établi que la chaleur rayonnante, comme la lumière, n'est que la force vive de vibration des molécules de l'éther. La chaleur et la lumière sont des forces purement mécaniques répandues dans l'univers entier comme l'éther lui-même, et de simples modalités dynamiques.

NOTA. — La science moderne est venue sans le vouloir appuyer de son autorité incontestable le récit des premiers jours de la Genèse : le *Fiat Lux* de Moïse, antérieur et indépendant du soleil.

Le mouvement semble inhérent à la matière; et cependant la matière ne peut pas d'elle-même se mettre en mouvement, ni augmenter la somme de mouvement dont elle est douée. Toutes ces masses en mouvement, qui constituent le système de l'univers perdent peu à peu ce mouvement, qui est converti en chaleur. Mais la chaleur se perd en partie par le rayonnement dans l'éther, et cette partie de chaleur perdue ne peut plus reproduire le mouvement. Celui-ci tend donc à diminuer, quoique bien lentement.

Un jour viendra (dans des milliards de siècles sans doute, mais qu'importe!), un jour viendra où tous les mouvements généraux de l'univers auront disparu pour être remplacés par le repos absolu et un équilibre de température constant.

NOTA. — Si la matière était éternelle, ce jour ne serait plus à venir; il serait nécessairement arrivé. L'idée de l'éternité de la matière est donc absolument incompatible avec les données de la science. Un jour elle a été mise en mouvement pour un temps limité et déterminé.

GERBET

(Le dogme générateur (extrait), Paris 1862)*

Le genre humain a toujours prié. Il a donc toujours cru à une action divine permanente qui s'exerce, non suivant les lois qui régissent l'univers visible, mais suivant d'autres lois plus intimes relatives au libre mouvement des esprits. La tradition, cette antique mémoire du genre humain, rapporte qu'à l'origine Dieu se mit en rapport avec sa créature. Qu'importe que nous ne nous représentions pas clairement ce genre de communication? Nous représentons-nous mieux la création elle-même? Et qui ne voit que dans toutes les suppositions imaginables le commencement des choses implique l'extraordinaire? En rejetant les prodiges de la bonté divine, on n'échappe pas aux miracles, on ne fait que leur substituer des prodiges d'un autre genre et plus inconcevables encore.

Quoique l'ordre des communications divines ait été nécessairement modifié par le crime originel, on a toujours été néanmoins persuadé que Dieu n'avait pas abandonné à elle-même l'humanité déchue et qu'il continuait à lui être présent par son action réparatrice, par sa grâce. Aussi la prière a-t-elle été chez tous les peuples comme l'expression de cette immortelle foi de l'humanité ; et à la prière se joignait l'offrande, c'est-à-dire l'oblation des choses nécessaires à la vie du corps et qui était comme la consommation sensible de la prière.

Mais une croyance plus universelle encore, s'il est possible, et correspondant à la corruption de notre nature déchue, s'est toujours ajoutée à la prière et à l'offrande, c'est là croyance au sacrifice. Car tous les peuples, si haut qu'on remonte, ont sacrifié des victimes.

Cette grande idée d'expiation réalisée dans le sacrifice s'y produit sous une forme qui contraste autant avec l'offrande, expression de la simple prière, que l'état du genre humain, soumis au péché et à la mort, contraste avec l'état primitif d'innocence et d'immortalité. Au culte pacifique qui eût toujours été celui de l'homme s'il fût resté fidèle à l'ordre établi par le premier amour, a succédé un culte sombre comme la justice. Dans le sacrifice l'être vivant est condamné, et sa mort est la figure d'une autre mort ; la chair séparée du sang, tel est le redoutable emblème de la pensée cachée sous cette action mystérieuse.

Quel rapport pouvait-il y avoir entre l'immolation d'un être vivant et la rémission des péchés ? Les hommes l'ignoraient, mais ils avaient foi dans ce qui était représenté par ces sacrifices pour apaiser la divinité qu'ils croyaient en courroux, et du fond de ce mystère que l'avenir devait dévoiler, quarante siècles ont entendu sortir la voix de l'espérance.

GODEFROY

(Cosmogonie de la révélation)

Celui qui est sorti des jours de son éternité, pour naître dans une des plus petites d'entre les mille bourgades de la tribu de Juda, suivant la promesse faite à nos pères, à l'origine de notre septième jour, a voulu que nous sachions que notre demeure terrestre mérite à peine de prendre rang parmi les merveilles de la création ; et il a voulu que nous sachions qu'il y a dans la maison de son père mille et mille demeures bien plus dignes de ses adorateurs, et qu'il a opéré et qu'il opère encore avec son père dans les autres demeures de cette maison de Dieu, dont les dimensions s'étendent jusque dans l'infini. « *In domo patris mei mansiones multæ sunt ; pater meus, usque modo operatur, et ego operor.* »

GODRON

(De l'espèce et des races dans les êtres organisés)

Partout, Dieu a pris un soin jaloux d'établir une barrière infranchissable entre les espèces, pour que l'homme, en les mêlant, ne pût lui dérober la gloire de les avoir créées. Les révolutions du globe n'ont pu altérer les types originaux. Les espèces ont conservé leur stabilité jusqu'à ce que des conditions nouvelles aient rendu leur existence impossible. Alors elles ont péri, mais elles n'ont pas été modifiées.

GOETHE

(Faust)

Je le sens, c'est en vain que j'ai rassemblé en moi tous les trésors de l'esprit humain ; aucune force nouvelle ne s'éveille en moi ; je n'ai pas monté de l'épaisseur d'un cheveu ; je ne me suis point rapproché de l'infini.

Id. — Théorie des couleurs, t. i, p. 148.

La nature de Dieu, l'immortalité, l'essence de notre âme et son union avec le corps, sont des problèmes toujours subsistants dans la solution desquels les philosophes ne nous font faire nul progrès; car toutes les choses nous échappent dans ce qu'elles ont d'extrême et de meilleur.

Id. — t. I, p. 350.

S'établir à demeure dans le doute n'est pas possible; le doute incite l'esprit à une recherche plus énergique, à un examen plus approfondi qui, s'il se fait d'une manière complète, a pour résultat la certitude, dernier but de l'esprit, où l'homme trouve le repos complet.

Id. — t. II, p. 374.

Ce monde n'aurait aucun sens, si Dieu n'avait conçu le plan d'élever un monde d'esprits sur la base matérielle du monde visible. Il agit donc continuellement dans les natures élevées pour attirer les plus basses.

....

La conviction de mon immortalité me vient de l'idée que j'ai de mon activité; puisque j'agis sans relâche jusqu'à ma fin, la nature est obligée elle-même de m'indiquer une autre forme d'existence, lorsque la forme actuelle devient impuissante à soutenir plus longtemps mon esprit.

Id. — Théorie des couleurs, t. I, p. 148.

profondeur, l'esprit humain peut se dilater autant qu'il lui plaira ; jamais il ne surpassera la sublimité morale du christianisme, telle que nous la voyons briller dans les évangiles.

Id. — t. iii, p. 171.

Je tiens les évangiles pour absolument authentiques ; ils sont comme un reflet de la personne du Christ, reflet sublime et d'une nature plus divine que tout ce qui a jamais paru sur la terre. Je m'incline devant eux comme devant la manifestation divine du plus haut principe de la moralité.

Id. — *Tasso*, t. iii, p. 2.

Dans notre cœur un Dieu parle tout bas, tout bas, mais nous dit clairement le mal à fuir, le bien à pratiquer.

Id. — *Divan oriental et occidental*

Il n'y a au fond qu'un thème unique dans l'histoire universelle et ce thème principal, auquel tous les autres sont subordonnés, c'est le conflit de l'incrédulité et de la foi. Toutes les époques de foi sont aussi des époques de gloire qui élèvent les âmes et qui portent des fruits pour le présent et pour l'avenir. Au contraire, les époques où prévaut une triste incrédulité ne jettent tout au plus qu'un éclat passager, parce que nul ne veut se consacrer à l'étude des choses stériles.

GRATIOLET

*(Mémoire sur les replis cérébraux de l'homme
et des primates).*

On a voulu établir que le cerveau humain en voie de formation ressemblait à celui du singe. Il n'en est rien, et ses premiers plis lui donnent un cachet vraiment caractéristique... Quand même son développement s'arrêterait dans cet état de réduction, il aurait encore des caractères propres à l'homme.

A toutes les époques de la vie fœtale, l'homme est homme en puissance ; des caractères nettement définis le distinguent ; et s'il est soumis aux lois générales qui dominent l'évolution des mammifères, il a, en tant qu'il est une espèce absolument distincte, un rang de priviléges et de droits qui lui appartiennent exclusivement.

GRATRY

(De la connaissance de Dieu, tome I, page 370)

Tout mon être tend et aspire à quelque chose de plus grand et de meilleur que moi ; et non seulement il y aspire maintenant, mais on voit bien qu'il y aspirera toujours ; c'est-à-dire qu'il aspire toujours à quelque chose de plus grand que toute grandeur donnée. Ainsi ma vie est une tendance vers l'infini. C'est précisément parce qu'il est fini et imparfait, que mon être se sent

attiré vers l'être infini et parfait par le centre
même de son être et par la racine de sa vie.

Id. — Les Sources, ch. ix.

Quand vous verrez toute cette flotte de mondes
voguer de concert et notre terre aussi flottant
comme un navire autour de cette île de lumière
qui est notre soleil ; quand vous verrez les
décroissements étranges de lumière, de chaleur
et de mouvement pour les mondes éloignés du
centre ; puis l'incroyable excentricité et l'espèce
de folie des comètes qui semblent se débattre
sous la 'loi dont' elles sont d'ailleurs dominées
tout autant que les mondes habitables ; quand
vous verrez toute cette géométrie en action,
toute cette physique vivante, tout ce merveilleux
mécanisme de la nature, toujours entretenu par
la présence de Dieu et manifestement réglé par
sa sagesse sous des lois immuables... Quand
vous apercevrez ces nébuleuses, que ce soient
des groupes de soleils ou bien des groupes
d'atomes, que les uns soient soleils, d'autres
atomes, poussière de soleils ou poussière d'atomes, qu'importe ! Quand vous verrez les groupes,
de même race, mais de différents âges, parvenus
sous nos yeux à différents degrés de formation...
puis quand vous verrez sur tous les mondes ces
alternances de nuit et de jour, ces vicissitudes
de saisons en harmonie avec la vie de la nature,
je dirai même avec la vie de nos pensées et de

nos âmes : vicissitudes, alternatives partout inévitables, excepté dans ce monde central où règnent un plein été, un plein midi incessant... Alors, s'il n'entre dans votre astronomie ni philosophie, ni religion, ni morale, ni espérances, ni conjectures de la vie éternelle et de l'état stable du monde futur... si, en face de ces caractères grandioses et de ces traits fondamentaux de l'œuvre visible de Dieu, vous regardez sans voir et sans comprendre, alors, oh ! alors, je vous plains !

GRÉGOIRE DE NAZIANZE (SAINT)

(Oratio, t. II.)

Tout a été réuni en un homme-Dieu pour tout réparer ce qui avait été ruiné dans notre premier père. L'âme à cause de l'âme qui avait désobéi. La chair à cause de cette chair qui, pour avoir été l'instrument des concupiscences de l'âme, fut condamnée en même temps qu'elle ; le Christ, enfin, a paru à cause d'Adam, c'est-à-dire celui qui était infiniment élevé au-dessus du péché à cause de celui qui était sous la loi du péché.

A chaque objet terrestre a été substitué quelque chose de céleste. Nous avons eu la Vierge pour Ève, Bethléem pour Eden, la Crèche pour le Paradis... Le contraste est partout... arbre contre arbre, main contre main... L'élévation est opposée à la chute ; le vinaigre et le fiel à la sensualité et à la gourmandise ; la couronne d'épines à la domination abusive ; la mort à la mort ; les ténèbres aux ténèbres ; la sépulture au retour à la poussière. Enfin la résurrection du Christ est le gage de la nôtre.

GROTIUS

(Vérité de la religion chrétienne, ch. 1.)

Je regarde comme un sentiment absurde, celui qui veut que Dieu ne gouverne que les choses universelles et qu'il ne s'embarrasse point des particulières. Si ceux qui ont ce sentiment prétendent que Dieu ignore les choses particulières (et, en effet, plusieurs l'ont prétendu), il ne se connaîtrait donc pas lui-même? Sa science ne serait point infinie? Si, au contraire, on avoue qu'aucune chose particulière ne lui est cachée, pourquoi n'en prendra-t-il pas soin? Chacune prise à part n'est-elle point ordonnée pour une fin particulière ou générale? De plus, les espèces que Dieu a promis de conserver ne subsistent que dans chaque chose particulière. Or, si chacune de ces choses peut périr, il faut donc que Dieu s'occupe de leur conservation? Dieu sait tout, et son pouvoir n'est pas plus limité que sa science.

GUIZOT

(*Méditations*, 1re série)

C'est précisément à quelque chose de surhumain que l'âme aspire et c'est du surnaturel qu'elle l'espère. Le monde fini tout entier avec tous ses faits et toutes ses lois, y compris l'homme lui-même, ne suffit point à l'âme de l'homme ; elle veut avoir quelque chose de plus grand à contempler et à aimer. C'est de cette ambition suprême et sublime que naît et se nourrit la religion.

Quelque semble le vent du jour, c'est donc une rude entreprise que l'abolition du surnaturel. La croyance au surnaturel a été la source et demeure le fond de toutes les religions. Que ceux-là donc se désabusent, qui se flattent de laisser encore des chrétiens, quand ils abolissent la croyance au surnaturel. C'est la religion même en général et la religion chrétienne en particulier qu'ils détruisent. Et cependant y a-t-on bien pensé ? Se figure-t-on ce que deviendraient les hommes et les sociétés, si la foi religieuse disparaissait réellement ? Je ne veux point me répandre en complaintes morales et en pressentiments sinistres ; mais je n'hésite point à affirmer qu'il n'y a point d'imagination qui puisse se représenter avec une vérité suffisante, ce qui arriverait en nous et autour de nous, si la place qui y tiennent les croyances chrétiennes se trouvait tout à coup vide et leur empire anéanti.

Mais sortons des crises malsaines de l'humanité, rentrons dans sa permanente et sérieuse histoire. La croyance au surnaturel est un fait naturel, primitif, universel dans la vie du genre humain. En tout temps, en tout lieu, à tous les degrés de la civilisation, on trouve le genre humain croyant spontanément à des faits, à des causes en dehors de cette mécanique vivante qui s'appelle la nature. On a beau étendre, expliquer, magnifier la nature, l'instinct des masses humaines ne s'y est jamais enfermé et il a toujours cherché et vu quelque chose au-delà.

Et c'est cette croyance instinctive, et jusqu'ici indestructible, c'est ce fait général et constant de l'histoire humaine qu'on entreprend d'abolir ! Incroyable fatuité, parce que dans un coin de ce monde, dans un jour des siècles, on a combattu le surnaturel, on le proclame vaincu ! Vous avez donc complètement oublié l'humanité et son histoire !

Id. — Méditations, 2e série.

Dans notre siècle le réveil chrétien est évident malgré les obstacles qu'il rencontre, et la puissance des courants opposés. Il y a progrès de foi chrétienne, progrès d'œuvres chrétiennes, progrès incomplets et insuffisants, mais réels et féconds, symptômes d'une vitalité puissante et pleins d'avenir... Que les ennemis du christianisme ne s'y trompent point ! Ils lui font une guerre à mort, mais ils n'ont point affaire à un mourant.

Id.

Le Dieu des rationalistes n'est que la statue de Dieu. Les chrétiens seuls ont le Dieu vivant.

GUTHIN

(Les doctrines positivistes en France, ch. XI, p. 228)

Ni le mouvement ne peut naître de l'inertie, ni l'ordre du hasard, ni la sensibilité de l'insensibilité, ni l'intelligence de l'inintelligence, ni la liberté de la fatalité, ni la lumière des ténèbres, ni la vie de la mort. Dire le contraire ce serait affirmer que le néant peut engendrer l'Etre. Ce serait ériger la formule de l'absurde en loi suprême de la pensée. Ce serait faire, en un mot, de la déraison systématique la base absolue de la science.

Id.

Celui qui a connu l'angoisse des grandes souffrances ; celui qui a connu l'impuissance des consolations humaines ; celui qui pour se relever a posé son cœur broyé et meurtri sur le cœur de Jésus ; celui qui a senti ce cœur sacré battre sur son propre cœur ; celui qui a vu l'aiguillon de la douleur se briser à ce contact divin et une infinie consolation succéder soudain au deuil de son âme, celui-là a senti Dieu ; il l'a vu, il l'a touché en quelque sorte autant qu'on le peut sur cette terre. Entre lui et Dieu, il s'est fait une indissoluble étreinte et, quoiqu'il advienne, il sentira éternellement la marque du baiser divin sur les blessures cicatrisées de son cœur.

HALLER

(Lettres sur la révélation, 1877)

L'anarchie ou la tyrannie, le déchaînement de tous les vices, la dissolution de tout lien social, voici l'avenir que prépare l'athéisme.

. . . .

Aucun esprit créé ne peut et ne pourra jamais complètement pénétrer le secret de la nature.

Id. — Dangers effrayants de l'esprit d'incrédulité

Rien ne serait plus inconcevable que l'esprit d'irréligion qui règne dans un siècle aussi éclairé que le nôtre, malgré la lumière qui y brille, si les hommes n'y étaient généralement légers, superficiels, livrés à la mollesse et à leurs sens, il n'est pas aisé d'arrêter les progrès d'une contagion aussi funeste ; l'incrédulité a trop de charmes aux yeux de l'homme corrompu pour qu'il se laisse enlever un aussi doux appui. Ne point croire les peines d'une autre vie, ni peut-être même un Dieu ; pouvoir faire tout mal sans remords, est un système qui doit avoir autant de sectateurs que le vice même dont il est la théorie.

Ceux qui nient un Dieu vengeur et une félicité éternelle, bornent notre bonheur à l'espace de quelques années, à la jouissance des plaisirs ; mais les premières suites de cette croyance seraient une révolution universelle ; tout serait sacrifié à l'intérêt particulier ; chaque homme s'aimerait seul et sans partage aux dépens de tous. Ses enfants, son père, sa mère, ses concitoyens n'auraient plus aucun devoir à exiger de sa part. Tous les liens de la société seraient brisés ; des passions violentes, dénaturées, nées de cette soif de plaisir qu'il faudrait satisfaire à tout prix, jetteraient partout les inimitiés et la discorde. Plus d'union solide dans le mariage. L'homme qui n'aura pas plus de lendemain que la bête, sera brute comme elle ; tout respect des enfants pour leur père et mère sera éteint. Ce vieillard, dira le fils, est un obstacle à mes désirs et retarde ma satisfaction ; s'il n'était plus, je pourrais avoir une fortune plus brillante et une liberté sans fastidieux conseils ; et alors qui arrêtera la main du parricide ? Les parents à leur tour ne verront dans les enfants qu'une charge incommode, des importuns qui viennent mal à propos partager leurs soins et leur fortune, et que feront-ils pour eux ?

La religion fait précisément le contraire de l'incrédulité ; elle réunit toutes ces forces, toutes ces volontés divisées en un seul point, je veux dire en Dieu.

HAMANN

(*Œuvres*, page 26.)

Gardons-nous de juger de la vérité des choses d'après le plus ou moins de facilité que nous avons à nous en faire une idée. Il y a des faits de l'ordre surnaturel auxquels on ne trouve rien à comparer dans les éléments de ce monde, mais qu'y a-t-il d'étonnant à cela, puisque dans les actions et même les œuvres humaines, quelques-unes nous paraissent incompréhensibles? Or, Dieu surpasse infiniment plus l'homme, quel qu'il soit, qu'un homme n'en surpasse un autre par la hauteur de ses sentiments.

HANEBERG

(*De la doctrine du Christ, t. II, Ep. XXXI, p. 8.*)

Les recherches scientifiques, qui à notre époque agrandissent sans cesse l'horizon intellectuel, font ressortir chaque jour davantage la valeur absolue du christianisme. Ce sera pour notre siècle une gloire et une distinction toute particulière, d'avoir porté le flambeau de la critique dans les ténèbres qui enveloppaient la religion comme la civilisation des peuples les plus éloignés. Et maintenant que nous avons pénétré la plupart des mystères qui environnaient les cultes étrangers, que chaque savant peut sans grand peine examiner les croyances des Brahmines et des Boudistes et se rendre compte, au moins en grande partie, des objets vénérés par les Grecs et les Phéniciens, l'attente fiévreuse, l'enthousiasme qui s'étaient manifestés lorsqu'on avait exhumé de leurs tombeaux quelques débris de ces antiques religions, se sont subitement calmés. Les grandes vérités du christianisme avaient perdu un moment de leur prestige aux yeux des Européens blasés, et l'on croyait trouver dans les ténébreux mystères de l'Orient des richesses non encore exploitées. Mais bientôt le fanatisme fut obligé de céder la place à la saine critique, et le temps n'est pas éloigné où les explorateurs qui s'étaient aventurés sur le terrain des anciennes religions, convaincus de la vanité de leurs efforts, tourneront leurs regards vers le culte de leur enfance et reconnaîtront ses beautés et sa supériorité incontestable.

HÉBERT

(*Moniteur universel*, mars 1868, Paris)

La science ne saurait conduire, ni à l'athéisme, ni au matérialisme. Elle n'aboutit pas davantage au scepticisme ou à une confiance orgueilleuse dans l'intelligence humaine. Non seulement elle nous révèle la puissance et la souveraine bonté du créateur, mais elle nous fait voir des mystères que toutes les forces de notre esprit ne sauraient éclaircir à elles seules... Toutefois l'homme peut s'élever jusqu'à une certaine intelligence de l'œuvre de Dieu.

S'il y a des tendances matérialistes dans notre société, elles reposent sur des illusions ; elles ne peuvent germer que dans des esprits complète- ment absorbés par des études spéciales et qui oublient le reste du monde.

HELMOTTZ

(Dictionnaire encyclopédique des Sciences médicales, art. mouvement, page 293.)

Si les immenses provisions de force de notre système planétaire soit telles que le rayonnement continuel n'a pu les diminuer d'une quantité sensible depuis les temps historiques ; s'il est impossible de calculer le temps qui doit encore s'écouler avant que cette diminution soit observable!... ; il n'en est pas moins vrai que suivant les lois immuables de la mécanique, ces provisions de force ne peuvent jamais éprouver que des pertes et doivent finir par s'épuiser.

Faut-il nous en effrayer ? L'homme mesure la grandeur et la sagesse de l'univers à la durée et

au bien-être promis à sa race. Mais l'histoire du
passé de notre globe montre que l'existence de
la race humaine n'est qu'un moment impercep-
tible dans la durée de ce passé. L'état actuel de
notre système planétaire paraît assuré pour des
séries de siècles beaucoup plus longues que
notre race n'a encore existé, de sorte que nous
n'avons rien à craindre de ce coté ; mais les
mêmes forces de l'air, de l'eau, des volcans qui
ont causé les anciennes révolutions géologiques
et qui ont enfoui tant d'existences les unes
après les autres, ces mêmes forces agissent
encore. Et elles pourraient fort bien amener le
dernier jour de la race humaine avant l'arrivée
des changements cosmiques dont nous avons
parlé.

Ainsi l'étude du mouvement nous a conduit à
un principe universel qui illumine l'abîme où se
cachaient le commencement, le dénouement de
l'histoire de l'univers. Il montre à notre race
une longue durée, mais non l'éternité ; il nous
avertit d'un jour fatal, le jour du jugement ;
mais heureusement il garde le secret de sa date.
La race entière aussi bien que chaque individu
doit apprendre à supporter la pensée de sa mort.
Toutefois notre race a, sur les créatures qui
nous ont précédés, l'avantage d'une mission
morale plus élevée qu'elle doit supporter et
accomplir pour parvenir à sa destinée.

HELVÉTIUS

(Rétractation)

J'ai donné avec confiance le livre *De l'Esprit* parce que je l'ai donné avec simplicité. Je n'en ai point prévu l'effet. J'en ai été très surpris et encore beaucoup plus affligé.

Je n'ai certes voulu attaquer aucune des vérités du christianisme, que je professe sincèrement dans toute la rigueur de ses dogmes et de sa morale, et auquel je fais gloire de soumettre toutes mes pensées, toutes mes opinions, et toutes les facultés de mon être : certain que tout ce qui n'est pas conforme à son esprit ne peut l'être à la vérité.

Voilà mes véritables sentiments. J'ai vécu, je vivrai et je mourrai avec eux.

HÉRACLITE

(Sext. empiricus, t. vii, p. 133.)

L'isolement de la pensée, qui s'affranchit de tout lien vis-à-vis de la raison objective et divine, est la cause principale de toutes nos erreurs.

HERDER (JEAN DE)

(Philosophie de l'histoire)

Le progrès de la philosophie, la première et

dernière philosophie est la religion. Les nations, même les plus sauvages, l'ont pratiquée ; car il n'est pas sur la terre une seule nation qui n'ait une sorte de culte et, à plus forte raison, qui ne soit capable de s'élever à l'intelligence de la Divinité.

Non ! éternelle source de toute vie, de tout être et de toute forme, tu n'as pas oublié de te manifester à tes créatures. L'animal courbé vers la terre sent obscurément ton pouvoir et ta bonté ; l'homme est pour lui la divinité visible de la terre. Mais tu as marqué l'homme d'un caractère si auguste que, même sans les connaître ou les comprendre, il cherche la cause des phénomènes, il devine leur enchaînement et découvre par là le lien suprême de toutes choses, l'être des êtres. Il ne connaît pas ta nature secrète, car il ne voit l'essence d'aucun pouvoir ; et quand il a voulu te donner une figure il s'est trompé et devait se tromper. Mais, dans cette fausse représentation, il y a encore des éléments de vérité, et l'autel trompeur qu'il t'a élevé est un monument qui atteste avec certitude, non seulement la vérité de ton existence, mais encore le désir que l'homme a de te connaître et de t'adorer. Ainsi la religion, à la considérer seulement comme un exercice de l'intelligence, est la forme la plus noble que l'humanité puisse revêtir et le fruit le plus précieux de la pensée humaine.

Il est indubitable que la religion seule a introduit parmi les peuples les premiers éléments de la civilisation et des sciences, qui, même dans l'origine, ne furent qu'une sorte de tradition religieuse, un souvenir plus ou moins lointain des vérités que Dieu lui-même révéla au premier homme.

Quant à la vérité Mosaïque, elle s'impose avec la même force. Ce qui distingue surtout le récit de Moïse des fables et des traditions de la haute Asie, c'est la liaison, la simplicité, la netteté ; il exclut tout ce qui est incompréhensible à l'homme et dépasse la portée de son regard, et il se borne à examiner ce que nos yeux voient et ce que notre intelligence comprend.

Id. — *Idées pour la philosophie de l'histoire.*

Jamais Rome ne s'est courbée devant les hérésies, quelque puissantes ou menaçantes qu'elles aient été ; les empereurs d'Orient, les Ostrogoths et les Visigoths, les Bourguignons et les Lombards étaient Ariens ; ils avaient beau menacer et quelquefois dominer Rome, Rome demeurait catholique. Elle a fini par retrancher de sa communion l'Eglise Grecque, sans être retenue par la considération que ce schisme lui enlevait la moitié du monde.

C'est à juste titre que le pape peut dire aux peuples de l'Europe : sans moi vous ne seriez pas ce que vous êtes.

HÉRODOTE

(tome ii, page 152)

La plus pure des religions est celle qui avait été donnée aux hommes par les dieux eux-mêmes. Les poètes, comme Homère et Hésiode, sont venus ensuite et n'ont fait que la dénaturer.

HERSCHELL (Jean)

Les preuves de la divinité que la science elle-même nous offre, sont assez claires et assez convaincantes, pour rendre le doute absurde et l'athéisme ridicule.

HÉSIODE

(L'âge d'or)

Chronos régnait alors. Ses sujets vivaient, tels que des dieux, l'âme toujours sereine, sans connaître ni la peine, ni la douleur, ni les incommodités de la vieillesse. Ils goûtaient une joie sans mélange, dominaient sur les bêtes des champs; et chéris des dieux, ils s'endormaient tranquillement dans leur sein, au soir de leur vie. Ils n'avaient point à redouter la pauvreté et la terre leur prodiguait ses fruits sans mesure et sans culture. Ils faisaient en paix leur œuvre selon leur bon plaisir, dans l'abondance de tous les biens.

HETTINGER

(Apologie du christianisme, t. ii, p. 24)

Comme Christophe Colomb sur le rivage de l'Océan perçait l'horizon de son œil prophétique et semblait vouloir atteindre du regard les terres lointaines dont son inspiration lui révélait l'existence, de même la raison arrivée à la limite de son entendement pressent un monde nouveau où règne l'éternelle vérité au-delà de ce cercle étroit qui arrête ses regards avides. Pour s'élancer vers ce pays inconnu, l'homme emprunte les ailes de la foi. Par ce moyen il aperçoit sur Dieu, sur le monde et sur lui-même, des vérités qui seraient restées à jamais inaccessibles à la raison seule, mais qui, une fois connues, jettent un jour nouveau sur toutes les questions qui occupent notre esprit et à la lumière desquelles toutes les relations fondamentales de la vie humaine se groupent en un grand et harmonieux ensemble.

Id. — tome ii, pages 439 et 485.

Passer en faisant le bien sans savoir soi-même où reposer sa tête ; faire marcher les paralytiques, purifier les lépreux, rendre l'ouïe aux sourds, la vie aux morts, et prêcher l'Évangile aux pauvres ; commander aux vents et à la mer et laisser venir à soi les petits enfants, les embrasser et les bénir; être en Dieu et être Dieu et, comme tel, jouir d'un bonheur infini et néanmoins songer à de malheureux captifs et revêtir les livrées de la misère pour les venir visiter et les racheter de son sang ; ne reculer devant aucun labeur, aucun opprobre et être patient jusqu'à la mort de la croix pour sauver le monde.

Voilà sous quels traits l'Evangile nous dépeint notre divin Sauveur Jésus-Christ.

Cette seule idée mériterait que l'on se laissât rouer et marquer d'un fer chaud pour elle... Arrière quiconque s'aviserait de l'accueillir par le rire et la moquerie. En présence d'une telle figure, tout homme qui a le cœur bien placé ne peut que tomber à genoux et adorer.

En vérité, si nous ne possédions aucune notion de Dieu, nous devrions nous le figurer d'après l'image de Jésus. Et si Dieu existe, il doit nécessairement s'être montré dans la personne de Jésus. Jésus est l'image visible de l'invisible, la force et la sagesse du Père, la splendeur de son éternelle majesté.

HILAIRE (ETIENNE-GEOFFROY)

(Dictionnaire de la conversation, t. XXXI, p. 487)

L'homme est de création relativement moderne, ainsi que l'enseigne la Genèse. Il est le dernier né de la création des six jours et son plus étonnant produit... L'apparition de l'homme sur la terre coordonne et achève le sublime arrangement des choses.... C'est ainsi que Dieu s'est donné un actif et puissant ministre dans l'administration de l'ordre créé par son éternelle sagesse...

Id. — Philosophie anatomique (fin).

Arrivé sur cette limite, le physicien disparait; l'homme religieux seul demeure pour partager l'enthousiasme du saint prophète, et pour s'écrier avec lui : « *Cœli enarrant gloriam Dei.... laudamus te Dominum.* »

HILAIRE (Isidore-Geoffroy)

(Extrait de l'*Histoire naturelle des règnes organisés*, t. ii, p. 250 à 256).

Plus on découvre de similitudes organiques entre l'homme et les animaux, mieux on met en lumière la sublimité des trésors que Dieu a mis en nous et qui font d'autant plus ressortir, ainsi que l'a remarqué Bossuet, les hautes notions de spiritualité et de morale qui leur manquent totalement. Aussi l'homme doit-il constituer un règne à part absolument distinct du règne animal et que j'appellerai règne humain...

L'histoire naturelle ne peut, en effet, se séparer de la philosophie et, quand l'homme est un dans sa double nature, ne voir en lui que des organes. Car elle ne serait alors qu'une science étroite de terre-à-terre, science morte et telle qu'on pourrait l'étudier toute entière dans un amphithéâtre ou dans un musée ; positive il est vrai, mais dans le mauvais sens du mot, et en vertu même de son positivisme sans logique aussi bien que sans dignité.

HIPPOCRATE

(Opuscules, *De Officiis, De Medico, De Naturâ hominis*)

Le but suprême de la médecine, c'est de dévoiler la vraie nature de l'homme, afin de lui assurer la perfection et le bonheur qui devraient découler de cette nature et pour lesquels il a été créé. Le médecin ne doit point se borner à développer et à maintenir la santé du corps, à prévenir, à soulager, à guérir ses maladies ; il faut qu'il s'occupe avec un soin plus grand encore de l'hygiène et de la thérapeutique de l'âme.

. . . .

Les médecins doivent avoir le culte des dieux, car le Tout-Puissant intervient partout par sa providence et ne refuse pas ses secours.

C'est en s'élevant jusqu'à Dieu par la science et la contemplation de la nature, qu'on arrive à la vraie philosophie... L'amour de la science conduit à l'amour de l'humanité, car ces deux amours sont inséparables.

. . . .

Nul ne peut proclamer plus haut que le médecin le dogme raisonné de la Providence, car il le puise tout d'abord dans l'étude approfondie de l'homme et de la nature.

HOFFMANN

(Réfutation de l'atomistique absolue ou relative)

Le matérialisme se heurte partout aux conceptions les plus impossibles. Pour lui rien de plus certain qu'un temps sans commencement, ni fin ; qu'un espace infini ; qu'un nombre d'atomes absolu, infini. Comme si ces infinis de mauvais aloi ne se détruisaient pas eux-mêmes....

Il est difficile d'accumuler plus de contradiction qu'il n'y en a dans la doctrine matérialiste expliquant la formation du monde : de l'immuable doit sortir la muabilité, de l'incorruptible la corruptibilité ; de l'inertie absolue, le mouvement ; de quelque chose de mort, la vie ; de l'insensible, le sens ; de causes aveugles, l'intention ; de l'inintelligent, l'intelligence ; de la matière, l'esprit !

HOMÈRE

(Odyssée, t. iv, p. 197, et *Iliade,* t. xvii, p. 446.)

Passer sa vie dans l'angoisse et les soucis, tel est le sort imposé par les dieux aux malheureux mortels. Seuls les dieux sont à l'abri des chagrins.

. . . .

Parmi tous les êtres qui respirent et se meuvent sur la terre, il n'en est pas de plus malheureux que l'homme.

NOTA. — Quelle sombre poésie et comme elle peint bien l'état universel de souffrance de l'humanité déchue.

HUGO (VICTOR)

(Les Orientales)

J'étais seul près des flots, par une nuit d'étoiles :
Pas un nuage aux cieux, sur les mers pas de voiles ;
Mes yeux plongeaient plus loin que le monde réel,
Et les vents et les mers, et toute la nature
Semblaient interroger dans un confus murmure
    Les flots des mers, les feux du ciel.

Et les étoiles d'or, légions infinies,
A voix haute, à voix basse, avec mille harmonies
Disaient en inclinant leur couronne de feu ;
Et les flots bleus, que rien ne gouverne et n'arrête,
Disaient, en recourbant l'écume de leur crête :
    C'est le Seigneur, le Seigneur Dieu !

Id. — Jéhovah.

Gloire à Dieu ! Son nom rayonne en ses ouvrages,
Il porte dans sa main l'univers réuni ;

Il mit l'éternité par delà tous les âges ;
Par delà tous les cieux, il jeta l'infini.
Il a dit au chaos sa parole féconde
Et d'un mot de sa voix laissé tomber le monde ;
L'archange auprès de lui compte les nations,
Quand des jours et des lieux franchissant les espaces
...... Il dispense aux siècles leurs races,
Et mesure leur temps aux générations.
. . . .
L'homme n'est rien sans lui, l'homme, débile proie,
Que le malheur dispute un moment au trépas.
Dieu lui donne le deuil ou lui reprend la joie,
Du berceau vers la tombe il a compté ses pas.

Son nom que des élus la harpe d'or célèbre,
Est redit par les voix de l'univers sauvé ;
Et lorsqu'il retentit dans son écho funèbre,
L'enfer maudit son roi par les cieux réprouvé !

Oui, les anges, les saints, les sphères étoilées,
Et les âmes des morts devant toi rassemblées,
O Dieu ! font de ta gloire un concert solennel ;
Et tu veux bien que l'homme, être humble et périssable,
    Marchant dans la nuit sur le sable,
Mêle un chant éphémère à cet hymne éternel

Id. — L'âme.

Toi, qu'aux douleurs de l'homme un Dieu caché convie,
Compagne sous les cieux de l'humble humanité,
Passagère immortelle, esclave de la vie
    Et reine de l'éternité,

Ame ! aux instants heureux comme aux heures funèbres,
    Rayonne au fond de mes ténèbres,
    Règne sur mes sens combattus ;
Oh ! de ton sceptre d'or romps leur chaîne fatale,
Et nuit et jour, pareille à l'antique vestale,
    Veille au feu sacré des vertus.

. . . .

Toi, puisses-tu bientôt, secouant ma poussière,
Retourner radieuse au radieux séjour.
Tu remonteras pure à la source première,
Et comme le soleil emporte sa lumière
    Tu n'emporteras que l'amour !
Malheureux l'insensé dont la vue asservie,
Ne sent point qu'un esprit s'agite dans la vie !
Mortel, il reste sourd à la voix du tombeau ;
Sa pensée est sans aile et son cœur est sans flamme,
    Car il marche ignorant son âme,
Tel qu'un aveugle errant qui porte un vain flambeau.

Id. — *La prière pour tous*

Ma fille, va prier. Vois, la nuit est venue.
Une planète d'or là-bas perce la nue ;
La brume des coteaux fait trembler le contour ;
A peine un char lointain glisse dans l'ombre... écoute !
Tout rentre et se repose ; et l'arbre de la route
Secoue au vent du soir, la poussière du jour.

. . . .

Ma fille, va prier — d'abord surtout pour celle
Qui berça tant de nuits ta couche qui chancelle,

Pour celle qui te prit jeune âme dans le ciel,
Et qui te mit au monde, et depuis tendre mère
Faisant pour toi deux parts dans cette vie amère,
Toujours a bu l'absinthe et t'a laissé le miel.

Prie ensuite pour moi... j'en ai plus besoin qu'elle !

. . . . , ...

Va donc prier pour moi... Dis pour toute prière :
Seigneur, Seigneur mon Dieu, vous êtes notre Père,
Grâce, vous êtes bon ! grâce, vous êtes grand !
Laisse aller ta parole où ton âme l'envoie ;
Ne t'inquiète pas, toute chose a sa voie,
Ne t'inquiète pas du chemin qu'elle prend !

Il n'est rien ici-bas qui ne trouve sa pente.
Le fleuve jusqu'aux mers dans les plaines serpente ;
L'abeille suit la fleur qui recèle le miel.
Toute aile vers son but incessamment retombe,
L'aigle vole au soleil, le vautour à la tombe,
L'hirondelle au printemps et la prière au Ciel.

Lorsque pour moi vers Dieu ta voix s'est envolée,
Je suis comme l'esclave assis dans la vallée,
Qui dépose sa charge aux bornes du chemin ;
Je me sens plus léger ; car ce fardeau de peine,
De hontes et d'erreurs qu'en gémissant je traîne,
Ta prière, en chantant, l'emporte dans sa main.

Va prier pour ton père !... afin que je sois digne
De voir passer en rêve un ange au vol de cygne,
Pour que mon âme brûle avec les encensoirs !

Efface mes péchés sous ton souffle candide,
Afin que mon cœur soit innocent et splendide
Comme un pavé d'autel, qu'on lave tous les soirs.

Enfant ! dans ce concert qui d'en bas le salue,
La voix par Dieu lui-même entre toutes élue,
C'est la tienne, ô ma fille ! elle a tant de douceur,
Sur des ailes de flamme elle monte si pure,
Elle expire si bien en amoureux murmure,
Que les Vierges du Ciel disent : « C'est une sœur ! »

> Oh ! bien loin de la voie
> Où marche le pécheur,
> Chemine où Dieu t'envoie !
> Enfant, garde ta joie !
> Lys, garde ta blancheur !
>
> Sois humble... que t'importe
> Le riche et le puissant,
> Un souffle les emporte !
> La force la plus forte
> Est un cœur innocent.
>
> Bien souvent Dieu repousse
> Du pied, les hautes tours ;
> Mais dans un nid de mousse
> Où chante une voix douce
> Il regarde toujours.
>
> Reste à la solitude !
> Reste à la pauvreté !
> Vis sans inquiétude,
> Et ne te fais étude
> Que de l'Eternité.

Id. — Après la mort de sa fille

Maintenant, ô mon Dieu, que j'ai ce calme sombre
          De pouvoir désormais
Voir de mes yeux la pierre où je sais que dans l'ombre
          Elle dort pour jamais.

Maintenant, qu'attendri par vos divins spectacles
Plaines, forêts, rochers, vallons, fleuve argenté,
Voyant ma petitesse et voyant vos miracles,
Je reprends ma raison devant l'immensité ;
Je viens à vous, Seigneur, Père auquel il faut croire ;
          Je vous porte apaisé
Les morceaux de ce cœur tout plein de votre gloire
          Que vous avez brisé.

Je viens à vous, Seigneur, confessant que vous êtes
Bon, clément, indulgent et doux, ô Dieu vivant,
Je conviens que vous seul savez ce que vous faites,
Et que l'homme n'est rien qu'un jouet qui tremble au vent.
Je dis que le tombeau, qui sur le corps se ferme,
          Ouvre le firmament,
Et que ce qu'ici-bas nous prenons pour le terme
          Est le commencement.
Je conviens à genoux que vous seul, Père auguste,
Possédez l'infini, le réel, l'absolu,
Je conviens qu'il est bon, je conviens qu'il est juste
Que mon cœur ait saigné, puisque Dieu l'a voulu.

Id. — Au bas d'un crucifix.

Vous qui pleurez, venez à ce Dieu, car il pleure.
Vous qui souffrez, venez à lui, car il guérit.
Vous qui tremblez, venez à lui, car il sourit.
Vous qui passez, venez à lui, car il demeure.

Id. — La Légende des Siècles (Dieu)

O Dieu ! dont l'œuvre va plus loin que notre rêve,
Créateur qui n'a pas de relâche et de trêve !
 Œil sans paupière et sans sommeil !
Eternel jet de vie ! Ame jamais fermée !
Gouffre mystérieux d'où sort une fumée
 D'hommes, d'êtres et de soleils !

Humanités dans tous les espaces semées,
Liguez-vous, dressez-vous innombrables armées,
 Et déclarez la guerre à Dieu,
Soit. Luttez, attaquez cet être inabordable,
Cet infini si doux qu'il en est formidable,
 Et si profond qu'il en est bleu.

Mesurez-vous, vous, vous, l'ombre, à qui la plénitude,
Vous aurez, ô passants, légions, multitude,
 Assiégeants de l'immense tour,
Essaim tourbillonnant autour du grand pilastre,
Vivants, avant qu'il ait usé son premier astre,
 Dépensé votre dernier jour !

Id. — La Légende des Siècles (Les grandes Lois)

..... Alors j'ai le choix, n'est-ce pas ?
J'ai mon goût, vous le vôtre ; après tant de souffrance,
Le désespoir vous plaît ; moi, je prends l'espérance ;
Et puisque, selon vous, rien n'est clair, rien n'est sûr,
Vous choisissez la cendre et je choisis l'azur.
Je veux être ici-bas libre, ailleurs responsable ;
Je suis plus qu'un brin d'herbe et plus qu'un grain de sable ;
Je me sens à jamais pensif, ailé, vivant.
Ce n'est point vers la nuit que je crie en avant !
Mourir, n'est pas finir, c'est le matin suprême.

. . . .

Id. — La Légende des Siècles (Le Christ et le Tombeau) (fin).

Or, Marthe conduisit au sépulcre Jésus.
Il vint. On avait mis une pierre dessus.
« Je crois en vous, dit Marthe, ainsi que Jean et Pierre ;
Mais voilà quatre jours qu'il est sous cette pierre. »

Et Jésus dit : « Tais-toi, femme, car c'est le lieu
Où tu vas, si tu crois, voir la gloire de Dieu. »
Puis, il reprit : « Il faut que cette pierre tombe. »
La pierre ôtée, on vit le dedans de la tombe.

Jésus leva les yeux au ciel et marcha seul
Vers cette ombre où la mort gisait dans son linceul,
Pareil au sac d'argent qu'enfouit un avare.
Et, se penchant, il dit à haute voix : « Lazare ! »

Alors le mort sortit du sépulcre ; ses pieds
Des bandes du linceul étaient encor liés ;
Il se dressa debout le long de la muraille ;
Jésus dit : « Déliez cet homme et qu'il s'en aille. »
Ceux qui virent cela crurent en Jésus-Christ.

Or, les prêtres, selon qu'au livre il est écrit,
S'assemblèrent troublés, chez le préteur de Rome ;
Sachant que Christ avait ressuscité cet homme,
Et que tous avaient vu le sépulcre s'ouvrir,
Ils dirent : « Il est temps de le faire mourir. »

Id. — Fin de la *Légende des Siècles.*

Ce que la Cène vit et ce qu'elle entendit
Est écrit dans le livre où pas un mot ne change
Par les quatre hommes purs près de qui l'on voit l'ange,
Le lion et le bœuf, et l'aigle et le ciel bleu.
Cette histoire par eux semble ajoutée à Dieu
Comme s'ils écrivaient en marge de l'abîme ;
Tout leur livre ressemble au rayon d'une cime ;
Chaque page y frémit sous le frisson sacré,
Et c'est pourquoi la terre a dit : je le lirai.
Les peuples qui n'ont pas ce livre le mendient,
Et vingt siècles penchés dans l'ombre l'étudient.

Id. — *Le Livre lyrique (Ma vie entre dans l'ombre)*

. . . .
Mais quoique vous fassiez et qui que vous soyez,
Quoi donc ! N'avez-vous rien au cœur qui vous déchire ?
N'avez-vous rien perdu de ceux que vous aimiez ?
Qui sait où sont les morts ? Comment pouvez-vous rire ?

Heureux les éprouvés ! Voilà ce que je vois ;
Et je m'en vais fantôme habiter les décombres.
Les pêcheurs, dont j'entends sur les grèves la voix,
Regardent les flots croître, et moi grandir les ombres.

Je souris au désert, je contemple et j'attends ;
J'emplis de paix mon cœur qui n'eut jamais d'envie,
Je tâche, craignant Dieu, de m'éveiller à temps
Du rêve monstrueux qu'on appelle la vie.

Ne plaignez pas l'élu qu'on nomme le proscrit.
Mon esprit que le deuil et que l'aurore attire,
Voir le jour par les trous des mains de Jésus-Christ.
Toute lumière sort ici-bas du martyre.

Id. — *Malédiction et bénédiction* (fin)

Quel labeur que jeter la sonde à l'insondable,
Quel gouffre que l'azur qui devient de la nuit !
Terreur ! Tout apparaît et tout s'évanouit.
Le deuil reste.
            Oh ! disais-je, où donc est l'espérance ?
Soudain il me sembla, comme dans leur souffrance,
Pensif, je regardais les peuples douloureux,
Voir l'ombre d'une main bénissante sur eux ;
Il me sembla sentir quelqu'un de secourable,
Et je vis un rayon sur l'homme misérable,
Et je levai mes yeux au ciel et j'aperçus,
Là-haut, le grand passant, mystérieux Jésus.

HUGUES DE SAINT VICTOR

(De Trinitate, t. III, p. 14)

S'il n'y avait qu'une personne en Dieu, il n'aurait personne pour partager avec lui les richesses de sa gloire. Il serait donc éternellement privé de la plénitude de jouissances et de délices que fait naître la possession d'un intime amour. Cette supposition est impossible, et c'est précisément le mystère de la Trinité qui, en tant que nous y reconnaissons une procession de l'amour (dans le Saint-Esprit), nous donne la preuve que si Dieu a appelé la créature à la vie, ce n'est ni par nécessité, ni par un motif extérieur quelconque, mais seulement par amour et par bonté.

Id.

Il fallait des preuves en faveur de la foi pour que la foi fût aussi un acte de raison; il fallait des difficultés à l'encontre de la foi pour que la foi fût en même temps un acte de vertu. Le fidèle rencontrera toujours des sujets de doute, l'infidèle rencontrera toujours des raisons de croire, afin que l'un soit justement récompensé de sa fidélité et l'autre justement puni de son infidélité.

HULLEMANN

(Recherches sur l'origine des religions antiques)

Entre tous les peuples de l'antiquité qui sont parvenus à une certaine culture, il règne sous le rapport de leurs principaux usages religieux, de leurs divinités et de leurs conceptions mythologiques, un accord si unanime et si frappant, qu'on se voit contraint d'admettre une parenté universelle, un ensemble systématique de toutes ces choses entre elles. Le fondement sur lequel repose tout l'édifice mythologique et religieux de l'antiquité, est le même pour tous les peuples et ne peut avoir été jeté qu'une seule fois. Oui, l'accord qui existe par rapport au plan fondamental est trop exact ; trop grande et trop constante est l'unité des principales parties de leur système religieux, pour que l'on puisse un seul instant admettre que les divinités, les dogmes, les usages et les symboles qui composent ensemble le fond du système, soient nés en différents lieux, isolément et indépendamment les uns des autres. Ils ont eu, c'est impossible de s'y méprendre, une naissance historique positive, commune, et qui est de la même heure.

HUMBOLD (ALEXANDRE DE)

(Cosmos, t. III, p. 408)

Ces antiques légendes de l'espèce humaine que

nous trouvons éparses sur la terre, comme les débris d'un gigantesque naufrage, présentent un véritable intérêt au philosophe qui sonde l'histoire de l'humanité ; partout les traditions cosmogoniques des peuples nous offrent une similitude dans l'exposition et les idées, qui excite au plus haut point notre admiration. Des langues différentes parlées par des tribus qui semblent complètement isolées les unes des autres, nous rapportent les mêmes faits. Les données réelles sur la dispersion des tribus, et les catastrophes de la nature offrent peu de variantes ; seulement, chaque peuple lui donne son cachet particulier. Au milieu du continent, comme dans la plus petite île de l'Océan Pacifique, c'est sur la montagne voisine et la plus élevée, que se sont réfugiés les quelques survivants de la race humaine. Il en est de même pour l'Amérique ; quiconque connaît l'intérieur des forêts de l'Orénoque ou de l'Amazone, ainsi que les mœurs des tribus indépendantes de ces régions, ne pourra supposer que les mêmes rapprochements dont nous venons de parler soient dus, comme quelques-uns ont cherché à l'insinuer, à l'influence des missionnaires catholiques sur les traditions nationales.

Id. — *Vue des Cordilières.* (Introduction)

Si la langue ne démontre que faiblement une ancienne communication entre l'ancien et le

Nouveau Monde, on en trouve la preuve complète dans les cosmogonies, les monuments, les hiéroglyphes et les institutions identiques des tribus Asiatiques et Américaines. Il faut reconnaître dans l'espèce humaine un type unique, modifié seulement par des circonstances qui demeureront peut-être toujours cachées.

Id. — Cosmos, t. I, p. 379.

« Tant qu'on s'en est tenu aux variétés extrêmes, on pouvait être porté à voir dans les différentes races autant d'espèces humaines différentes. Mais les nombreux intermédiaires au point de vue de la peau, de la couleur et de la structure du crâne, qu'ont fait découvrir dans ces derniers temps, les rapides progrès de la géographie, parlent hautement pour l'unité de l'espèce humaine.

Id. — Cosmos, p. 385.

En affirmant l'unité de l'espèce humaine, nous répudions hautement la classification de races supérieures et inférieures; il est des peuples plus aptes à être moralisés, plus policés et ennoblis par la civilisation; mais il n'en est point de plus nobles que d'autres.

Id. — Equinoctialisme, t. III, p. 441.

J'aime à me persuader que ces indigènes

accroupis autour d'un brasier ou assis sur des
carapaces de tortues, barbouillés de terre et de
graisse, ne sont pas la race primitive de notre
espèce ; mais je vois bien plutôt en eux une
branche abâtardie et des restes de peuplades
qui, après avoir longtemps erré dans les bois,
sont retombées dans la barbarie.

Id. — Cosmos, t. I, p. 156.

Je ne puis que blâmer cet étonnement stérile
du nombre et de la distance des corps célestes,
qui fait oublier à quelques-uns la grandeur de
l'homme et la merveille de la vie spirituelle.

Id. — Naber, p. 48.

Non seulement la formation première des
langues véritablement primitives, mais même la
formation des langues dérivées dont nous savons
parfaitement décomposer les éléments, nous
échappent au point de leur naissance proprement
dite. Tout deviner dans la nature, mais principalement dans le monde organique et vivant, se
dérobe à notre observation. Quelque soin que
nous mettions à examiner les états de préparation, toujours entre le dernier de ces états et
l'apparition de l'être se retrouve l'abîme qui
sépare le quelque chose du rien. Il en est de
même au moment de la cessation. Toute la
conception de l'homme est donc renfermée entre
ces deux points.

Id. — *Cosmos,* p. 207.

Les aurores boréales nous montrent que la terre est encore douée de la propriété d'émettre une lumière propre, une lumière distincte de celle que lui envoie le soleil. La clarté, que cette lumière dans toute sa splendeur est de nos jours susceptible de répandre sur la surface de la terre, surpasse un peu celle du premier quartier de la lune.

Si les hautes latitudes ont leurs aurores, les chaudes régions des tropiques ont aussi leur lumière qui brille à la surface de l'Océan sur une étendue de plusieurs milliers de lieues carrées.

HUSCHKE

(Apologie d'Hellinger, t. i, p. 316.)

L'âme n'est pas un terme collectif, ce n'est pas une somme, ce n'est pas une résultante de toutes les énergies matérielles particulières, c'est au contraire le principe créateur, la puissance réelle qui retient les éléments dans l'unité de l'organisme qu'elle a formé. Notre vie corporelle et spirituelle, c'est l'idée du moi se produisant au dehors et se développant graduellement. Le système nerveux est le serviteur fidèle de ses pensées, de ses sentiments et de ses actions. Les courants nerveux n'expliquent pas plus la pensée qu'ils ne la produisent seuls.

HUXLEY

(*Place de l'homme dans la nature*)

Il existe une différence frappante entre l'homme et le singe quant à la masse et au poids du cerveau. Ainsi, un gorille adulte (le plus grand singe), pèse le double de quelques femmes d'Europe ou d'un Bosjeman. Et cependant le cerveau du singe pèse au plus 20 onces et mesure au plus 34 pouces 1/2 cubes, tandis que le cerveau de l'homme pèse au moins 31 à 32 onces et mesure au moins 63 pouces cubes. Chaque os de gorille se distingue de l'os qui lui correspond dans le corps humain par des signes faciles à reconnaître ; et dans la génération actuelle, nul anneau intermédiaire ne se place entre l'homme et le troglodyte. D'ailleurs, on ne devrait pas oublier que l'homme est un animal raisonnable et que cela suffit pour le séparer complètement de l'animal. La ressemblance du singe avec lui serait plus grande encore qu'elle ne prouverait absolument rien, puisque la différence qui provient du langage et de toutes les actions de la nature raisonnable n'en serait que plus décisive.

JANET (PAUL)

(*Le cerveau et la pensée*)

Celui qui ne croit qu'à la matière, ne doit pas

s'attribuer à lui-même le monopole de la vérité scientifique et renvoyer au pays des chimères celui qui croit aussi à l'esprit. On peut nous demander de suspendre notre jugement ; mais cette suspension ne doit être un avantage *a priori* pour personne et l'on ne doit point profiter d'un armistice pour prendre pied sur un terrain disputé.

On a prétendu que la force et l'étendue de la pensée tenait à la plus ou moins grande quantité de phosphore que contenait le cerveau. Cependant quelques animaux et surtout les poissons, qui ne passent pas pour de grands penseurs, ont beaucoup de phosphore. M. Lasseigne, qui a analysé beaucoup de cerveaux d'hommes, soit sains, soit aliénés, n'y a point trouvé de différences. M. Fremy, dans un savant mémoire, a réfuté et complètement détruit cette allégation. Avouons toutefois que la composition chimique du cerveau n'est point sans influence sur la pensée et que la présence de certains éléments est indispensable pour son bon fonctionnement. Mais conclure qu'avec du phosphore, de l'iode et autres éléments combinés, on peut remplacer l'âme, c'est, sous prétexte de science, vouloir engager des paris contre le bon sens.

JEAN CHRYSOSTOME (SAINT)

(Quod Christus sit Deus, œuvre, in-V.)

Quelle est donc l'œuvre qui, de l'aveu même des païens, a pour auteur Jésus-Christ? C'est la fondation de la grande famille chrétienne. Ces églises sur toute la surface de la terre, à qui doivent-elles leur origine? à Jésus-Christ; personne ne saurait le nier, pas même un païen. C'est de ce fait que nous partirons pour montrer la puissance et prouver la divinité de Jésus-Christ. Est-ce un homme qui aurait pu en si peu de temps et malgré des oppositions de toutes natures, pénétrer le monde de sa pensée et l'élever à une si haute perfection, quand ce monde était engagé depuis tant de siècles et si profondément dans l'erreur et le mal?

Cette liberté des enfants de Dieu, il l'a rendue non seulement aux Romains, mais aux Perses et aux barbares. Et il a réussi dans cette entreprise sans recourir aux armes, sans dépenser d'argent, sans allumer la guerre. Onze disciples, d'une condition obscure et méprisée, d'une ignorance et d'une simplicité complète, pauvres, dénués de tout, sans moyens de défense, n'ayant pas de chaussures aux pieds, suffirent dans le commencement. À quoi a-t-il réussi? à persuader aux hommes de tant de nations d'appliquer leur esprit non seulement aux choses présentes, mais encore aux choses futures, de déchirer leurs lois paternelles, d'extirper des coutumes très anciennes et très profondément enracinées pour en adopter d'autres, de quitter un genre de vie très commode pour embrasser les sévérités, les austérités de la loi évangélique. Voilà ce qu'il a fait, et cela pendant que de toutes parts on se déchaînait contre lui, et après avoir enduré le supplice infâme de la Croix et une mort ignominieuse.

Personne ne peut le nier, les Juifs ont crucifié Jésus-Christ ; ils ont fait tout leur possible pour arrêter son œuvre, et cependant l'Evangile s'est répandu par toute la terre. Ce n'est pas seulement dans les villes qu'il a obtenu des succès, mais jusque dans les villages les plus reculés et dans les îles. Non seulement les pauvres, mais les grands et ceux même qui portent le diadème, sont les sujets très fidèles du Crucifié.

Ce qui rend la prédication chrétienne admirable, c'est que de simples pêcheurs ont pu persuader des dogmes que Platon et les philosophes de son temps n'avaient pas même pu imaginer ; et tout cela ne s'est pas fait au hasard, mais a été prédit très exactement et à plusieurs reprises longtemps à l'avance, et pour ainsi dire depuis le commencement du monde.

JEAN-PAUL

(*Levana*, tome I, page 126)

Le miracle est conforme à la nature de Dieu

comme à celle de la création. L'homme agit librement sur la nature avec une force finie. Dieu, qui se trouve armé de forces infinies en face de la créature, qui est son œuvre, ne pourrait-il donc pas agir sur elle avec une puissance infinie? Or, voilà le miracle. Ainsi la naissance de la vie dans la matière morte fut un effet d'un ordre supérieur, d'une force plus haute par rapport aux forces naturelles physico-chimiques, force qui intervint dans le domaine de la source inférieure, mais qui ne pouvait en provenir. Et si aujourd'hui nous voyions les pierres du chemin fleurir et pousser des feuilles, ne crierions-nous pas au miracle ? Or, ce phénomène fut un miracle par rapport aux lois alors existantes. C'est pourquoi on peut dire que ce qui est miracle pour la terre est nature pour le ciel.

Id.

Personne n'est si seul dans l'univers que l'athée. Le cœur vide et désolé de la perte de son créateur et de son père, il porte le deuil à côté de l'immense cadavre de la nature qu'aucun esprit n'anime, ni ne vivifie plus. Le monde entier pose devant lui tel qu'un grand sphinx égyptien de granit à moitié enfoui dans le sable ; et l'univers n'est pour lui que le masque froid, le masque de fer de la vague éternité.

JENNINGS

*(Vue de l'évidence de la religion chrétienne
considérée en elle-même).*

Ce contraste qui existe entre l'institution chrétienne et toutes les autres institutions, morales ou religieuses qui ont précédé son établissement, est d'une évidence palpable ; et certainement on ne peut guère disputer à la première sa supériorité sur toutes les autres, à moins qu'on entreprenne de prouver que l'humilité, la patience, le pardon des injures et la bienveillance sont des qualités moins aimables et moins bienfaisantes que l'orgueil, la vengeance et la malignité ; que le mépris des richesses est moins noble que leur acquisition par la fraude et la bassesse ; ou que la distribution de ces richesses dans le sein du pauvre et du malheureux est moins recommandable que l'avarice ou la prodigalité ; ou enfin que l'immortalité réelle que donne l'Éternel dans le royaume des cieux est un objet moins élevé, moins raisonnable et moins digne des efforts de l'homme, que cette imaginaire immortalité que donnent les hommes, misérable tribut que la folie d'une moitié du genre humain paie à la scélératesse de l'autre, et que le sage doit toujours mépriser, parce que l'homme de bien ne l'obtient presque jamais.

JÉRÔME (SAINT)

(Histoire de sainte Paule, Paris 1868)

Rien ne coûte quand on aime. Rien n'est
difficile quand on a au cœur une ardente affec-
tion. Jacob, dit l'Écriture, servit sept ans pour
obtenir Rachel, et ces sept ans lui paraissaient
des jours parce qu'il l'aimait. Le cœur a besoin
d'aimer. Il faut nécessairement, si on lui retranche
les amours de la terre, lui donner l'amour divin
pour N. S. Jésus-Christ...

Id. — pages 317 et 318.

Dieu est bon et tout ce qui vient d'un Dieu
bon est nécessairement bon et pour notre bien.
Voilà ce qu'on doit se dire avec une pleine
acceptation. Nous disons que nous croyons au
Christ, eh bien ! sachons donc nous abandonner
à ses saintes volontés.

Cependant, qu'est-ce que je fais ? L'émotion
retient la parole sur mes lèvres, les sanglots
étouffent ma voix. Je veux consoler une mère
et je pleure moi-même — pauvre consolateur que
je suis, — mais enfin, Jésus lui-même pleura
Lazare parce qu'il l'aimait. Pleurons donc nos
morts, ô Paula, mais non pas comme les païens,
sans mesure et sans espérances.

Voyez le grand modèle que vous donne Job.
Tous les malheurs, tous les deuils fondent sur

lui à la fois, et cependant que fait-il ? Il ne cesse
pas un instant de prier et de regarder le ciel.
C'était un juste, me direz-vous, et Dieu ne le
châtiait pas, il l'éprouvait. Eh bien, Paula, pour
tout vous dire en un seul mot : vous êtes juste
ou vous êtes pécheresse ? Si vous êtes juste,
votre malheur est une épreuve. Et si vous avez
péché, pourquoi vous plaindre ? Vous souffrez
moins que vous ne méritez. Ah ! si ce n'était pas
la défaillance de votre foi sous l'épreuve, si
vous croyiez bien que votre fille est vivante
pleureriez-vous ainsi de ce qu'elle est passée à
un monde meilleur ? Ecoutez ce que vous dit
N. S. Jésus-Christ : « Paula, est-ce que vous
regretterez toujours que votre fille soit devenue
ma fille ? Vous vous indignez de mes jugements ;
vos larmes rebelles outragent l'amour qui m'a
fait rappeler à moi Blésilla ! »

JOUBERT (J.)

(Pensées et Maximes, t. I, p. 130)

Chaque jour il faut prier Dieu, attacher sa
pensée sur cette lumière qui épure, sur ce feu
qui consume nos corruptions, sur ce modèle qui
nous règle, sur cette paix qui nous calme, sur
ce principe de tout être qui ravive notre vertu.

Id. — page 105.

Ceux-là seuls veillent, ô mon Dieu, qui pensent à vous et qui vous aiment. Tous les autres sont endormis ; ils font des rêves et s'attachent à des fantômes.

JOUFFROY

(*Mélanges philosophiques*)

Enfin je me retrouvais sous le toit où s'était écoulée mon enfance, au milieu des personnes qui m'avaient si tendrement élevé. Chaque voix que j'entendais, chaque objet que je voyais, chaque lieu où je portais mes pas, ravivaient en moi les souvenirs éteints.... Cette église, on y célébrait encore les saints mystères avec le même recueillement ; ces champs, ces bois, ces fontaines, on allait encore au printemps les bénir. Le curé qui m'avait enseigné la foi avait vieilli, mais il était toujours là, croyant toujours. Et tout ce que j'aimais et tout ce qui m'entourait avait le même cœur, la même âme, le même espoir dans la foi. Moi seul l'avais perdue. Moi seul étais dans la vie sans savoir comment, ni pourquoi ; moi seul si savant, je ne savais rien ; moi seul étais vide, agité, privé de lumière, aveugle, inquiet.

Id. — page 424.

On trouve dans le catéchisme une solution de toutes les questions que le philosophe pose et ne peut pas résoudre. Demandez à ce petit enfant qui a étudié ce livre, pourquoi il est ici-bas, lui qui n'y a sans doute jamais songé? Il vous fera une réponse sublime, qu'il ne comprendra peut-pas, mais qui n'en est pas moins admirable. Demandez-lui pourquoi le monde a été créé et à quelle fin ; pourquoi Dieu y a mis des animaux, des plantes ; comment la terre a été peuplée ? Si c'est par une seule famille ou par plusieurs ; pourquoi les hommes parlent plusieurs langues ; pourquoi ils souffrent ; pourquoi ils se battent et comment tout cela finira ? Il le sait. Origine du monde, origine de l'espèce, question des races, destinée de l'homme en cette vie et en l'autre ; rapports de l'homme avec Dieu, rapports de l'homme envers ses semblables, droits de l'homme sur la création ; il n'ignore rien. Et quand il sera grand il n'hésitera pas davantage sur le droit naturel, sur le droit politique, sur le droit des gens ; car tout cela sort, tout cela découle avec clarté et comme de soi-même du christianisme. Quelle grande religion que celle qui est en état de donner une réponse à toute question que l'homme peut poser !

JUSSIEU (DE)

(Cité par CHAMPIGNY, *le Chemin de la vérité*, p. 310)

Parmi les savants du siècle dernier, je n'ai besoin que de rappeler ici les noms de deux naturalistes illustres, Antoine et Bernard de

Jussieu, dont les habitudes religieuses et les
sentiments sont bien connus. C'est un patrimoine
de la famille qu'elle n'a pas plus abdiqué que la
science.

JUSTIN (SAINT) dit le philosophe

Dialog. contr. Tryph., c. IInYIII.

Dès ma plus tendre jeunesse, mon esprit était
assailli de peines et de soucis. Souvent je pensais
à la mort, pourquoi? je l'ignore, et alors je me
demandais : que deviendrai-je après ma mort?
Vivrai-je d'une vie nouvelle ou serai-je replongé
dans le néant d'où je suis sorti? Le souvenir de
cette vie subsiste-t-il après la mort, ou bien tout
disparaît-il dans un éternel oubli? Savoir quand
le monde avait été créé, s'il l'avait été, ce qui
était avant qu'il fût ou s'il existait de toute
éternité, c'était encore une question qui me
tourmentait sans cesse. Il était évident pour
moi que si le monde avait commencé, il devait
aussi finir. Mais alors qu'arriverait-il? L'oubli ou
le silence régneront-ils à sa place ou bien encore
surviendra-t-il quelque chose que l'esprit humain
ne saurait même pressentir?

Ces pensées ne cessaient d'agiter mon esprit,
en même temps le chagrin m'accablait et m'enlevait toutes mes forces, et ce qui m'affligeait le
plus, c'est que plus je faisais d'efforts pour
bannir ces soucis, plus ils m'étaient cuisants,

Quelque chose vivait en moi qui ne me laissait pas de repos, c'était *le désir de l'immortalité*. Car ainsi que l'événement me la prouva, et la grâce du Tout-Puissant me le fit voir, ce besoin de mon âme fut le mobile qui me poussa à rechercher la vérité, m'a aidé à reconnaître la véritable lumière.

Je fréquentai les écoles des philosophes pour m'instruire auprès d'eux. Mais je ne trouvai là que des doctrines opposées entre elles, affirmées et combattues avec une égale énergie. Alors je me dis dans mon abattement : pourquoi se tourmenter en vain, puisque tout cela passera si vite ? S'il ne reste rien de moi après ma mort, comme disent les uns, toutes mes inquiétudes sont vaines. Si, au contraire, une autre vie m'attend, comme disent les autres, il faut que je m'efforce de garder la sagesse et la piété. Mais comment parviendrai-je à surmonter mes passions, si je n'ai pas la certitude de la récompense et si j'ignore même en quoi consiste la véritable justice agréable au Dieu ?

C'est au milieu de ces angoisses cruelles que parvint jusqu'à moi un jour une nouvelle consolante, un heureux message venu de Dieu. Il était apparu un homme en Judée qui annonçait le royaume de Dieu à tous ceux qui suivraient ses préceptes et sa doctrine. J'allais donc enfin pouvoir sortir de mes doutes, connaître la vérité et trouver la paix de mon âme dans la divine lumière des enseignements de ce mystérieux messager.

(Apologie.)

« Depuis que nous avons cru au Verbe, notre vie s'est complètement transformée. Auparavant nous n'avions de plaisir qu'aux œuvres de l'impureté, maintenant nous ne recherchons que la chasteté ; auparavant nous nous adonnions à la magie, maintenant nous ne servons que Dieu suprême et incréé. Auparavant nous recherchions avant tout la richesse, maintenant nous mettons nos biens en commun et nous partageons avec les indigents. Auparavant nous étions toujours en guerre les uns contre les autres, maintenant nous aimons jusqu'aux étrangers et nous prions pour nos ennemis. »

KANT

Il y a deux choses qui excitent toujours mon admiration : le ciel étoilé au-dessus de ma tête et la loi morale dans mon cœur.

(Critique de la raison pure.)

est absolument indispensable. Lui seul peut rendre à chacun la mesure de bonheur qui lui revient, car l'ordre moral vivant lui-même c'est Dieu, — être suprême, créateur intelligent et libre de toutes choses.

Id.

On accordera que, si l'Evangile n'avait pas présenté les lois morales dans toute leur pureté et dans toute leur universalité, jamais la raison humaine ne serait parvenue à les envisager d'une façon aussi complète.

KÉPLER

(*Epitome astronom.* — Copernic, p. 138)

La sainte Ecriture, qui nous instruit sur les sujets les plus élevés, emploie le langage usuel pour se faire comprendre et ne parle qu'incidemment des objets naturels et selon les apparences. Nous-mêmes, astronomes, nous ne perfectionnons pas la langue en même temps que la science astronomique, et nous disons comme le peuple : les planètes s'arrêtent, les planètes reviennent ; le soleil se lève, le soleil se couche, il monte vers le milieu du ciel. Comme le peuple, nous exprimons ce qui semble se passer sous nos yeux, quoique rien de tout cela ne soit réellement vrai. Nous devons d'autant moins exiger de l'Ecriture sur ce point, qu'en abandonnant le langage ordinaire pour prendre celui de la science, elle déconcerterait les simples fidèles et n'atteindrait pas le but sublime, que se propose son auteur.

Id. — Harmonique du monde.

Le jour approche où l'on connaîtra la pure vérité dans le livre de la nature, comme dans celui de l'Ecriture sainte et où l'on se réjouira de l'harmonie des deux révélations.

Dieu étant une intelligence unique, le caractère des lois qu'il a données au monde ne peut être que l'unité.

Id. — Fin de l'*Harmonique du monde.*

Avant de quitter cette table sur laquelle j'ai fait toutes mes recherches, il ne me reste plus qu'à lever les mains et les yeux vers le ciel et à adresser mon humble prière à l'auteur de toute lumière. O toi qui, par les lumières que tu as répandues sur la nature, élève nos désirs jusqu'à la divine lumière de ta grâce, afin que nous soyons un jour transportés dans la lumière éternelle de ta gloire, je te rends grâce, Seigneur et créateur, de toutes les joies que j'ai éprouvées dans les extases où me jette la contemplation de l'œuvre de tes mains. Voilà que j'ai composé ce livre qui contient la somme de mes travaux pour proclamer devant les hommes la grandeur de tes œuvres. Ne me suis-je point laissé aller aux séductions de la présomption et de l'orgueil en présence de leurs beautés admirables ? Autant que les bornes de mon esprit m'ont permis d'en embrasser l'étendue immense, je me suis efforcé de les connaître aussi parfaitement que possible, et s'il m'était échappé quelque chose d'indigne de toi, fais-le moi connaître afin que je puisse l'effacer.

Id. — Son épitaphe composée par lui-même.

J'avais mesuré les cieux, maintenant je mesure les sombres profondeurs de la terre. Mon intelligence était céleste, ici ne gît que ma dépouille mortelle.

Mensus eram cœlos, nunc terræ metior umbras.
Mens cœlestis erat, corporis umbra jacet.

KIELMEYER

(Dernier entretien avec Passavant.)

L'âme possède une puissance indestructible qui ne s'épuise point, qui ne diminue pas, qui n'use pas sa force par l'usage qu'elle en fait; qui, loin de rien perdre lorsqu'elle se donne et se communique, se sent même plus claire, plus riche, plus forte, plus saine (4).

Le corps peut s'affaiblir, les sens s'émousser et la mémoire baisser, mais non la vie intérieure et la plénitude des pensées. Il y a certainement dans l'homme beaucoup de choses

ACCORD DE LA SCIENCE 214

qui se perdent, mais tout ce qui appartient essentiellement à l'esprit est fait pour vivre toujours.

KLOPSTOCK

Chante, ô mon âme immortel, esprit, chante la rédemption des criminels humains, qu'opéra sur la terre le divin Messie dans son humanité sainte! Glorieux Rédempteur, par toi fut rendue à la postérité d'Adam l'amour de la divinité perdu par son forfait. Souffrant, mourant, puis glorifié au plus haut des cieux, par toi le Rédempteur releva jusqu'à son Créateur la race des mortels. Ainsi s'accomplit la volonté de l'Éternel.

Si vous connaissiez, ô mortels, la grandeur dont vous fûtes revêtus à l'heure où, plein de sa clémence, le créateur du monde daigna le racheter de son sang, ah! prêtez l'oreille à mes chants! Vous surtout, nobles et fidèles amis que chérit le Messie, vous qui dans vos âmes pures nourrissez l'attente de son dernier jugement, écoutez et, par sa vie toute divine, célébrez le qui, loin de rien perdre jamais, se communique, se sent même plus claire, plus riche, plus (Ode, qu'Uranie, p. 317.)

Un jour nous franchirons cet asile du trépas. En vain fille de la mort, hideuse corruption, tu répandras nos cendres dans l'abîme des espaces;

qu'elles gisent englouties dans tes mugissants
abîmes, orageux océan ; qu'elles nagent dans
les immenses régions que parcourent tes rayons
vivifiants, ô soleil..., elles furent créées du
souffle du Seigneur, elles furent animées d'un
immortel esprit... Car le Créateur prit de la
terre sacrée d'Eden et dit à l'argile frémissante
dans sa main : sois le corps de l'homme créé à
mon image... De même il saisira l'immonde
poussière et lui commandera de devenir ce
qu'elle fut... Alors se réveilleront soudain,
quand retentira la vivifiante trompette, tous
ceux qui dorment au sein du trépas.

Id. — Fin de la *Messiade*

Je l'espérai de toi, ô Sauveur, j'ai parcouru la
formidable carrière et tu pardonnas les chutes
du mortel.

Soupire tes premiers accents, éternelle reconnaissance ; tu débordes mon cœur et mes yeux te
disent par des larmes de joie......

Me voici au terme, ô terme je t'embrasse, et
dans mon âme émue je ressens où je suis. Telle
sera notre ivresse (je parle en mortel des choses
divines), ô frères de celui qui subit et vainquit
le trépas ; alors nous entrerons au céleste
héritage......

J'ai parcouru la formidable carrière ; j'ai
chanté, ô Sauveur, l'hymne de ton alliance......
Je l'espérai de toi !

KOUNG-FOU-THSEU

(Confucius, Sinarum philosophus (Couplet,
Paris, 1687).

Je me dois à tous les hommes parce qu'ils ne
sont tous qu'une même famille, dont je dois être
l'instituteur....., mais la *consommation de
toute sagesse* se produira seulement cinq siècles
après, moi, dans la personne d'*un sage par
excellence qui viendra de l'Occident.*

Nota. — Peut-être Koung-Fou-Thseu avait-il appris
cela de Lao Thseu. Tous deux étaient, du reste, contemporains de Daniel. (Voyez Lao-Thseu).

KRUG

(Rationalisme et suprarationalisme, Leipzig, 1827)

En fait de système supranaturel, il n'y en a
qu'un qui soit conséquent jusqu'au bout : c'est
celui de l'Eglise catholique romaine. Là, et là
seulement, se trouve un enchaînement rigoureux
et parfaitement logique.

KURTZ

La Bible et la nature sont toutes deux la
parole de Dieu, et si quelquefois cet accord ne
semble point exister, c'est que l'exégèse du
théologiste ou celle du naturaliste sont en
défaut.

LABOULAYE

(La liberté religieuse en Europe. Paris, p. 11)

La religion est la première condition de l'ordre politique et l'unique fondement des États.

LABRUYÈRE

(Les caractères, ch. XVI)

[...] je conçois pas qu'un [illegible] je l'ai [illegible] remplit de l'idée de son [illegible] être infini et souverainement parfait, puisse être anéanti [illegible] fait.

Id.

Je voudrais entendre un homme sobre, modéré, chaste, équitable, prononcer quelque chose de Dieu. Il parlerait du moins sans intérêt; mais [illegible]

Si ma religion était fausse, voilà le piège le mieux dressé qu'il soit possible d'imaginer; il était inévitable de ne pas donner tout au travers, et de n'y être pas pris. Quelle majesté, quel éclat de mystères! quelle force invincible et accablante de témoignages rendus successivement et pendant trois siècles entiers par des milliers de personnes les plus sages, les plus modérées qui fussent alors sur la terre. Prenez l'histoire, remontez jusqu'au commencement du monde, jusqu'à la veille de sa naissance; y a-t-il eu rien de semblable dans tous les temps? Dieu même pouvait-il mieux rencontrer pour me séduire? Par où échapper? Où aller? Où me jeter, je ne dis pas pour trouver rien de meilleur, mais quelque chose qui en approche? S'il faut périr, c'est par là que je veux périr; il m'est plus doux de renier Dieu que de l'accorder avec une tromperie si spécieuse et si entière; mais je l'ai approfondi, je ne puis être athée; je suis donc ramené, contraint par là même dans ma religion; c'en est fait.

Id.

LACÉPÈDE

(Dictionnaire des Sciences naturelles, article Homme)

Partout sur la terre, nous voyons les puissantes influences du sol, de l'eau, de l'air et de la température sur l'organisation et les forces de l'homme. La diversité des races se forma au temps de la dernière catastrophe qui a donné à la surface du globe sa figure dernière et actuelle. En ces temps, où tous ces éléments, que nous comprenons sous le nom de climat, avaient une activité plus grande que présentement, le climat pouvait produire ces variétés principales, de même que maintenant, encore, il produit des variétés du second ordre.

LACORDAIRE

(1re Conférence, p. 20).

Oui, la vérité n'est qu'un nom, l'homme n'est qu'un misérable jouet d'opinions qui se succèdent sans fin ; ou bien il doit y avoir sur la terre une autorité divine qui enseigne l'homme, cet être nécessairement enseigné et nécessairement trompé par l'enseignement de l'homme. Les païens eux-mêmes en avaient senti le besoin ; Platon disait qu'il était nécessaire qu'un maître vint du ciel pour instruire l'humanité...

Mais à quel signe reconnaîtra-t-on cette autorité tutélaire? Comment discernera-t-on la véritable autorité parmi tant de fausses autorités? A un signe, pour ne parler que d'un seul, à un signe aussi éclatant que le soleil, le signe de l'universalité, de la catholicité. Car, s'il y a une chose remarquable en ce monde, c'est assurément ceci, qu'aucune autorité humaine n'a pu franchir les bornes d'une certaine classe d'hommes ou de la nationalité. Ces autorités sont de trois sortes : les autorités philosophiques, les religions non chrétiennes, les sectes chrétiennes. Quant aux autorités philosophiques, jamais elles n'ont atteint le peuple, ni même, réuni dans une seule école les gens éclairés. Où est aujourd'hui dans l'univers l'autorité philosophique régnante ? Les religions non chrétiennes n'ont jamais été que nationales et celle qui a le plus approché du christianisme, le mahométisme, n'a aspiré vers l'universalité qu'en espérant soumettre l'univers par la force des armes. Quant aux sectes chrétiennes, elles se sont partagées en autant de fractions que de royaumes. Eglise épiscopale d'Angleterre, Eglise presbytérienne d'Ecosse, Eglise calviniste de Hollande, Eglise évangéliste de Prusse, et celles qu'un royaume n'a pas rassemblées dans une unité nationale se sont, comme aux Etats-Unis, tellement subdivisées qu'elles n'ont plus de noms, pour en avoir trop.

L'Eglise véritable, celle qui dès l'origine a pris le titre de catholique, que nul en dix-huit siècles n'a osé lui disputer une seule fois, l'Eglise véritable, divinement instituée pour enseigner le genre humain, a seule constitué une autorité universelle, malgré l'effroyable difficulté de la chose.

Rien n'est plus beau que de mourir, après avoir connu tout ce qu'on peut connaître ici-bas, Dieu, son Christ et son Eglise !

(Conférence XLVI).

Dieu est un esprit ; son premier acte est donc de penser. Mais sa pensée ne saurait être comme

la nôtre multiple, sans cesse naissante pour
mourir et mourant pour renaître. La nôtre est
multiple, parce qu'étant finis, nous ne pouvons
nous représenter qu'un à un tous les objets
susceptibles de connaissance ; elle est sujette à
périr, parce que nos idées se pressant l'une
après l'autre, la seconde détrône la première et
la troisième précipite la seconde. En Dieu, au
contraire, dont l'activité est infinie, l'esprit
engendre d'un seul coup une pensée égale
à lui-même, qui le représente tout entier et qui
n'a pas besoin d'une seconde, parce que la
première a épuisé l'abîme des choses à connaître, c'est-à-dire l'abîme de l'infini. Cette
pensée unique et absolue, premier et dernier né
de l'esprit de Dieu, reste éternellement en sa
présence comme une représentation exacte de
lui-même ; ou, pour parler le langage des livres
saints, comme son image, la splendeur de sa
gloire et la figure de sa substance. Elle est sa
parole, son verbe intérieur, comme notre pensée
est aussi notre parole ou notre verbe. Mais à la
différence du nôtre, verbe parfait qui dit tout à
Dieu en un seul mot et qui le dit toujours sans
se répéter jamais.....

Et de même qu'en l'homme la pensée est
distincte de l'esprit sans en être séparée, ainsi
en Dieu la pensée est distincte sans être séparée
de l'esprit divin qui la produit. Le Verbe est
consubstantiel au Père, selon l'expression du

concile de Nicée, qui n'est que l'énergique expression de la vérité. Mais ici, comme dans le reste, il existe entre Dieu et l'homme une grande différence. Dans l'homme, la pensée est distincte de l'esprit d'une distinction imparfaite, parce qu'elle est finie. En Dieu, la pensée est distincte de l'esprit d'une distinction parfaite, parce qu'elle est infinie; c'est-à-dire qu'en l'homme la pensée ne va pas jusqu'à être une personne, tandis qu'en Dieu elle va jusque-là. Le mystère de l'unité dans la pluralité ne s'accomplit pas totalement dans notre intelligence, et c'est pourquoi nous ne pouvons pas vivre de nous seuls. Nous cherchons au dehors l'aliment de notre vie; nous avons besoin d'un entretien étranger, d'une pensée qui nous soit autre et qui pourtant nous soit proche. En Dieu la pluralité est absolue aussi bien que l'unité, et c'est pourquoi sa vie se passe tout entière au dedans de lui-même, dans le colloque ineffable d'une personne divine à une personne divine, du Père sans génération au fils éternellement engendré...

Mais quand nous avons pensé, un second acte se produit : nous aimons. La pensée est un regard qui amène son objet en nous-mêmes; l'amour est un mouvement qui nous entraîne au dehors, vers cet objet pour l'unir à nous et nous unir à lui, et accomplir ainsi dans sa plénitude le mystère des relations, c'est-à-dire le mystère de l'unité dans la pluralité. L'amour est à la fois

distinct de l'esprit, et distinct de la pensée;
distinct de l'esprit où il naît et où il meurt; distinct de la pensée par sa définition même, puisqu'il est un mouvement d'étreinte, tandis que la
pensée est une simple vue. Et néanmoins il
procède de l'un et de l'autre et il ne fait qu'un
avec tous les deux. Il procède de l'esprit dont il
est l'acte, et de la pensée sans laquelle l'esprit
ne verrait pas l'objet qu'il doit aimer; et il reste
un avec la pensée et l'esprit dans le même fond
de vie où nous les retrouvons tous trois, inséparables, toujours et toujours distincts.

En Dieu il en est de même. Du regard
coéternel qui s'échange entre le père et le fils,
naît un troisième terme de relation, procédant
de l'un et de l'autre, élevé par la force de l'influi
jusqu'à la personnalité et qui est le Saint-Esprit,
c'est-à-dire le saint mouvement, le mouvement
sans mesure et sans tache de l'amour divin.
Comme le fils épuise en Dieu la connaissance, le
Saint-Esprit épuise en Dieu l'amour et par lui se
termine le cycle de la fécondité de la vie divine.

LACTANCE

(*Instit. div.*, t. iv, p. 23)

« Les hommes aiment mieux les exemples que
les paroles; parler en effet est facile; le difficile
c'est de faire. De là, vient que personne n'a
voulu suivre les préceptes des philosophes.

Commence par pratiquer toi-même ce que tu commandes, leur répondait-on, afin que nous voyions que tu ne prescris rien d'impossible. Mais un saint homme ne saurait être un docteur accompli et parfait; comment, en effet, pourrait-il s'élancer jusque sur les sommets les plus élevés de la vertu, s'affranchir de tous les défauts, de toutes les faiblesses dont la racine atteint jusqu'au plus intime de notre être? Nous avons donc besoin d'un docteur envoyé du ciel, à qui la divinité communique la science, l'immortalité, la vertu, et qui puisse ainsi nous procurer une instruction accomplie et parfaite. Mais une autre condition indispensable, c'est qu'il ait revêtu notre humanité et notre corps mortel. Car s'il venait comme Dieu, nos yeux mortels ne pourraient supporter l'éclat de sa majesté. D'ailleurs il ne pourrait, s'il n'était homme, nous donner l'exemple de la vertu. Comment pourrait-il tout d'abord pratiquer ce qu'il enseigne, s'il n'était lui-même semblable à ceux qu'il enseigne? Ainsi, un homme ne saurait être un instituteur parfait du genre humain, s'il n'est en même temps Dieu, pour pouvoir exiger, avec pleine autorité, l'obéissance des hommes; d'un autre côté, il faut que cet instituteur parfait soit un homme, afin de nous donner des exemples, que nous puissions imiter.

moment la frêle enveloppe de ton âme immortelle, prétendrais-tu borner les moyens de ma puissance [...] de sauver cette âme qu'[...] en la créant du sceau de mon immortalité? Si cette âme m'est assez chère pour que je veuille l'associer à moi [...]

LAENNEC

(Discours inaugural de l'École Médicale de Nantes)

Dieu de mes pères, si l'étude de mon art ne doit me conduire qu'à douter de ta puissance; s'il faut que dans ce corps fragile si périssable, je ne retrouve plus cet instrument céleste de ma pensée, cette âme immortelle si noble, que je tiens de ta bonté; s'il faut qu'assimilé à la brute stupide, dégradé dans tout mon être, je reconnaisse des penchants irrésistibles dans mon crâne et la cogitabilité dans une huître; ah! rends-moi mon ignorance! ne permets pas que je blasphème ton nom.

j'anime et nourris toute la création, par une foule de moyens qui sont des prodiges pour vous, qui ne pouvez pas les connaître et qui, tous ensemble, n'ont qu'un [...] volonté bienfaitrice. Ainsi tout subsiste et se meut selon [...]

LA HARPE

(Apologie de la religion chrétienne)

Quelle démence, que celle qui dit au maître de la nature: Je ne veux pas de tes bienfaits parce que je ne saurais les expliquer.

J'entends votre esprit qui me répond: « Malheureux, si mes mystères sont au-dessus de ton ignorance, j'ai mis du moins mes secours à la portée de tes besoins. Et si mes bienfaits dépendaient de tes faibles conceptions, en est-il un seul dont il te fût permis de jouir? Tu jouis de tout sans rien connaître, et si tant de miracles ne m'ont rien coûté pour soutenir un

moment la frêle enveloppe de ton âme immortelle, prétendrais-tu borner les moyens de ma
puissance et de ma bonté, quand il s'agit de
sauver cette âme que j'ai marquée en la créant
du sceau de mon immortalité? Si cette âme m'est
assez chère pour que je veuille l'associer à moi
éternellement, t'es-t-il donné d'entrer dans les
trésors de ma miséricorde et dans la confidence
des actes de mon pouvoir? Peux-tu concevoir
à quel point je puis aimer ma créature? Ni la
dureté de ton cœur ne le peut sentir, ni la
petitesse de ton entendement ne le peut concevoir. L'enfant qui suce le lait de sa mère, sait-il
combien il en est aimé?

Eh bien! apprends-donc que c'est ainsi que
j'anime et nourris toute la création, par une
foule de moyens qui sont des prodiges pour vous,
qui ne pouvez pas les connaître et qui, tous
ensemble, ne sont qu'un acte de ma volonté
bienfaitrice. Ainsi tout subsiste et se meut selon
mes desseins immuables et jusqu'au temps
marqué. Ainsi, si l'impie refuse de tenir de moi
la vie, je ne la lui ôte pas; je pardonne
longtemps et comme l'homme ne pardonne pas
mais vous passerez et je demeure. Je ne me
plais point à écraser l'argile que j'ai pétrie
ni à fouler la poussière que j'ai animée. Mon
fils, mon Verbe, placé de toute éternité par
mon amour entre ma créature pécheresse et ma
justice, étend sans cesse ses bras vers le trône

mes miséricordes, et les ouvre en même temps
au repentir de mes enfants égarés ; mais, s'ils
sont jusqu'au bout ingrats et rebelles, ceux qui
auront rejeté ma clémence dans le temps qui est
encore à eux, pourront-ils se plaindre d'éprouver
ma justice dans l'éternité qui n'est qu'à moi ? » Il

LAFONTAINE

(Fable *Le Gland et la Citrouille*)

Dieu fait bien ce qu'il fait. Sans en chercher la preuve
En tout cet univers et l'aller parcourant,
    Dans les citrouilles je la treuve.
    Un villageois considérant
Combien ce fruit est gros et sa tige menue :
« A quoi songeait, dit-il, l'auteur de tout cela,
Il a bien mal placé cette citrouille-là.
    Eh ! parbleu, je l'aurais pendue
    A l'un des chênes que voilà ;
    C'eût été justement l'affaire ;
    Tel fruit, tel arbre pour bien faire.
C'est dommage, Garo, que tu n'es point entré
Au conseil de celui que prêche ton curé ;
Tout en eût été mieux ; car pourquoi, par exemple
Le gland qui n'est pas gros comme mon petit doigt,
    Ne pend-il pas en cet endroit ?
    Dieu s'est mépris. » Plus il contemple
Ces fruits ainsi placés, plus il semble à Garo
    Que l'on a fait un quiproquo.

Cette réflexion embarrassant notre homme :
« On ne dort pas, dit-il, quand on a tant d'esprit. »
Sous un chêne aussitôt il va prendre son somme.
Un gland tombe ; le nez du dormeur en pâtit ;
Il s'éveille et portant la main sur son visage,
Il trouve encor le gland pris aux poils du menton.
Son nez meurtri le force à changer de langage :
« Oh ! oh ! dit-il, je saigne ! et que serait-ce donc
S'il fût tombé de l'arbre une masse plus lourde,
    Et que ce gland eût été gourde ? »
Dieu ne l'a pas voulu : sans doute il eut raison ;
    J'en vois bien à présent la cause.
    Et louant Dieu de toute chose,
    Garo retourne à la maison.

Id. — Lettre de Boileau sur les sentiments chrétiens de Lafontaine, cité par DE GENOUDE, t. IV, p. 305.

Les choses hors de vraisemblance, qu'on m'a dites de M. Lafontaine, sont à peu près celles que vous avez devinées ; je veux dire, que ce sont ces haires, ces cilices et ces disciplines, dont on m'a dit qu'il affligeait fréquemment son corps, qui m'ont paru d'autant plus incroyables de notre défunt ami, que jamais rien, à mon avis, ne fut plus éloigné de son caractère que ces mortifications. Mais quoi ! la grâce de Dieu ne se borne pas à des changements ordinaires et c'est quelquefois de véritables métamorphoses qu'elle fait... Qui eût cru que c'était M. Lafontaine qui était le vase d'élection ? Voilà, monsieur, de

LA LUZERNE (DE)

(Sur le Messie.)

Une des objections que font les incrédules est celle-ci : si Jésus-Christ était véritablement ressuscité, il aurait dû apparaître devant ses ennemis, devant le peuple juif tout entier, et alors il ne serait resté aucun doute de sa résurrection. Mais qu'avait-il besoin de s'imposer avec évidence à Pilate qui l'avait condamné, à Hérode qui l'avait raillé, à ces Pharisiens qui l'avaient poursuivi de leurs calomnies et de leurs outrages, à ces juifs furieux qui avaient demandé sa mort à grands cris ? Par où tous ces hommes si criminels avaient-ils mérité le bienfait de son apparition ? Quant à moi, je trouve déraisonnable de prétendre que Dieu doit répandre ses grâces plus abondamment, à mesure qu'on s'en rend plus indigne et multiplier les preuves de la foi à proportion qu'on y résiste davantage.

. . . .

Qu'avez-vous à opposer à cette foule de témoins qui, tant de siècles avant Jésus-Christ, attestaient toutes les circonstances de sa vie ?

Leur reprochez-vous de s'être concertés ? Considérez la distance des époques auxquelles ils ont écrit ; contesterez-vous l'authenticité de leurs prédications ? Elles étaient publiques, longtemps avant le temps qu'elles annoncent. Révoquerez-vous en doute leur accomplissement ? Ce sont des faits dont l'évidence est portée au plus haut degré. Nierez-vous le rapport des prédictions et des faits ? Il ne peut pas être plus complet et plus frappant. Soupçonnerez-vous que les événements ont été naturellement prévus ? Citez donc une cause naturelle qui ait pu les faire prévoir ? Imaginerez-vous enfin que le hasard a pu les faire éclore précisément comme ils avaient été prévus ? Leur multiplicité, leur variété, leur singularité repoussera aussitôt cette idée. Qu'est-ce donc qui a pu...

LAMARK.

(Histoire des animaux sans vertèbres, t. I, p. 214.)

L'homme ayant su s'élever jusqu'à l'Être suprême par sa pensée, à l'aide de l'observation de la nature ou par d'autres voies, cette grande pensée a étayé son espérance et lui a inspiré des sentiments religieux, ainsi que les devoirs qu'ils lui imposent...

. . . .

(Système analytique des connaissances positives...)

L'homme seul a senti la nécessité de reconnaî-

tre une cause supérieure. — Seul, il a élevé sa
pensée jusqu'à l'auteur suprême de ce qui est, ou
jusqu'à Dieu.

Id. — Histoire des animaux invertébrés, t. I, p. 214.

Toute notre admiration et notre vénération
pour la nature, doivent se reporter sur son
sublime auteur.

LAMARTINE

(Pensée sur l'Evangile)

Chacune des pensées mystérieuses de l'Evangile, répond juste à la pensée qui l'interroge et
renferme un sens pratique qui éclaire et vivifie
la conduite de l'homme.

Id. — Harmonies poétiques et religieuses

(INVOCATION, t. I.)

Toi qui donnas sa voix à l'oiseau de l'aurore,
Pour chanter dans le ciel l'hymne naissant du jour;
Toi qui donnas son âme et son gosier sonore
A l'oiseau que le soir entend gémir d'amour;

. . . .

Toi qui dis aux forêts : Répondez au zéphyre !
Aux ruisseaux : Murmurez d'harmonieux accords !
Aux torrents : Mugissez ! à la brise : Soupire !
A l'Océan : Gémis en mourant sur tes bords !

Et moi, Seigneur, aussi pour chanter tes merveilles,
Tu m'as donné dans l'âme une seconde voix
Plus pure que la voix qui parle à nos oreilles,
Plus forte que les vents, les ondes et les bois !

Les cieux l'appellent Grâce, et les hommes Génie ;
C'est un souffle affaibli des bardes d'Israël,
Un écho, dans mon sein, qui change en harmonie
Le retentissement de ce monde mortel.

Mais c'est surtout ton nom, ô roi de la nature,
Qui fait vibrer en moi cet instrument divin !
Quand j'invoque ce nom, mon cœur plein de murmure,
Résonne comme un temple où l'on chante sans fin.

    Don sacré du Dieu qui m'enflamme,
    Harpe qui fait trembler mes doigts,
    Sois toujours le cri de mon âme ;
    A Dieu seul rapporte ma voix.
    Je frémis d'amour et de crainte
    Quand, pour toucher la corde sainte,
    Son esprit daigna me choisir ;
    Moi, devant lui moins que poussière,
    Moi, dont jusqu'alors l'âme entière
    N'était que silence et désir !

    . . . .

    Elevez-vous, voix de mon âme
    Avec l'aurore, avec la nuit !
    Elancez-vous comme la flamme,
    Répandez-vous comme le bruit !

Flottez sur l'aile des nuages,
Mêlez-vous aux vents, aux orages,
Au tonnerre, au fracas des flots :
L'homme en vain ferme sa paupière,
L'hymne éternel de la prière
Trouvera partout des échos !
. . . .
Un jour cependant, ô ma lyre,
Un jour assoupira ta voix !

Tu regretteras ce délire......
Dont tu t'enivrais sous mes doigts !

Au nom sacré du Dieu ....
Descends, Esprit des ....
Des harpes ....
Par la voix ....
Soit que, le ....
Tu lances tes ....
Soit qu'aux bords du Jourdain, à l'ombre du palmier,
Tu viennes sous les ....
En flots d'harmonie et d'amour ;
Mais le sentiment qui m'enflamme
Survivra jusqu'au dernier jour,
Semblable à ces sommets arides
Dont l'âge a dépouillé les rides
De leur ombre et de leurs échos,
Mais qui, dans leurs flancs sans verdure,
Gardent une onde qui murmure
Et dont le ciel nourrit les flots.

. . . .

Ah! quand ma fragile mémoire,
Comme une urne dont l'onde ......

Aura perdu ces chants de gloire
Que ton Dieu t'inspire aujourd'hui,
De ta défaillante harmonie
Ne rougis pas, ô mon génie !
Quand ta corde n'aurait qu'un son,
Harpe fidèle, chante encore
Le Dieu que ma jeunesse adore ;
Car c'est un hymne que son...

Id. — Invocation du Poète.

Au nom sacré du Père, et du Fils son image,
Descends, Esprit des cieux, Esprit qui d'âge en âge,
Des harpes [illegible]
Par la voix [illegible]
Soit que, te balançant sur l'aile des tempêtes
Tu lances tes éclairs dans les yeux des prophètes ;
Soit qu'aux bords du Jourdain, à l'ombre du palmier,
Tu viennes sous les traits du tranquille palmier,
Te posant sur le pied des lyres immortelles,
Sous leur souffle sacré, laisser frémir tes ailes ;
Soit qu'en langues de feu, dans les airs suspendu,
Sur le front de l'apôtre, en secret descendu,
Tu perces tout à coup, comme un jour sans aurore
De tes rayons divins son cœur qui doute encore.
Descends, je dois chanter ! mais que puis-je sans toi,
O langue de l'Esprit ? Parle toi-même [illegible]

Tout plein du grand objet que ta grâce m'inspire,
De peur de la souiller, j'ai respecté ma lyre.

Mais maintenant qu'assis au milieu de mes jours,
J'en vois une moitié s'éclipser pour toujours,
Et l'autre, se hâtant sous le temps qui la presse,
De ses derniers festons dépouiller ma jeunesse,
Il est temps ! hâtons-nous de ravir à la mort
Le chant mystérieux qui sur ma harpe dort !
Que le feu dont la flamme éclaire et purifie
Le charbon qui brûla les lèvres d'Isaïe,
D'une bouche mortelle épure les accents,
Et que nos chants vers Dieu montent comme l'encens !

Id. — Milly ou la terre natale.

. . . .
Voici le banc rustique où s'asseyait mon père,
La salle où résonnait sa voix mâle et sévère,
Quand les pasteurs assis sur leurs sacs renversés
Lui comptaient les sillons par chaque heure tracés,
Ou qu'encor palpitant des scènes de sa gloire,
De l'échafaud des rois il nous disait l'histoire,
Et, plein du grand combat qu'il avait combattu,
En racontant sa vie enseignait la vertu.
Voilà la place vide où ma mère à toute heure
Au plus léger soupir sortait de sa demeure,
Et, nous faisant porter ou la laine ou le pain,
Revêtait l'indigence ou nourrissait la faim ;
Voilà les toits de chaume où sa main attentive
Versait sur la blessure ou le miel ou l'olive ;
Ouvrait près du chevet des vieillards expirants,
Ce livre où l'espérance est permise aux mourants,

Recueillait leurs soupirs sur leur bouche oppressée,
Faisait tourner vers Dieu leur dernière pensée,
Et, tenant par la main les plus jeunes de nous,
A la veuve, à l'enfant qui tombaient à genoux,
Disait, en essuyant les pleurs de leurs paupières :
« Je vous donne un peu d'or, rendez-leur vos prières ! »
Voilà le seuil, à l'ombre, où son pied nous berçait,
La branche du figuier que sa main abaissait;
Voici l'étroit sentier où, quand l'airain sonore,
Dans le temple lointain vibrait avec l'aurore,
Nous montions sur sa trace à l'autel du Seigneur
Offrir deux purs encens, innocence et bonheur !
C'est ici que sa voix pieuse et solennelle
Nous expliquait un Dieu que nous sentions en elle,
Et, nous montrant l'épi dans son germe enfermé,
La grappe distillant son breuvage embaumé,
La génisse en lait pur changeant le suc des plantes,
Le rocher qui s'entr'ouvre aux sources ruisselantes,
La laine des brebis dérobée aux rameaux
Servant à tapisser les doux nids des oiseaux,
Et le soleil exact à ses douze demeures
Partageant aux climats les saisons et les heures,
Et ces astres des nuits que Dieu seul peut compter,
Mondes, où la pensée ose à peine monter,
Nous enseignait la foi par la reconnaissance,
Et faisait admirer à notre simple enfance
Comment l'astre et l'insecte invisible à nos yeux
Avaient, ainsi que nous, leur père dans les cieux !

Id. — *Hymne de l'enfant à son réveil.*

O Père qu'adore mon père !
Toi qu'on ne nomme qu'à genoux ;
Toi dont le nom terrible et doux
Fait courber le front de ma mère !

On dit que ce brillant soleil
N'est qu'un jouet de ta puissance ;
Que sous tes pieds il se balance
Comme une lampe de vermeil.

On dit que c'est toi qui fais naître
Les petits oiseaux dans les champs,
Et qui donnes aux petits enfants
Une âme aussi pour te connaître.

Et, pour obtenir chaque don
Que chaque jour tu fais éclore,
A midi, le soir, à l'aurore,
Que faut-il ? prononcer ton nom.

Mets dans mon cœur…
Sur mes lèvres…
Qu'avec crainte et docilité
…

Et que ma voix s'élève à toi
Comme cette douce fumée
Que balance l'urne embaumée
Dans la main d'enfants comme moi !

Id. — *Le Tombeau d'une mère.*

O Père qu'adore mon père!

..... Toi qu'on ne nomme qu'à genoux; .....

Là dort dans son espoir celle dont le sourire
Cherchait encor mes yeux...
Ce cœur source du mien, ce sein qui m'a conçu,
Ce sein qui m'allaita de lait et de tendresses,
Ces bras qui n'ont été qu'un berceau de caresses,
Ces lèvres dont j'ai tout reçu!

Là, dorment soixante ans d'une seule pensée,
D'une vie à bien faire...
D'innocence, d'amour...
Tant d'aspirations vers... Dieu...
Tant de foi dans la mort, tant de vertus jetées.....
En gage à l'immortalité,

Tant de nuits sans sommeil pour veiller la souffrance,
Tant de pain retranché pour nourrir l'indigence,
Tant de pleurs toujours prêts à s'unir à des pleurs,
Tant de soupirs brûlants vers une autre patrie,....
Et tant de patience à porter une vie,
Dont la couronne était ailleurs,

Et tout cela pourquoi?...
Absorbât pour jamais cet être intarissable ;
Pour que de vils sillons en fussent engraissés,
Pour que l'herbe des morts dont sa tombe est couverte
Grandît là, sous mes pieds...
Un peu de cendre...

Non, non ! pour éclairer trois pas sur la poussière,
Dieu n'aurait pas créé cette immense lumière,
Cette âme au long regard, à l'héroïque effort !
Sur cette froide pierre en vain le regard tombe,
O vertu ! ton aspect est plus fort que la tombe,
          Et plus évident que la mort.

Et mon œil, convaincu de ce grand témoignage,
Se releva de terre et sortit du nuage,
Et mon cœur ténébreux recouvra son flambeau ;
Heureux l'homme à qui Dieu donne une sainte mère !
En vain la vie est dure et la mort est amère :
          Qui peut douter sur son tombeau ?

Id. — L'Immortalité

. . . .

Je te salue, ô mort, Libérateur céleste,
Tu ne m'apparais point sous cet aspect funeste
Que t'a prêté longtemps l'épouvante et l'erreur ;
Ton bras n'est point armé d'un glaive destructeur,
Ton front n'est point cruel, ton œil n'est point perfide ;
Au secours des douleurs un Dieu clément te guide ;
Tu n'anéantis pas, tu délivres ; ta main,
Céleste messager, porte un flambeau divin :
Quand mon œil fatigué se ferme à la lumière,
Tu viens d'un jour plus pur inonder ma paupière ;
Et l'espoir près de toi, rêvant sur un tombeau,
Appuyé sur la foi, m'ouvre un monde plus beau.
Viens donc, viens détacher mes chaînes corporelles !
Viens, ouvre ma prison ; viens, prête-moi tes ailes !

Que tardes-tu ? parais ; que je m'élance enfin
Vers cet être inconnu, mon principe et ma fin.

Vain espoir ! s'écrira le troupeau d'Épicure,
Et celui dont la main disséquant la nature,
Dans un coin du cerveau nouvellement décrit,
Voit penser la matière et végéter l'esprit.
Insensé, diront-ils, que trop d'orgueil abuse !
Regarde autour de toi : tout commence et tout s'use ;
Tout marche vers un terme et tout naît pour mourir.
Les cieux même, les cieux commencent à pâlir ;
Cet astre, dont le temps a caché la naissance,
Le soleil, comme nous, marche à sa décadence,
Et dans les cieux déserts les mortels éperdus
Le chercheront un jour et ne le verront plus !
Tu vois autour de toi dans la nature entière
Les siècles entasser poussière sur poussière
Et le temps, d'un seul pas confondant ton orgueil,
De tout ce qu'il produit devenir le cercueil.
Et l'homme, et l'homme seul, ô sublime folie !
Au fond de son tombeau croit retrouver la vie,
Et dans le tourbillon au néant emporté,
Abattu par le temps, rêve l'éternité !

Qu'un autre vous réponde, ô sages de la terre !
Laissez-moi mon erreur : j'aime, il faut que j'espère ;
Notre faible raison se trouble et se confond.
Oui, la raison se tait ; mais l'instinct vous répond.
Pour moi, quand je voyais dans les célestes plaines,
Les astres s'écartant de leurs routes certaines,

Dans les champs de l'éther l'un par l'autre heurtés,
Parcourir au hasard les cieux épouvantés ;
Quand j'entendrais gémir et se briser la terre ;
Quand je verrais son globe errant et solitaire,
Flottant loin des soleils, pleurant l'homme détruit,
Se perdre dans les champs de l'éternelle nuit ;
Et quand, dernier témoin de ces scènes funèbres,
Entouré du chaos, de la mort, des ténèbres,
Seul, je serais debout : seul, malgré mon effroi,
Être infaillible et bon, j'espérerais en toi ;
Et certain du retour de l'éternelle aurore
Sur les mondes détruits, je t'attendrais encore !

. . . .

Id. — Dieu.

. . . .

Cet astre universel, sans déclin, sans aurore,
C'est Dieu, c'est ce grand tout qui soi-même s'adore !
Il est, tout est en lui ; l'immensité, les temps,
De son être infini sont les purs éléments ;
L'espace est son séjour, l'éternité son âge ;
Le jour est son regard, le monde est son image ;
Tout l'univers subsiste à l'ombre de sa main.
L'être à flots éternels découlant de son sein,
Comme un fleuve nourri par une source immense,
S'en échappe et revient finir où tout commence.

Sans bornes comme lui, ses ouvrages parfaits
Bénissent en naissant la main qui les a faits :

Il peuple l'infini chaque fois qu'il respire ;
Pour lui, vouloir c'est faire, exister c'est produire !
Tirant tout de soi seul, rapportant tout à soi,
Sa volonté suprême est sa suprême loi.

Mais cette volonté, sans ombre et sans faiblesse,
Est à la fois puissance, ordre, équité, sagesse ;
Sur tout ce qui peut être il l'exerce à son gré,
Le néant, jusqu'à lui, s'élève par degré ;
Intelligence, amour, force, beauté, jeunesse,
Sans s'épuiser jamais, il peut donner sans cesse ;
Et, comblant le néant de ses dons précieux,
Des derniers rangs de l'être il peut tirer des dieux !
Mais ces dieux de sa main, ces fils de sa puissance,
Mesurent d'eux à lui l'éternelle distance,
Tendant par la nature à l'Être qui les fit :
Il est leur fin à tous et lui seul se suffit !
Voilà, voilà le Dieu que tout esprit adore,
Qu'Abraham a servi, que rêvait Pythagore,
Que Socrate annonçait, qu'entrevoyait Platon ;
Ce Dieu que l'Univers révèle à la raison,
Que la justice attend, que l'infortune espère,
Et que le Christ enfin vint montrer à la terre !

Id. — *La prière*

. . . .

Salut, principe et fin de toi-même et du monde !
Toi qui rends d'un regard l'immensité féconde,
Ame de l'univers, Dieu, Père, Créateur,
Sous tous ces noms divers je crois en toi, Seigneur ;

Et sans avoir besoin d'entendre ta parole,
Je lis au front des cieux mon glorieux symbole,
L'étendue à mes yeux révèle ta grandeur ;
La terre, ta bonté ; les astres, ta splendeur.
Tu t'es produit toi-même en ton brillant ouvrage !
L'univers tout entier réfléchit ton image,
Et mon âme à son tour réfléchit l'univers.
Ma pensée, embrassant tes attributs divers,
Partout autour de toi te découvre et t'adore,
Se contemple soi-même, et t'y découvre encore :
Ainsi l'astre du jour éclate dans les cieux,
Se réfléchit dans l'onde et se peint à mes yeux.

C'est peu de croire en toi, bonté, beauté suprême !
Je te cherche partout, j'aspire à toi, je t'aime !
Mon âme est un rayon de lumière et d'amour
Qui, du foyer divin détaché pour un jour,
De désirs dévorants loin de toi consumée,
Brûle de remonter à sa source enflammée.
Je respire, je sens, je pense, j'aime en toi !
Ce monde, qui te cache, est transparent pour moi ;
C'est toi que je découvre au fond de la nature ;
C'est toi que je bénis dans toute créature.
Pour m'approcher de toi j'ai fui dans ces déserts :
Là, quand l'aube agitant son voile dans les airs,
Entr'ouvre l'horizon qu'un jour naissant colore,
Et sème sur les monts les perles de l'aurore,
Pour moi, c'est ton regard qui, du divin séjour,
S'entr'ouvre sur le monde et lui répand le jour ;
Quand l'astre à son midi, suspendant sa carrière,
M'inonde de chaleur, de vie et de lumière,

Dans ses puissants rayons, qui raniment mes sens,
Seigneur, c'est ta vertu, ton souffle que je sens ;
Et quand la nuit, guidant son cortège d'étoiles,
Sur le monde endormi jette ses sombres voiles,
Seul, au sein du désert et de l'obscurité,
Méditant de la nuit la douce majesté,
Enveloppé de calme, et d'ombre, et de silence,
Mon âme de plus près adore ta présence ;
D'un jour intérieur je me sens éclairer,
Et j'entends une voix qui me dit d'espérer.

Oui, j'espère, Seigneur, en ta magnificence :
Partout à pleines mains prodiguant l'existence,
Tu n'auras pas borné le nombre de mes jours,
A ces jours d'ici-bas, si troublés et si courts.
Je te vois en tous lieux conserver et produire :
Celui qui peut créer, dédaigne de détruire.
Témoin de ta puissance et sûr de ta bonté,
J'attends le jour sans fin de l'immortalité.
La mort m'entoure en vain de ses ombres funèbres,
Ma raison voit le jour à travers les ténèbres ;
C'est le dernier degré qui m'approche de toi,
C'est le voile qui tombe entre ta face et moi !
. . . .

Id. — *La Foi*

. . . .
Mais tandis qu'exhalant le doute et le blasphème,
Les yeux sur mon tombeau je pleure sur moi-même,
La foi se réveillant comme un doux souvenir,
Jette un rayon d'espoir sur mon pâle avenir,

Sous l'ombre de la mort me ranime et m'enflamme,
Et rend à mes vieux jours la jeunesse de l'âme.
Je remonte aux lueurs de ce flambeau divin,
Du couchant de ma vie à son riant matin ;
J'embrasse d'un regard la destinée humaine ;
A mes yeux satisfaits, tout s'ordonne et s'enchaîne ;
Je lis dans l'avenir la raison du présent ;
L'espoir ferme après moi les portes du néant,
Et, rouvrant l'horizon à mon âme ravie,
M'explique par la mort l'énigme de la vie.

. . . .

Cette foi qui m'attend au bord de mon tombeau,
Hélas ! il m'en souvient, plana sur mon berceau.
De la terre promise, immortel héritage,
Les pères à leurs fils l'ont transmis d'âge en âge.
Notre esprit la reçoit à son premier réveil,
Comme les dons d'en haut, la vie et le soleil ;
Comme le lait de l'âme, en ouvrant la paupière,
Elle a coulé pour nous des lèvres d'une mère ;
Elle a pénétré l'homme en sa tendre saison ;
Son flambeau dans les cœurs précéda la raison.
L'enfant, en essayant sa première parole,
Balbutie au berceau son sublime symbole ;
Et, sous l'œil maternel germant à son insu,
Il la sent dans son cœur croître avec la vertu.

Ah ! si la vérité fut faite pour la terre,
Sans doute elle a reçu ce simple caractère ;
Sans doute, dès l'enfance offerte à nos regards,
Dans l'esprit par les sens entrant de toutes parts,

Comme les purs rayons de la céleste flamme,
Elle a dû dès l'aurore environner notre âme,
De l'esprit par l'amour descendre dans nos cœurs,
S'unir en souvenir, se fondre dans les mœurs ;
Ainsi qu'un grain fécond que l'hiver couvre encore,
Dans notre sein longtemps germer avant d'éclore ;
Et, quand l'homme a passé son orageux été
Donner son fruit divin pour l'immortalité.
Soleil mystérieux, flambeau d'une autre sphère,
Prête à mes yeux mourants ta mystique lumière !
Pars du sein du Très-Haut, rayon consolateur !
Astre vivifiant, lève-toi dans mon cœur !
Hélas ! je n'ai que toi : dans mes heures funèbres,
Ma raison qui pâlit m'abandonne aux ténèbres ;
Cette raison superbe, insuffisant flambeau,
S'éteint comme la vie aux portes du tombeau.
Viens donc la remplacer, ô céleste lumière !
Viens d'un jour sans nuage inonder ma paupière ;
Tiens-moi lieu du soleil que je ne dois plus voir
Et brille à l'horizon comme l'astre du soir !...

Id. — Le Crucifix.

Toi que j'ai recueilli sur sa bouche expirante
Avec son dernier souffle et son dernier adieu,
Symbole deux fois saint, don d'une main mourante,
    Image de mon Dieu ;

Que de pleurs ont coulé sur tes pieds que j'adore,
Depuis l'heure sacrée où, du sein d'un martyr,
Dans mes tremblantes mains tu passas, tiède encore
    De son dernier soupir !

Les saints flambeaux jetaient une dernière flamme ;
Le prêtre murmurait ces doux chants de la mort,
Pareils aux chants plaintifs que murmure une femme
        A l'enfant qui s'endort.

De son pieux espoir son front gardait la trace,
Et sur ses traits, frappés d'une auguste beauté,
La douleur fugitive avait empreint sa grâce,
        La mort sa majesté.

Un de ses bras pendait de la funèbre couche ;
L'autre, languissamment replié sur son cœur,
Semblait chercher encore et presser sur sa bouche
        L'image du Sauveur.

Ses lèvres s'entr'ouvraient pour l'embrasser encore ;
Mais son âme avait fui dans ce divin baiser,
Comme un léger parfum que la flamme dévore
        Avant de l'embraser.

Maintenant, tout dormait sur sa bouche glacée,
Le souffle se taisait dans son sein endormi,
Et sur l'œil sans regard la paupière affaissée
        Retombait à demi.

Et moi, debout, saisi d'une terreur secrète,
Je n'osais approcher de ce reste adoré,
Comme si du trépas, la majesté muette
        L'eût déjà consacré.

Je n'osais ! mais le prêtre entendit mon silence,
Et, de ses doigts glacés prenant le crucifix :
« Voilà le souvenir et voilà l'espérance,
        Emportez-les, mon fils ! »

Oui, tu me resteras, ô funèbre héritage !
Sept fois, depuis ce jour l'arbre que j'ai planté
Sur sa tombe sans nom a changé de feuillage :
    Tu ne m'as pas quitté.

Placé près de ce cœur, hélas ! où tout s'efface,
Tu l'as contre le temps défendu de l'oubli ;
Et mes yeux goutte à goutte ont imprimé leur trace
    Sur l'ivoire amolli.

O dernier confident de l'âme qui s'envole,
Viens, reste sur mon cœur ! parle encore, et dis-moi
Ce qu'elle te disait quand sa faible parole
    N'arrivait plus qu'à toi ;

A cette heure douteuse où l'âme recueillie,
Se cachant sous le voile épaissi sous nos yeux,
Hors de nos sens glacés, pas à pas se replie,
    Sourde aux derniers adieux ;

Alors qu'entre la vie et la mort incertaine,
Comme un fruit par son poids détaché du rameau,
Notre âme est suspendue et tremble à chaque haleine
    Sur la nuit du tombeau ;

Quand des chants, des sanglots, la confuse harmonie
N'éveille déja plus notre esprit endormi,
Aux lèvres du mourant collé dans l'agonie
    Comme un dernier ami.

Pour éclairer l'horreur de cet étroit passage,
Pour relever vers Dieu son regard abattu,
Divin consolateur, dont nous baisons l'image,
    Réponds, que lui dis-tu ?

Tu sais, tu sais mourir ! et tes larmes divines,
Dans cette nuit terrible où tu prias en vain,
De l'olivier sacré baignèrent les racines
        Du soir jusqu'au matin.

De la croix, où ton œil sonda ce grand mystère,
Tu vis ta mère en pleurs et la nature en deuil ;
Tu laissas, comme nous, tes amis sur la terre
        Et ton corps au cercueil !

Au nom de cette mort, que ma faiblesse obtienne
De rendre sur ton sein ce douloureux soupir ;
Quand mon heure viendra, souviens-toi de la tienne,
        O toi qui sais mourir !

Je chercherai la place où sa bouche expirante
Exhala sur tes pieds l'irrévocable adieu,
Et son âme viendra guider mon âme errante
        Au sein du même Dieu.

Ah ! puisse, puisse alors sur ma funèbre couche,
Triste et calme à la fois, comme un ange éploré,
Une figure en deuil recueillir sur ma bouche
        L'héritage sacré !

Soutiens ses derniers pas, charme sa dernière heure ;
Et, gage consacré d'espérance et d'amour,
De celui qui s'éloigne à celui qui demeure
        Passe ainsi tour à tour.

Jusqu'au jour où, des morts perçant la voûte sombre,
Une voix dans le ciel, les appelant sept fois,
Ensemble éveillera ceux qui dorment à l'ombre
        De l'éternelle croix !...

Id. — *Hymne de la mort.*

(HARMONIES, l. IV.)

Elève-toi, mon âme, au-dessus de toi-même :
    Voici l'épreuve de ta foi !
Que l'impie, assistant à ton heure suprême,
Ne dise pas : « Voyez, il tremble comme moi. »

. . . .

Qu'était-ce que la vie ? exil, ennui, souffrance,
    Un holocauste à l'espérance,
Un long acte de foi, chaque jour répété !
Tandis que l'insensé buvait à plein calice,
Tu versais à tes pieds ta coupe en sacrifice,
Et tu disais : « J'ai soif, mais d'immortalité ! »

    Tu vas boire à la source vive
    D'où coulent les temps et les jours,
    Océan sans fond et sans rive,
    Toujours plein, débordant toujours.
    L'astre que tu vas voir éclore
    Ne mesure plus par aurore
    La vie, hélas ! prête à tarir,
    Comme l'astre de nos demeures,
    Qui n'ajoute au présent des heures
    Qu'en retranchant à l'avenir.

    Oublie un monde qui s'efface,
    Oublie une obscure prison !
    Que ton regard privé d'espace,
    Découvre enfin son horizon !

Vois-tu ces voûtes azurées,
Dont les arches démesurées
S'entrouvent pour s'étendre encor?
Bientôt leur courbe incalculable
Te sera ce qu'un grain de sable
Est au vol brûlant du condor.

. . . .

Tu verras quels êtres habitent
Ces palais flottants de l'Ether,
Qui nagent, volent ou palpitent,
Enfants de la flamme et de l'air,
Chœurs qui chantent, voix qui bénissent,
Miroirs de feu qui réfléchissent,
Ailes qui voilent Jéhova ;
Poudre vivante de ce temple,
Dont chaque atome le contemple,
L'adore et lui crie : Hosanna !

Dans ce pur océan de vie,
Bouillonnant de joie et d'amour,
La mort va te plonger, ravie,
Comme une étincelle au grand jour ;
Son flux vers l'éternelle aurore
Va te porter, obscure encore,
Jusqu'à l'astre qui toujours luit ;
Comme un flot que la mer soulève
Roule, aux bords où le jour se lève,
Sa brillante écume, et s'enfuit.

. . . .

Triomphe donc, âme exilée !
Tu vas dans un monde meilleur,
Où toute larme est consolée,
Où tout désir est le bonheur ;
Où l'être qui se purifie
N'emporte rien de cette vie
Que ce qu'il a d'égal aux dieux,
Comme la cime encore obscure
Dont l'ombre décroît, à mesure
Que le jour monte dans les cieux.

. . . .

Ne vois-tu pas des étincelles
Dans les ombres poindre et flotter ?
N'entends-tu pas frémir les ailes
De l'esprit qui va t'emporter
Bientôt nageant de nue en nue,
Tu vas te sentir revêtue
Des rayons du divin séjour,
Comme une onde qui s'évapore
Contracte, en montant vers l'aurore,
La chaleur et l'éclat du jour.

Encore une heure de souffrance,
Encore un douloureux adieu :
Puis endors-toi dans l'espérance,
Pour te réveiller dans ton Dieu !
Tel sur la foi de ses étoiles,
Le pilote pliant ses voiles
Pressent la terre sans la voir,
S'endort en rêvant les rivages,
Et trouve, en s'éveillant, des plages
Plus sereines que son espoir.

LAMENNAIS

(*Discussions critiques et pensées diverses sur la religion et la philosophie*, p. 22)

Lorsque la foi qui unissait l'homme à Dieu et l'élevait jusqu'à lui vient à manquer, il se passe quelque chose d'effroyable. L'âme abandonnée en quelque sorte à son propre poids, tombe sans fin, emportant avec elle je ne sais quelle intelligence détachée de son principe et qui se prend, tantôt avec une inquiétude douloureuse, tantôt avec une joie semblable au rire de l'insensé, à tout ce qu'elle rencontre dans sa chute. Tourmentée du besoin de la vie, ou elle s'accouple avec la matière qu'elle cherche vainement à féconder, ou elle poursuit à travers le vide de fantastiques abstractions, des formes sans substance, la nuée qu'elle a prise pour Junon. Ce qui reste d'amour se rapproche de celui qui anime sans amour la nature brute. On ne comprend plus la société comme une manifestation de l'esprit et de ses lois, mais comme un travail mécanique d'arrangement, ou si l'on soupçonne quelque chose au delà, de cristallisation plus ou moins régulière. Tous les nobles instincts s'endorment d'un profond sommeil ; toutes les secrètes puissances qui président à la formation du monde moral, au développement de l'Être dans son invisible essence, s'éteignent en partie et en partie lui créent une sorte de supplice interne, dont la cause, inconnue de lui, le jette dans des angoisses et un désespoir inexprimable. Son âme a faim... comment fera-t-il ? Il tuera son âme, ne trouvant pour elle, là où il est, aucun aliment. S'il souffre, c'est qu'il est encore trop haut. Descends donc, descends jusqu'à l'animal, jusqu'à la plante ; fais-toi brute, fais-toi pierre... Il ne le peut... Dans l'abîme ténébreux où il s'enfonce, il emporte avec lui son inexorable nature, et les échos de l'univers répètent de monde en monde les plaintes déchirantes de cette créature, qui, sortie de la place que lui avait assignée l'ordonnateur suprême dans son vaste plan et incapable de se fixer désormais, flotte sans repos au sein des choses, comme un vaisseau délabré que les vagues poussent et repoussent en tout sens sur l'océan désert.

LA MOTTE

(Plan de preuves de la religion)

Je trouve du plaisir et de la douleur dans le monde ; chacun en est la preuve à soi-même.

J'y trouve aussi l'idée du juste et de l'injuste ; toutes les sociétés roulent sur cette idée.

Or, l'idée du juste et de l'injuste suppose nécessairement une loi et en même temps une liberté ; une loi suppose nécessairement un législateur, et la liberté entraîne nécessairement le mérite et le démérite.

Le législateur doit nécessairement récompenser ou punir dans une autre vie, s'il ne le fait pas dans celle-ci.

Nouvel état

Dieu veut se manifester davantage à l'homme :
1° Par l'Ancien Testament qui prépare l'Evangile.
2° Par la venue du Messie qui vient établir la loi de grâce.

. . . .

En un mot, c'est une discussion historique que l'étude de la religion, et si les témoignages qui la prouvent ont toutes les conditions nécessaires pour certifier un fait, on n'est plus reçu à la combattre par des objections philosophiques ; on n'aurait pas supposé ces objections aux miracles, si on en avait été témoi.. ; il ne faut pas non plus les opposer aux témoignages des miracles qui sont incontestables.

LANJUINAIS (Vicomte de)

*(Traduction de la vérité du christianisme de Sumner.
Introduction)*

Le christianisme, c'est le ciel qui s'est ouvert pour enseigner les hommes et les purifier de leurs erreurs ; c'est le Maitre du ciel descendu ici-bas pour y recevoir la naissance, l'hospitalité, la mort, en nous donnant le salut. Hors du judaïsme, toutes les autres religions viennent de l'homme ; aussi l'homme a sur elles un domaine absolu, domaine signalé par l'aveuglement et la perversité.

Dans le christianisme, rien de l'homme. L'homme n'y a rien qu'à croire et qu'à obéir ; la raison n'y conserve de liberté que pour vérifier le fait de la révélation. Quand on est sûr que Dieu a parlé, quel besoin d'en savoir davantage ? à quoi servirait la raison de l'homme contre celle de Dieu ? Mais que de motifs pour croire à cette révélation !

Voici un culte qui, dès son principe, et par ce principe, renferme tout, absorbe tout, les hommes et les choses. L'histoire du monde, le temps n'est plus que l'introduction à ce culte ; la chute de l'homme prépare sa réparation ; ce qui parait jusqu'à son développement dans l'Evangile, n'est que la figure, et lui seul est la réalité. C'est pour l'Evangile, que Moïse entraîne Israël hors de l'Egypte, qu'il fend avec lui les flots de la mer Rouge, qu'il frappe le rocher, qu'il habite le désert ; qu'au milieu des prodiges, la loi préparatoire est donnée sur le mont Sinaï ; que la terre de Chanaan est livrée au peuple précurseur ; que les prophètes publient des oracles ; que Sion résonne de pieux cantiques ; que Salomon bâtit son temple ; que le sceptre est conservé dans Juda ; que les Machabées combattent et que l'aigle romaine arrête son vol sur la cité sainte, pour couvrir de ses ailes pacifiques le merveilleux enfantement qui devait donner au monde un conquérant désarmé.

LAO-TSEU

(Livre des récompenses et des peines, traduction de M. DE RÉMUSAT. Paris, 1816).

Avant le chaos qui a précédé la naissance du ciel et de la terre, un seul Etre existait, immense, silencieux, immuable et qui agit toujours sans jamais s'altérer...

Le Tao-te-king (raison suprême et primordiale marquée par le signe IHV) a produit un, un a produit deux, deux a produit trois et trois a produit toutes choses.

NOTA. — IHV est, lettre pour lettre, le nom hébreu de Jéhovah, marque précieuse qui vient confirmer ce qu'indiquait déjà la traduction chinoise au sujet d'un voyage de Lao-Tseu en Occident et probablement jusqu'à Babylone.

LAPLACE

(Exposition du système du monde, 1796)

Ce que nous connaissons, est peu de chose. Ce que nous ignorons, est inimaginable.

LAPRADE (Victor de)

Idylles héroïques (Dédicace à la jeunesse)

. . . .

Plus haut, toujours plus haut, vers ces hauteurs sereines
Où nos désirs n'ont pas de flux et de reflux,
Où les bruits de la terre, où le chant des sirènes,
Où les doutes railleurs ne nous parviennent plus.

Plus haut dans le mépris des faux biens qu'on adore,
Plus haut dans ces combats dont le ciel est l'enjeu,
Plus haut dans vos amours!... montez, montez encore
Sur cette échelle d'or qui va se perdre en Dieu.

Poëmes civiques (Dédicace à P. DE MAGNAN)

Vous m'écoutez penser et vous me voyez vivre,
Ami ! vous savez bien qui m'a dicté ce livre :
C'est l'œuvre d'un croyant et non d'un froid moqueur.
Ce livre ! il vient de ceux de qui me vient mon cœur ;
De ceux que j'interroge et que je vois en songe,
De ceux qui m'ont transmis la haine du mensonge,
De ceux à qui je dois un symbole, un drapeau,
Tout ce qui fait un homme au milieu d'un troupeau :
De ma mère d'abord, de ma mère, humble sainte
Qui vécut à genoux dans l'amour et la crainte,
M'enseignant à courber mon front devant la croix
Et forçant ma raison à répéter : Je crois !
De mon père, un penseur à la franche parole
Qui jamais n'a fléchi devant aucune idole ;

Qui vécut libre et fier et lutta jusqu'au bout,
Qui m'instruisit d'exemple à me tenir debout ;
Qui, sur le vil succès, ne jugeant point des causes,
M'apprit, hormis l'honneur, à priser peu de choses.
Mon père ! il n'est plus là pour me dire : En avant !
Pour censurer mes vers et les dicter souvent ;
Mon père ! il m'a donné pour couronner mon livre
La suprême leçon... Que Dieu m'aide à la suivre !
Ma mère, hélas ! déjà me l'avait enseigné...
Il m'apprit comme on meurt paisible et résigné.

. . . .

LAROCHEFOUCAULD

(*Réflexions morales*, ch. CCCLVIII)

L'humilité est la véritable preuve des vertus chrétiennes ; sans elle, nous conservons tous nos défauts, et ils sont seulement couverts par l'orgueil qui les cache aux autres et souvent à nous-mêmes.

Id. — Edition posthume.

VIII. — La sagesse est à l'âme ce que la santé est au corps.

IV. — L'humilité est le seul autel sur lequel Dieu veut qu'on lui offre des sacrifices.

LARTET (EDOUARD)

(*Nouvelles recherches*)

On ne trouve dans la Genèse aucune date

limitative des temps où a pu commencer l'humanité primitive. Ce sont des chronologistes qui, depuis quinze siècles, s'efforcent de faire rentrer les faits bibliques dans les coordinations de leurs systèmes. Aussi voyons-nous qu'il s'est produit plus de cent quarante opinions sur la seule date de la création, et qu'entre les variantes extrêmes, il y a un désaccord de trois mille cent quatre-vingt-quatorze ans. Cette différence porte principalement sur les parties de l'intervalle les plus proches de la création. Du moment qu'il est reconnu que la question des origines humaines se dégage de toute subordination au dogme quant à la chronologie, elle restera ce qu'elle doit être, une thèse scientifique accessible à toutes les discussions et, à tous les points de vue, susceptible de recevoir la solution la plus conforme aux faits certains et aux démonstrations expérimentales.

LAS-CASES (COMTE DE)

(*Atlas historique de Lesage*, 1826)

Comment ne pas reconnaître dans Moïse les signes éclatants de sa mission divine. Ses écrits les plus anciens de la terre sont arrivés jusqu'à nous, en dépit des siècles et de leurs nombreux accidents ; et les lois dont il fut l'interprète régissent encore aujourd'hui un peuple qui, vaincu, proscrit, dispersé parmi toutes les nations, n'a pas cessé d'être une nation. Oui, reconnaissons que Moïse domine au-dessus des générations et des siècles, comme une colonne impérissable de vérité. Les plus anciens historiens demeurent de cinq cents ans, de mille ans au-dessous de lui. Aucun des plus anciens témoignages ne peut l'atteindre, le contredire, l'affaiblir ; au contraire, la nature et les hommes se trouvent en harmonie parfaite avec ce qu'il dit. Aussi, touchée de cet accord merveilleux, la foi religieuse triomphe et, frappée d'un tel résultat, l'incrédulité philosophique chancelle ; vaincue par ses propres lumières, elle se voit contrainte d'avouer qu'il y a en cela quelque chose de surnaturel qu'elle ne comprend pas.

LAS-CASES (l'Apotre des Indiens)

(Ses dernières paroles)

Le Tout-Puissant étendra ses ailes sur les délaissés de ce monde, et il viendra un jour où il les emportera dans les hautes demeures, comme l'aigle emporte ses aiglons dans son aire.

LECHLER

(La doctrine du saint ministère, Stuttgart 1857)

La dignité que le Seigneur confère à Pierre n'a rien de capricieux, ni de personnel ; elle repose sur une loi vitale du royaume de Dieu.

Toute communauté a besoin d'être dirigée par une seule personne. L'Eglise est assujétie à cette loi, comme toute autre association humaine ; du moment qu'elle est une société réelle, une totalité vivante, il faut qu'elle soit quelque part numériquement une et qu'elle possède un organe de son unité.

LEFRANC DE POMPIGNAN

(Hymnes sacrées)

LE TESTAMENT DE MOÏSE

Cieux, terre, écoutez-moi : Jacob, faites silence.
Que mes discours touchants, que ma sainte éloquence
Pénètrent vos esprits, renouvellent vos cœurs,
Comme du haut des airs la féconde rosée,
Ranimant tous les fruits de la terre embrasée,
Relève l'herbe tendre et rafraîchit les fleurs.

Rendez hommage au Dieu que ma voix vous annonce ;
Adorez les arrêts que sa bouche prononce :
Le sort de l'univers à ses pieds est écrit.
Tout ce qu'il fait est bien, tout ce qu'il veut est juste ;
Fidèle observateur de sa parole auguste,
Il tient ce qu'il promet : — Faisons ce qu'il prescrit.

. . . .

LEHIR

(*Ancienneté de l'homme*, page 514)

La chronologie biblique flotte indécise. C'est aux sciences humaines qu'il appartient de retrouver la date de la création de notre espèce. Seulement, que ces sciences attendent des preuves irrécusables ; qu'elles évitent les exagérations, les illusions (il y a encore tant de causes d'erreur), qu'elles ne nous donnent pas comme certains des faits qui ne sont que probables, ou même qui ne le sont pas du tout. Quand on aura conquis la certitude à cet égard, toute discussion cessera, parce que toute divergence aura disparu.

LEIBNITZ

(*Système théologique*)

Où serait le fondement réel sur lequel doit s'appuyer toute la certitude des vérités éternelles, s'il n'existait aucun esprit? Cette question nous mène jusqu'au fondement caché de toute vérité, jusqu'à cet Être suprême qui existe nécessairement, dont l'entendement est le séjour des vérités éternelles. Parmi ces vérités éternelles se trouvent les idées déterminantes et les principes dirigeants de tout ce qui existe ; en un mot, là se trouvent les lois de l'univers. Car ces vérités éternelles précèdent les choses contingentes comme lois de leur essence ; il faut donc qu'elles soient fondées sur un être nécessaire. Là est l'original des vérités que je découvre dans mon esprit.

Id.

Il ne faut pas perdre de vue que Dieu n'est pas seulement la première des substances qui a créé et qui conserve toutes les autres..... Il a ses volontés particulières et manifestes au sujet de chacun de ses actes ; il a ses lois pour le gouvernement de sa cité et c'est pour les déclarer, en les sanctionnant par des récompenses et des peines, qu'il a institué des révélations..... Mais la révélation divine doit se reconnaître à certains signes qui puissent nous assurer que ce qu'elle contient est bien la volonté de Dieu... La sagesse divine ne peut avoir, en effet, négligé les précautions habituellement prises par tous les législateurs prudents, pour donner à la volonté du souverain une publicité suffisante. Il appartient donc à la saine raison, en sa qualité d'interprète naturel de Dieu, de juger l'autorité de tous ceux qui prétendent interpréter la volonté divine avant de les admettre ; mais quand ces nouveaux interprètes ont une fois démontré la légitimité de leur titre, c'est à la raison à son tour à subir la loi de la foi.

Or, toutes les démonstrations de la révélation divine, si on laisse de côté les preuves qui se tirent de l'excellence même de la doctrine, en reviennent toujours à l'appuyer sur un miracle, c'est-à-dire sur un évènement ou sur un rapport de circonstances merveilleux et inimitable, qu'on ne peut attribuer au hasard. En outre, si les miracles accomplis autrefois nous sont rapportés avec toutes les preuves qui nous servent d'ordinaire à établir la vérité des faits passés, il faut les croire comme s'ils avaient eu lieu de nos jours.... On ne doit pas supposer, d'ailleurs, que la Providence qui gouverne le monde supporte que le mensonge prenne toutes les apparences et pour ainsi dire se pare de tous les vêtements de la vérité.

Id.

Si grande est la charité de Dieu, que ceux même chez qui l'Évangile n'a pas encore pénétré, ne restent cependant pas privés de la grâce nécessaire, et que c'est uniquement par leur mauvaise volonté qu'ils en perdent les fruits. Excités par la contemplation du monde visible et fortifiés par la grâce d'en haut, ils peuvent aimer, par dessus tout, Dieu qu'ils connaissent pour l'auteur de tout bien et de toute beauté. Leur âme ainsi une fois préparée, Dieu répandra, à l'heure de la mort, la lumière de la foi..... Dieu ne manquera pas d'accorder la connaissance nécessaire de Jésus-Christ à tout homme qui a fait ce qui était en son pouvoir, car il possède une infinité de voies et de moyens pour satisfaire sa justice et sa miséricorde. On ne peut rien objecter contre cela, si ce n'est que l'on ne sait pas les moyens dont Dieu se sert ; mais cela même montre le peu de fondement de l'objection.

Discours sur la conformité de la raison avec la foi.

En matière de religion, ne croire que ce que l'on comprend, c'est rabaisser et amoindrir l'idée de Dieu. Les mystères surpassent notre raison, car ils contiennent des vérités qui ne sont pas comprises dans cet enchaînement ; mais ils ne sont pas contraires à notre raison et ne contredisent à aucune des vérités où cet enchaînement peut nous mener.

LÉLAND

(Démonstration évangélique)

C'est un fait reconnu, que les plus grands philosophes de la Grèce se croyaient si peu en état d'acquérir par eux-mêmes toutes les connaissances nécessaires, qu'ils voyageaient dans diverses contrées de l'Orient, pour s'instruire par la conversation des sages de ces pays ; et ceux-ci ne se flattaient pas non plus d'avoir acquis toute leur science par les seules forces de la raison, mais par les documents et la tradition de leurs ancêtres ; et cette tradition remontait de génération en génération jusqu'à une source divine. Ajoutez à cela que les plus sages et les plus éclairés des anciens philosophes se plaignent de la faiblesse de l'esprit humain, de l'ignorance où les hommes naissent, des peines extrêmes qu'ils ont à en sortir, des grandes difficultés qu'ils rencontrent dans la recherche de la vérité.

Maintenant que Dieu puisse, quand il le juge à propos, se manifester aux hommes d'une manière extraordinaire, différente de la lumière naturelle dont ils se servent pour faire des découvertes dans le monde physique et politique, c'est une vérité si évidente, que je ne vois pas qu'un être raisonnable, qui croit en Dieu et en sa providence, puisse le nier...

L'idolâtrie et la corruption des mœurs étaient à leur comble, lorsque Jésus-Christ, au jour prédit par les prophètes, parut dans le monde pour y remédier.

LENORMANT

(Histoire ancienne de l'Orient)

Dans l'état actuel des connaissances, il est impossible d'assigner une date précise à la naissance du genre humain. La Bible ne donne aucun chiffre positif à ce sujet. Elle n'a pas, en réalité, de chronologie pour les époques initiales de l'existence de l'homme, ni pour celle qui s'étend de la création au déluge et pour celle qui va du déluge à la vocation d'Abraham. Les dates que les commentateurs ont prétendu en tirer, sont purement arbitraires et n'ont aucune autorité dogmatique. Elles rentrent dans le domaine de l'hypothèse historique.

Id. — *Le christianisme au point de vue historique et philosophique.*

A ne considérer la Bible que comme un livre d'histoire abandonné à la controverse et à la discussion, son authenticité est au-dessus de tous les doutes. Seule entre toutes les histoires des premiers âges du monde, la Bible est signée et datée. Quel autre ouvrage de ce genre peut se vanter d'une date? qui a signé le Zend-Avesta des Chaldéens, les Védas et les lois de Manou des Indous, les Kings de la Chine?

La philologie a prouvé que tous ces livres sont postérieurs au moins de plusieurs siècles au livre de Moïse. Donc tout ce qu'il a de vrai dans les Védas, dans la religion des Mages, des Brahmes, tout cela vient de la révélation adamique, patriarcale et mosaïque. En ramenant à lui et en concentrant dans son foyer divin tous les rayons épars des vérités flottantes dans les traditions des peuples, le christianisme n'a fait que reprendre son bien et rentrer dans sa légitime et incontestable propriété.

La gloire du christianisme, c'est qu'il est un

témoignage perpétuel et universel dans le genre humain ; la nature humaine tombée, dégradée, un Libérateur promis, cru, attendu, voilà tout ce qui constitue, ce qui remplit toutes les religions, tous les symboles des peuples.

LESSING

(*Œuvres complètes,* t. XXIV, p. 20)

En admettant qu'il puisse et qu'il doive y avoir une révélation, il est raisonnable de voir une preuve de sa vérité au lieu d'une objection dans les choses qu'elle nous offre qui surpassent la portée de notre raison. Quiconque aurait exclu le surnaturel de sa religion, n'en aurait plus aucune. Car, que serait-ce qu'une révélation qui ne révélerait rien ? Toute idée de révélation suppose une certaine soumission de la raison à la foi ; ou plutôt, il faut dire, que la raison se rend elle-même à discrétion ; et sa soumission n'est que l'aveu de ses limites propres, dès qu'elle a reconnu la réalité de la révélation.

Philosophie de la révélation, t. IV, p. 24.

Ne point haïr ses ennemis, ne point les persécuter, et non seulement ne point les persécuter, mais leur faire du bien, mais les aimer, est au-dessus de la raison. Les plus sublimes préceptes d'une morale généreuse et faite pour

élever l'homme seraient impraticables, si l'homme
ne pouvait rien faire qui fût au-dessus de sa
raison. Pourquoi Dieu ne pourrait-il rien opérer
qui surpassât la raison humaine? En ce sens il
n'est point déraisonnable de dire que les mystères du christianisme ou mieux que l'unique
mystère qui fait l'objet et qui a été la cause de
la révélation, c'est-à-dire la bienveillance de
Dieu envers l'humanité tombée en disgrâce, est
au-dessus de la raison..... Rien n'est plus
pitoyable que de voir les rationalistes s'obstiner
à faire conforme à la raison ce qui se donne pour
supérieur à la raison..... Ces opiniâtres qui
veulent à toute force avoir un Dieu raisonnable
à leur gré, on pourrait leur demander avec J.-G.
Hamann, s'ils ont jamais remarqué que Dieu est
un génie qui s'inquiète peu de savoir ce qu'ils
appellent raisonnable ou non raisonnable.

Id. — t. v, p. 164.

Si les contemporains du Seigneur ont eu, pour
affermir leur foi, la réalité même de son apparition, nous sommes largement compensés de
cette privation par des preuves que les témoins
de son existence ne pouvaient avoir. Ils n'avaient
devant les yeux que la base de l'édifice, sur
laquelle, pleins de confiance en l'avenir, ils vinrent chacun déposer leur pierre; tandis qu'il
nous est donné de voir cet immense édifice
dans la plénitude de son achèvement.

Introduction aux écrits d'Etienne Naegelassenen

Quand on voit les doctrines contre lesquelles beaucoup d'hommes ont échangé les trésors des vérités cachés dans le Christ, on se rappelle involontairement ce roi dont Sancho-Pansa raconte, qu'il avait vendu son royaume pour acheter un troupeau d'oies.

Leçons sur la méthode, p. 104.

Il n'y a qu'une raison habituée par une éducation superficielle et fausse à raisonner dans le vide et le creux, qui puisse se prendre elle-même pour la raison absolue.

LÉVÈQUE (CHARLES), de l'Institut

(Lettre dans la *Morale Universelle*, Décembre 1867).

Il importe de démontrer que la loi supérieure du devoir et les lois secondaires qui en découlent ont une valeur scientifique, une solidité inébranlable, une autorité divine. Il est d'un pressant intérêt de prouver que chacun porte cette loi en lui-même, et que personne n'a le droit de s'y soustraire et de la nier.

L'HOPITAL

(*Sur la foi chrétienne*)

La sainte foi, présent du ciel, pénétra d'abord

dans les rangs inférieurs de la société et, malgré les persécutions et les supplices, finit par soumettre les princes et les rois et par porter sa bannière triomphante chez toutes les nations de la terre.

Cette éclatante victoire n'a pas pour signe ces images de guerre qui portent au loin la terreur. Son étendard est une simple croix tachée de sang.

Du haut de ce signe vénéré ne descendent pas des menaces de mort et de destruction pour l'ennemi. C'est aux fidèles qu'elle offre le tableau de toutes les souffrances humaines, l'appareil du supplice et non la mort infâme. La foi sublime fait trouver légers ces horribles tourments. Lorsque cette foi vive a embrasé notre âme, elle l'élève toute entière à la contemplation des choses célestes, l'attache à Dieu par le lien d'un amour sans partage, et lui donne la croyance à des mystères presque incroyables.

L'âme que la foi domine, dédaigne les raisonnements humains et ne compte pas sur ses propres forces; mais elle se dépouille de son enveloppe terrestre, s'élève au-dessus des astres comme emportée sur des ailes légères, et s'arrêtant devant la face de Dieu, puise comme dans un miroir les flots de lumière qui portent partout une vive clarté.

LIEBIG

(Lettres sur la Chimie, t. i, p. 356)

Une maison, dans ses parties principales, se compose chimiquement de silicium, d'oxygène, d'aluminium, de calcium, d'un peu de fer, de plomb, de cuivre, de carbone et des éléments de l'eau. Si quelqu'un prétendait que la maison s'est construite d'elle-même par un jeu de forces physiques dont le concours fortuit aurait disposé ces divers éléments de manière à en faire une maison, s'il soutenait son dire en faisant voir qu'en effet il n'entre pas d'autres éléments que ceux-là dans la composition d'une maison, que l'affinité chimique leur a donné l'ordre, la cohésion et la solidité qu'ils ont, on lui répondrait par un sourire de pitié. Eh bien ! si nous considérons la structure de la moindre plante, nous verrons que les matériaux y sont disposés en formes dont l'élégance et la régularité surpassent tout ce que nous pouvons voir dans la construction de la plus belle maison. Il est vrai que nous ne voyons pas la force qui dompte les matériaux rebelles et les contraint à se placer de manière à composer ces formes et cette ordonnance. Mais notre raison reconnaît qu'il y a dans tout corps vivant une cause active qui commande aux forces physico-chimiques de la matière et s'en sert pour composer des formes spéciales aux corps organisés. Si certaines personnes nient l'existence de cette force, cette opinion leur vient du peu de connaissances qu'elles ont des forces inorganiques.

Id. — Gazette générale d'Augsbourg, 1856, n° 24.

Une connaissance insuffisante des forces organiques, voilà la seule raison qui fait que plusieurs nient l'existence d'une force particulière, agissant dans les êtres organiques et en attribuent la formation à l'efficacité des forces inorganiques qui, cependant, sont opposées à la nature des organismes et obéissent à des lois contraires...

Ces mêmes dilettanti de l'histoire naturelle, ces mêmes enfants, pour mieux dire, dans la connaissance des lois de la nature, émettent la prétention de pouvoir expliquer l'origine et la formation de la pensée et de fournir des éclaircissements sur la nature et l'essence de l'esprit humain. L'homme spirituel, disent-ils, est un produit des sens, le cerveau engendre la pensée par une transformation de substance. Lorsque nous dépouillons les conclusions de ces gens-là, de tout leur clinquant et de tout leur verbiage, nous trouvons ceci au fond, savoir que nous ne marchons pas sans jambes et que nous ne pensons pas sans cerveau. Mais les jambes sont mues par une force qui n'est ni chair, ni jambe. Le cerveau, lui non plus, ne pense pas, mais il est l'organe, la condition de la cause qui pense.

LINNÉ

(*Système de la nature*. Introduction)

Le Dieu éternel, immense, qui sait tout et qui peut tout... je me suis réveillé; je l'ai vu paraître en passant et comme par derrière et je suis demeuré dans la stupeur; j'ai reconnu dans les créatures quelques vestiges de son pas. En toutes, et dans les moindres et dans celles même qui semblent nulles, quelle force, quelle sagesse, quelle inexplicable perfection..... Grand est notre Dieu, grande est sa puissance....., O mon Dieu! que vos œuvres sont grandes et magnifiques !

. . . .

L'univers est l'œuvre admirable d'un Etre dont la puissance est sans bornes;

La vie de l'homme est trop courte pour suffire, je ne dis pas à une observation mûre de tous les êtres, je dis seulement à les énumérer.

Id. — Inscription gravée sur la porte de son cabinet d'étude.

Pensez à Dieu et craignez-le, car il est partout.

Id.—Testament à son fils.

O mon fils, que ta vie soit pure, Dieu est là toujours présent devant toi.

LOCKE

(*Le Christianisme raisonnable*)

Sans doute les ouvrages de la nature dans chacune de leurs parties suffisent pour montrer qu'il y a un Dieu ; cependant les hommes aveuglés par l'indifférence et les plaisirs faisaient si peu usage de leur raison, qu'en général ils ne le voyaient point. La raison était devenue impuissance... C'est dans cet état de ténèbres et d'erreurs à l'égard du vrai Dieu que Jésus-Christ parut sur la terre et y apporta la lumière.

Il manquait aussi aux hommes de voir clairement quels étaient leurs devoirs ; quoique cette science particulière qui regarde les mœurs eût été cultivée avec soin par les philosophes païens, elle n'avait point fait de progrès dans le peuple.

Jésus rendit à la morale toute sa pureté, et la règle de conduite qu'il a laissée est si parfaite que les plus sages doivent reconnaître qu'elle tend entièrement au bonheur du genre humain et que tous les hommes seraient heureux s'ils l'observaient tous également. Le chef-d'œuvre de cette morale est la sanction qu'il a mise dans ses magnifiques promesses d'un monde futur. Il s'est ainsi obligé à nous soutenir de son bras puissant pour la lutte ici-bas et à nous couronner là-haut.

Id. — A son lit de mort.

Je suis persuadé que je ne puis être sauvé que par les mérites de Jésus-Christ.

LOUIS (SAINT), ROI DE FRANCE

(Conseils à son fils. — Joinville, t. II)

Beau fils, la première chose que je t'enseigne est que tu aimes Dieu de tout ton cœur et par dessus toutes choses... Si Dieu t'envoie l'adversité, reçois-là bénignement et lui en rends grâce... S'il te donne la prospérité, reçois-là très humblement et prends garde que pour cela tu ne deviennes pire par orgueil... Maintiens les bonnes coutumes de ton royaume et abaisse et corrige les mauvaises... Aime ton honneur... Fais justice et droiture à chacun, au pauvre comme au riche... Aime et honore les gens d'église... Garde-toi de faire la guerre contre des chrétiens, sans grand conseil et à moins que tu ne puisses obvier autrement... Aie soin de ne faire en ta maison que des dépenses raisonnables et mesurées... et je te supplie, mon enfant, que tu aies de moi souvenance et de ma pauvre âme... Et je te donne toute bénédiction que père peut jamais donner à son enfant !

LOUIS XVI

(Extrait de ses Mémoires. — Conseils à mon fils)

Les vérités que la religion chrétienne publie sont surprenantes ; mais nous avons posé que rien ne doit nous surprendre, ni paraître trop grand en ce qui est si fort au-dessus de nous.

Le monde les a apprises par ceux qui en étaient les témoins oculaires et que le bon sens ne nous permet pas encore aujourd'hui de soupçonner, ni de folie, puisque leur morale, du consentement des impies eux-mêmes passe de bien loin celle des plus sages philosophes, ni d'imposture, puisqu'on demeure d'accord qu'ils ont vécu sans intérêt, sans biens, sans ambition, sans plaisirs, fournissant le plus souvent par le travail de leurs mains au peu qui leur était nécessaire ; courant avec autant de fatigue que de péril par toute la terre pour la convertir ; méprisés, persécutés et finissant presque tous leur vie par le martyre, mais ne se relâchant et ne se démentant jamais par eux et par leurs successeurs.

Cette religion qui prêchait des mystères si opposés au sens humain et des maximes si dures et si fâcheuses aux gens du monde, sans les forcer par aucune violence, sans armer jamais le sujet contre le prince, ni le citoyen contre le citoyen, sans faire jamais que prier et souffrir, a désarmé ses persécuteurs et toutes les puissances qui lui étaient contraires, s'est établie par tout le monde, s'est vue dominante en moins de trois siècles ; ce qui ne peut être arrivé dans le bon sens, que par les miracles dont l'histoire chrétienne est remplie et que nous ne voyons plus aujourd'hui, mais dont ce progrès, si grand et si étonnant du christianisme, nous prouve la vérité, outre mille autres témoignages très authentiques.

Voilà, mon fils, les considérations dont j'ai été touché ; je ne doute pas que celles-là mêmes ou d'autres, ne fassent un pareil effet sur vous, et que vous ne tâchiez de répondre sincèrement au nom de très-chrétien, que nous portons.

Plusieurs de mes ancêtres ont attendu l'extrémité de leur vie, pour faire de pareilles exhortations à leurs enfants ; j'ai cru, au contraire, qu'elles auraient plus de forces sur vous, lorsque la vigueur de mon âge, la liberté de mon esprit, l'état florissant de mes affaires, ne vous permettraient point d'y soupçonner de déguisement ou de les attribuer à la vue du péril. Ne me donnez pas ce déplaisir, mon fils, qu'elles n'aient un jour servi qu'à vous rendre plus coupable, comme elles le feraient sans doute, si vous veniez à les oublier.

LOTZE

(Psychologie médicale)

Jamais nous ne pourrons découvrir le comment

mystérieux de l'Être et de l'existence. Cette question n'aurait de l'importance pour nous que si notre connaissance devait avoir pour fin la création d'un monde. Or, comme nous n'avons point à créer un monde, mais uniquement à comprendre celui qui est devant nous, nous connaissons seulement d'une manière générale que l'Être est une merveille dont nous devons nécessairement supposer l'éternité en Dieu, et dont l'origine dans les créatures se présente à nous simplement comme un fait, mais sans qu'il nous soit possible de pénétrer le mystère de sa production.

Id. — Microcosmos, t. III, p. 54.

Les rationalistes ont prétendu expliquer l'origine de l'État par un pacte primordial arrêté dans une sorte d'assemblée de prud'hommes ; celle du langage par une convention expresse de se servir de certains sons comme du meilleur moyen de communication possible ; celle de la morale, en partie par l'utilité de certaines manières d'agir, utilité enfin reconnue généralement après une période plus ou moins longue de tâtonnements, en partie par les enseignements d'hommes ayant en cela leurs vues et leurs desseins ; enfin, l'établissement de la religion par un penchant naturel à la superstition, penchant qu'avait habilement exploité l'astuce sacerdotale. Lorsqu'ils raisonnaient ainsi, les rationalistes ne faisaient rien autre chose que prendre pour cause

originelle du développement social une combi-
naison concertée, qui n'était possible qu'à la
condition de ce développement même.

Id. — Microcosmos, t. iii, p. 162.

S'il n'eût pas été organisé en Eglise, le christianisme n'aurait pas résisté aux tempêtes qui
l'ont assailli, ni exercé sa bienfaisante influence
sur le monde. Par la civilisation antique dont
elle était l'héritière, par des moyens à elle propres et par des moyens étrangers que son autorité
mettait à sa disposition, l'Eglise réussit d'abord
à arrêter l'envahissement de la barbarie, puis elle
envahissait à son tour les pays septentrionaux
où n'avait jamais pénétré la lumière; elle les
remplit d'églises, de cloîtres, de sièges épiscopaux
et d'établissements charitables et économiques.

Ainsi installée, elle apprit aux barbares à
bâtir, à cultiver la terre, à exercer les divers
genres de métiers; elle les initia aux éléments
des sciences; elle protégea et abrita même le
commerce naissant; elle ne ferma jamais sa
porte aux malades et aux infirmes qui trouvaient
chez elle soulagements et consolations. Partout
l'Eglise était à l'avant-garde du progrès.

LUC (SAINT)

(Chap. xix, versets 41 à 45)

En ce temps-là, Jésus étant arrivé près de

Jérusalem, et jetant les yeux sur la ville, il pleura sur elle, en disant : « Ah ! si tu connaissais au moins, en ce jour qui t'est encore donné, ce qui peut t'apporter la paix ! » Mais, maintenant tout cela est caché à tes yeux. Aussi il viendra un temps malheureux pour toi, où tes ennemis t'environneront de tranchées; ils t'enfermeront et te serreront de toutes parts ; ils te détruiront entièrement toi et tes enfants, qui sont dans tes murs, et ils ne laisseront pas pierre sur pierre, parce que tu n'as pas connu le temps où Dieu t'a visitée.

Nota. — Cette prédiction de N. S. Jésus-Christ s'est accomplie cinquante ans plus tard de point en point. (Voyez Titus).

LYTTELTON

(L'apostolat de saint Paul, ch. III)

Voyons donc en dernier lieu, si saint Paul avait pu être trompé par d'autres, et si tout ce qu'il raconte de lui-même peut être attribué à l'artifice et à la supercherie de quelques chrétiens. Il n'est pas nécessaire de s'étendre fort au long, pour réfuter cette supposition.

C'était une chose moralement impossible, que les disciples de Jésus-Christ conçussent le dessein de changer en apôtre leur plus ardent persécuteur et qu'ils en vinssent à bout dans le temps même qu'il était le plus animé contre leur mattre ; étaient-ils assez extravagants, pour former un projet qu'il leur était physiquement impossible d'exécuter, de la manière au moins dont sa conversion fut opérée ? Pouvaient-ils produire dans l'air une lumière plus éclatante que le soleil ? Pouvaient-ils le rendre aveugle pendant trois jours après cette vision et ensuite lui rendre la vue ? La fraude et la supercherie pouvaient-elles produire de pareils effets, et tous les autres miracles qui suivirent sa conversion, miracles qu'il opérait lui-même et qu'il cite dans ses épîtres, comme des preuves de la miséricorde divine ? Il est donc certain que d'autres ne l'ont point trompé sur ses miracles, et qu'on ne peut les regarder ni comme des illusions d'enthousiastes, ni comme des tours de charlatan et d'imposteur. Donc, ce qu'il prétend avoir été la cause de sa conversion est réellement arrivé. Donc, la religion chrétienne est vraie.

MACAULAY (LORD)

Revue d'Edimbourg, 1840)

Il n'existe point et il n'a jamais existé sur cette terre une œuvre qui mérite autant d'attention et d'examen que l'Eglise catholique romaine. L'histoire de cette Eglise forme le trait d'union entre ces deux grandes périodes de la civilisation, l'antiquité et l'âge moderne. L'Europe ne possède pas d'autre institution que celle-là, qui nous fasse remonter avec elle jusqu'aux temps où la fumée des sacrifices offerts aux idoles s'élevait du Panthéon et où les girafes et les tigres bondissaient dans le Colysée. Les plus fières maisons royales, si on les compare à la dynastie des pontifes romains, ne sont que d'hier. Cette succession des papes, si nous voulons la suivre, nous conduira sans interruption depuis le pape qui couronna Napoléon, au XIXe siècle, jusqu'à celui qui sacra Pépin au VIIIe, et la grande dynastie apostolique s'étend encore bien loin au delà. La république de Venise, qui venait après la papauté en fait d'origine antique, était moderne comparativement. La république de Venise n'est plus et la papauté subsiste, non comme une ruine, mais pleine de vie et d'une jeunesse vigoureuse.

L'Eglise catholique envoie encore ses missionnaires dans tous les pays de la terre, avec le même zèle qu'elle envoya jadis ceux qui abordèrent avec Augustin sur les côtes du comté de Kent; elle se présente toujours devant les rois ennemis avec la même puissance qui éclata en Léon lorsqu'il alla au devant d'Attila. Le nombre de ses adhérents est plus considérable qu'il ne fut jamais. Ses récentes conquêtes ont largement compensé ses pertes passées. Du Missouri au cap Horn, sa souveraineté spirituelle s'étend sur d'immenses régions qui, avant un siècle, contiendront plus d'habitants que n'en contient l'Europe.

Nous ne voyons apparaître aucun signe qui annonce que la fin de sa longue domination soit proche. Elle a vu commencer tous les gouvernements et toutes les communions ecclésiastiques qui existent aujourd'hui, et nous n'oserions pas affirmer qu'elle ne soit pas destinée à les voir finir. Un moment, au siècle dernier, la papauté s'est vue tellement humiliée, notamment en 1799, que beaucoup de personnes ont pu croire que la dernière heure de l'Eglise romaine était enfin venue. Mais il arriva que les funérailles de Pie VI n'étaient pas encore finies, qu'une immense réaction commençait.

Il est dit, dans une légende arabe, que la grande pyramide de Gizech a été bâtie par des rois antidiluviens, et que c'est le seul ouvrage des hommes qui ait résisté à la fureur des flots. C'est l'image de la papauté. Elle avait été couverte par la grande inondation, mais ses propres fondations étant demeurées fermes, lorsque les flots eurent disparu, elle a reparu seule debout au milieu des ruines d'un monde qui avait péri. La république de Hollande n'était plus, l'empire germanique n'était plus, le grand conseil de Venise, l'ancienne ligue helvétique, la maison de Bourbon, les parlements avec la noblesse de France n'existaient plus ; mais l'impérissable Eglise romaine était toujours là.

Elle peut donc être grande et respectée encore, alors que quelque voyageur de la Nouvelle-

Zélande, visitant les antiquités de l'Angleterre,
s'arrêtera au milieu d'une vaste solitude contre
une arche brisée du pont de Londres pour des-
siner les ruines de Saint-Paul.

MACHIAVEL

(Réflexions sur Tite-Live, liv. i, ch. ii,
cité par DE FRAYSSINOUS, liv. iv, p. 523)

Si l'attachement au culte divin est le garant
le plus assuré de la grandeur d'un Etat, le
mépris de la religion est la cause la plus certaine de sa décadence.

MAHOMET

(DE RIANCEY, *Hist. du Monde*, t. vii, pages 58 à 64)

Il n'y a de Dieu que Dieu et Mahomet est son
prophète. (Telle est la formule qui résume le
Koran.)

. . . .

Que tous ceux qui refusent d'accepter le Koran
soient exterminés.

. . . .

Celui qui tombera sur le champ de bataille en
faisant la guerre sainte, entrera aussitôt dans le
Paradis, jardin de délices, où coulent des ruisseaux de lait et de miel ; là, il possédera
soixante-douze femmes aux yeux noirs et au

teint de perle, créées non pas d'argile comme les mortelles, mais du musc le plus pur. Là, au son d'une musique énivrante, habillé de soie et de brocart, respirant des parfums exquis, savourant des mets délicieux (trois cents plats à chaque service, trois cents sortes de liqueurs dans trois cents vases d'or et de pierreries), il vivra éternellement dans la joie et le plaisir.

NOTA.—Quelle différence avec le christianisme! D'un côté, guerre, violence et sensualité ; de l'autre, paix, douceur et spiritualité.

MAISTRE (JOSEPH DE)

(*Soirées de Saint-Pétersbourg*, p. 294)

La matière est inerte par sa nature et n'a d'action que par le mouvement. Or, tout mouvement étant un effet, il s'ensuit qu'une cause physique, matérielle (si l'on veut s'exprimer exactement), est un non-sens et même une contradiction dans les termes. Partout ce qui meut, précède ce qui est mu; ce qui mène, précède ce qui est mené. La matière ne peut rien, et même elle n'est rien que la preuve de l'esprit.

Id. — Soirées, p. 224, t. II.

La religion est la mère de la science. La théorie et l'expérience se réunissent pour proclamer cette vérité. Le sceptre de la science n'appartient à l'Europe que parce qu'elle est chrétienne. Elle n'est parvenue à ce point de civilisation que parce qu'elle a commencé par la théologie et parce que toutes les sciences greffées sur ce sujet divin ont manifesté la sève divine par une immense végétation. L'indispensable nécessité de cette longue préparation du génie chrétien est une vérité capitale qui a totalement échappé aux discoureurs modernes... Apprenez aux jeunes gens la physique et la chimie avant de les avoir imprégnés de religion et de morale ; envoyez à une nation neuve des académiciens avant de lui avoir envoyé des missionnaires et vous verrez le résultat.

Id,

Le christianisme a été prêché par des ignorants et cru par des savants, et c'est pourquoi il ne ressemble à rien de connu. Bien plus, il s'est tiré de toutes les épreuves. On dit que la persécution est un vent qui nourrit et propage la flamme du fanatisme, soit : Dioclétien alors favorisa le christianisme ; mais, dans cette supposition, Constantin devait l'étouffer, et c'est ce qui n'est pas arrivé. Il a résisté à tout, à la paix, à la guerre, aux échafauds, aux humiliations, aux triomphes, aux poignards, aux délices, à l'orgueil, à la pauvreté, à la nuit du moyen-âge et au grand jour des siècles de Léon X. et de Louis XIV. Un empereur tout-puissant et maître de la plus grande partie du monde connu épuisa jadis contre lui toutes les ressources de son génie; il n'oublia rien pour relever les dogmes anciens; il livra le culte chrétien au ridicule; il appauvrit son sacerdoce. Diffamations, cabales, injustice, oppression, force, adresse, tout fut inutile. Le Galiléen l'emporta sur Julien, l'empereur philosophe.

Aujourd'hui l'expérience se répète avec des circonstances encore plus favorables. Rien n'y manque de ce qui doit la rendre décisive. Si elle réussit, le philosophisme peut battre des mains et s'asseoir sur une croix renversée. Mais si le christianisme sort de cette épreuve plus vigoureux, si Hercule chrétien soulève le fils de la terre et l'étouffe dans ses bras, *patuit Deus...*

Or, j'en ai le ferme espoir, dans cent ans la France sera chrétienne, l'Angleterre catholique et les peuples de l'Europe iront chanter un *Te Deum* dans la basilique de Sainte-Sophie à Constantinople.

MAINE DE BIRAN

(*La vie de l'Esprit*, décembre 1821 et septembre 1823)

L'homme possède une triple vie, la vie animale ou organique, puis la vie moyenne, la vie de l'homme libre et proprement moral. Mais au-dessus de cette seconde vie il en est encore une troisième, laquelle puise le principe de son activité à une source plus haute. La deuxième vie, la vie de liberté et de raison, ne semble lui avoir été donnée que pour s'élever à une troisième qui se trouve située dans une région beaucoup plus haute que la vie des sens, plus haute même que la vie de la raison et de la volonté. La vraie philosophie consiste à reconnaître cette troisième vie, qui est la plus haute, qui élève toutes les facultés de l'âme, mais à laquelle celle-ci ne peut atteindre d'elle-même. Il faut pour cela l'esprit de Dieu agissant sur nos âmes. Là se montre une autre sagesse et une perfection de la nature humaine qui surpasse de beaucoup la plus haute sagesse dont l'homme soit capable de lui-même et par lui-même.

Id. — *Journal intime,* 26 mai et 30 juin 1818

Aujourd'hui remonté des profondeurs du doute aux régions de la lumière, je ne trouve de science vraie que là où je ne voyais autrefois que des rêves ou des chimères. La religion seule résout et peut résoudre les problèmes que la philosophie pose.

MAISONNEUVE

(*Zoologie,* 1888, p. 412).

Il est certain qu'il y a eu dans l'histoire du monde un moment où il n'existait pas encore

d'êtres organisés et que dans le moment suivant il en apparut, soit qu'ils aient été formés
de toutes pièces et tirés du néant par la toute-
puissance divine, soit qu'ils aient été façonnés
aux dépens des éléments scientifiquement inorganiques préexistants. Nous ignorons lequel de ces
deux moyens a été employé, mais ce dont nous
sommes sûrs, c'est que dans les deux cas l'intervention créatrice a été nécessaire. Entre le
monde organique et le monde inorganique, il y
a, en effet, une barrière infranchissable et que la
matière seule, sans l'intelligence, n'aurait jamais
pu franchir.

Id. p. 429.

Les espèces traversent d'immenses époques
géologiques, puis disparaissent tout à coup ;
d'autres les remplacent, sans paraître, du moins
dans un grand nombre de cas, avoir été annon-
cées par l'existence de formes intermédiaires
aux unes et aux autres. C'est ainsi que le
terrain dévonien se montre très riche en mol-
lusques céphalopodes, tandis que la période
précédente abondait en ptéropodes ; néanmoins,
il est impossible de saisir aucune forme de
transition entre ces deux groupes si distincts.
Et ainsi, chaque grande période géologique est
marquée par l'apparition d'un nombre considérable d'espèces, qui ne paraissent nullement
dériver d'espèces précédemment existantes. D'un
autre côté, certaines espèces se sont perpétuées

sans aucun changement depuis les plus anciens terrains jusqu'à nos jours, ainsi des polypiers, ainsi des brachiopodes du genre discina, ainsi un mollusque du groupe des pulmonés, l'helix labyrinthica. Malgré les incroyables transformations de la surface terrestre, au travers de perturbations atmosphériques excessives, ces espèces sont restées immuables.

Concluons donc en disant que le monde des êtres animés, tant ceux qui ont existé que ceux qui vivent aujourd'hui, montre dans son évolution un harmonieux enchaînement, preuve qu'une puissante intelligence a tout disposé d'après un plan admirable; mais que cet enchaînement rigoureux, en vertu duquel, selon les transformistes, tout organisme, toute espèce n'aurait pu se former qu'en développant en elle, par une sorte de perfectionnement ou bien de dégradation, quelque particularité organique qui manquait à celles qui l'ont précédée, est encore à démontrer.

La variabilité promptement limitée de l'espèce, la force de l'hérédité, l'apparition subite d'espèces qui ne paraissent le plus souvent rattachées à aucune des espèces préexistantes par des formes intermédiaires, enfin la barrière infranchissable qui s'oppose à la reproduction entre espèces différentes, sont autant de preuves que l'on est autorisé jusqu'ici à opposer à la doctrine du transformisme qui reste à l'état d'hypothèse ingénieuse, mais nullement probable.

MALÉBRANCHE

(Recherche de la vérité, t. IV, p. 2, VI — 2, part. 6)

Le Verbe du Père, la Sagesse éternelle s'est incarnée afin de se faire voir et entendre à tous les hommes qui n'interrogent que leurs sens. Les hommes ont de la sorte contemplé de leurs yeux la sagesse éternelle; ils ont vu le Dieu invisible habiter parmi eux. Ils ont touché de leurs mains la parole de vie. La sagesse invisible, éternelle de Dieu nous est apparue visiblement à nous qui sommes plongés dans la vie des sens, afin de nous enseigner les volontés éternelles de Dieu d'une manière sensible et palpable.

Il y avait quatre mille ans que la vérité parlait à leur esprit; mais ne rentrant point dans eux-mêmes, ils ne l'entendaient pas; il fallait qu'elle parlât à leurs oreilles. La lumière qui éclaire tous les hommes luisait dans leurs ténèbres sans les dissiper; ils ne pouvaient même la regarder; il fallait que la lumière intelligible se voilât et se rendît visible; il fallait que le Verbe se fît chair et que la Sagesse, cachée et inaccessible aux hommes charnels, les instruisît d'une manière charnelle.

Id. — Théodicée

Il est certain que vous voyez l'Infini; car

autrement, quand vous me demandez s'il y a un Dieu ou un être infini, vous me feriez une demande ridicule par une proposition dont vous n'entendriez pas les termes; c'est comme si vous me demandiez s'il y a un Blictri, c'est-à-dire une telle chose sans savoir quoi. Assurément tous les hommes ont l'idée de Dieu ou pensent à l'Infini quand ils demandent « s'il y en a un ». Jamais nous ne parlerions de l'Infini, jamais nous ne demanderions si Dieu existe, si nous n'en avions pas l'idée.

Prenez garde que Dieu ou l'Infini n'est pas visible par une idée qui le représente. L'Infini est à lui-même son idée. Il n'a point d'archétype; il peut être connu, mais il ne peut pas être fait. Il n'y a que les créatures, que tels et tels êtres qui soient faisables, qui soient visibles par des idées qui les représentent avant même qu'elles soient faites. On peut voir un cercle, une maison, un soleil sans qu'il y en ait. Car tout ce qui est fini se peut voir dans l'infini qui en renferme les idées intelligibles, mais l'Infini ne peut se voir qu'en lui-même, car rien de fini ne peut représenter l'Infini. Si on pense à Dieu, il faut qu'il soit.

Id. — Méditations, Lyon, 1707, p. 35

Le travail de la méditation philosophique institué par la vérité éternelle est encore aujourd'hui absolument nécessaire. Il faut que nous sachions que nous ne pouvons comprendre clairement la vérité sans travail et sans effort, parce que comme pêcheurs nous avons été condamnés à gagner notre vie à la sueur de notre front, ce qui ne se doit pas seulement s'entendre de la vie du corps, mais aussi de la vie et de la nourriture de l'âme, c'est-à-dire de la vérité.

MALFILATRE

(*Le bonheur*)

Dans mon sein, Vérité suprême,
Descends du ciel pour m'éclairer.
Je veux me connaître moi-même,
Il est honteux de s'ignorer !
Du cœur humain perçons l'abîme :
C'est de cette étude sublime
Que l'homme s'occupe le moins.
Dans ce cœur porte la lumière,
Montre-moi la cause première
Et le vrai but de tous ses soins.

. . . .

O toi que je voulais connaître,
Vérité ! tu m'apprends enfin
Que l'unique auteur de notre être
En est encore l'unique fin.
O lieu d'exil ! bords de l'Euphrate,
Mon Dieu ! de cette terre ingrate

Quand daignerez-vous m'enlever ?
Quand goûterai-je, ô mon vrai Père,
Ce repos que mon cœur espère
Et qu'en vous seul il peut trouver ?

MALHERBE

(Œuvres complètes, Paris, 1862, t. ı, p. 272)

N'espérons plus, mon âme, aux promesses du monde ;
Sa lumière est un verre et sa faveur une onde
Que toujours quelque vent empêche de calmer.
Quittons ces vanités, lassons-nous de les suivre,
        C'est Dieu qui nous fait vivre
        C'est Dieu qu'il faut aimer.

Id. — p. 245.

        Louez Dieu par toute la terre,
        Non pour la crainte du tonnerre
        Dont il menace les humains ;
Mais parce que sa gloire en merveilles abonde
Et que tant de beautés qui reluisent au monde
        Sont des ouvrages de ses mains.

        Sa providence libérale
        Est une source générale
        Toujours prête à nous arroser.
L'Aurore et l'Occident s'abreuvent dans sa course,
On y puise en Afrique, on y puise sous l'Ourse,
        Et rien ne la peut épuiser.

MANZONI

(Observations sur la morale catholique, ch. III)

Dites d'un homme qu'il a sacrifié sa vie pour la vérité, sans un témoin pour l'admirer, sans qu'une larme soit versée sur son sort, avec l'intime conviction qu'il meurt accablé des malédictions de la multitude, évidemment personne ne lui refusera son admiration. Mais qu'est-ce qui prouve qu'il a agi sagement ? Qui n'admire le pardon des injures, la mansuétude même vis-à-vis de celui qui nous hait ? Mais pourquoi doit-il en être ainsi, lorsque tout mon être se révolte contre cette pensée que je ne dois pas haïr l'auteur de mon infortune ? La morale philosophique n'est pas encore d'accord sur les premiers principes de la morale générale; les règles sont vagues, tandis que l'homme a besoin d'une autorité infaillible qui exerce un empire absolu sur ses actions.

Id. — Préface, 1841

Beaucoup s'imaginent que l'indifférence religieuse est le fruit de profondes études et le résultat du progrès des sciences, qu'elle sera le dernier ennemi de la religion et le plus terrible, celui qui doit venir à la fin des temps pour achever une victoire déjà bien avancée par tant de combats antérieurs. Mais c'est précisément le contraire qui est le vrai. L'indifférence fut le premier ennemi dont le christianisme eut à triompher à son entrée dans le monde. Les apôtres annoncent des doctrines qui seront à l'avenir la lumière, l'aliment, la consolation des plus grands esprits ; ils posent les fondements d'une civilisation nouvelle, destinée à changer la face du monde, et on les taxe de gens qui ont bu trop de vin.

Saint Paul expose devant l'Aréopage des vérités qui, pour les lumières philosophiques, mettront la plus humble femme au-dessus de tous les sages de l'antiquité, et les sages qui l'écoutent répondent : « Nous vous entendrons sur ce sujet une autre fois. » Et Festus, le proconsul romain, interrompit aussi le même saint Paul qui lui expliquait la doctrine de la Rédemption, en lui disant « Paul, tu déraisonnes ; trop de lecture t'a troublé la raison. »

Ce même ennemi est toujours là, mais il n'est pas nouveau. Il s'oppose encore maintenant à la religion chrétienne comme il a fait dès le commencement et il ne périra qu'à la fin. Car l'Eglise a obtenu la promesse, non pas qu'elle détruirait ses ennemis, mais seulement qu'elle ne serait pas détruite par eux,

MARC-AURÈLE (Empereur)

(Pensées sur l'Être suprême, ch. III, p. 24, traduction de M. DE JOLY, 1770)

C'est de son propre mouvement que la nature de l'univers s'est portée à faire le monde. Par conséquent tout ce qui s'y passe maintenant est une suite nécessaire de ses propres volontés ; sans quoi il faudrait dire que l'Être suprême y aurait mis sans réflexion et au hasard, les créatures même du premier ordre, quoiqu'il montre pour elles une inclination particulière. Cette pensée te rendra plus tranquille que tu ne l'es sur bien des choses, si tu te la rappelles.

Toutes choses sont liées entre elles par un enchaînement sacré et il n'y en a peut-être aucune qui soit étrangère à l'autre ; car tous les êtres ont été combinés pour former un ensemble d'où dépend la beauté de l'univers. Il n'y a qu'un seul monde qui comprend tout ; un seul Dieu qui est partout ; une seule matière élémentaire, une seule loi qui est la raison commune à tous les êtres intelligents et une seule vérité, comme aussi un seul état de perfection pour les choses de même genre et pour les êtres qui participent à la même raison.

Celui qui vient de déposer dans le sein d'une mère le germe d'un embryon, s'en va ; mais une autre cause lui succédant travaille et achève le corps de l'enfant. Quelle merveilleuse production d'une si vile matière! Cette même cause fournit encore à l'enfant et lui porte dans les viscères un aliment convenable; puis une autre cause, reprenant ce qui reste à faire, produit en lui le sentiment et l'instinct, en un mot la vie, la force et toutes les autres facultés. Quoique toutes ces choses soient fort cachées, il faut les contempler et y reconnaître la main d'une puissance qui agit en secret, comme nous reconnaissons une force qui attire en bas les corps pesants ou qui porte en haut les corps légers. Ces sortes d'opérations ne se voient point avec les yeux du corps, mais elles n'en sont pas moins évidentes.

Si l'intelligence nous est commune à tous, la raison qui nous constitue des êtres raisonnables nous est également commune; et s'il en est ainsi, une même raison nous prescrit ce qu'il faut faire ou éviter. C'est donc une loi commune qui nous gouverne; nous sommes les citoyens d'une même cité. Mais est-ce de là, est-ce de notre commune cité que nous sont venues l'intelligence, la raison, la loi, ou nous sont-elles venues d'ailleurs? Car enfin ce que j'ai de terrestre, m'est venu d'une certaine terre; ce que j'ai d'humide m'est venu d'un autre élément; et il en est de même des parties d'air et de feu qui sont en moi; elles me sont venues de sources qui leur sont particulières, puisque rien ne se fait de rien, ni ne retourne à rien. Il faut donc

aussi que mon intelligence me soit venue de
quelqu'autre principe qui ne soit ni terre, ni
eau, ni air, ni feu.

Id. — La Providence

L'Asie, l'Europe, ne sont que de petits coins
de l'univers. Toute la mer n'est qu'une goutte
d'eau ; le mont Athos, un grain de sable ; le
siècle présent, un point de l'éternité. Toutes
choses sont petites, changeantes, périssables,
elles viennent toutes d'en haut; elles viennent
de la raison universelle, ou immédiatement, ou
par suite d'une première volonté. La gueule
même des lions, les poisons et tout ce qu'il y a
de malfaisant, sont, ainsi que les épines et la
boue, des suites ou des accompagnements de
choses grandes et belles. Ne t'imagine donc pas
que rien soit étranger à Celui que tu adores.
Pense mieux à l'origine de tout.

MARMONTEL

(Œuvres posthumes)

A MES ENFANTS,

*Devoirs de l'homme envers un Dieu son rédempteur
et son modèle.*

La religion est fondée sur des dogmes incompréhensibles pour nous et humainement incroyables. Le péché originel, la trinité, l'incarnation,

le prodige d'un Dieu fait homme, d'un Dieu humilié, d'un Dieu souffrant et patient jusqu'à la mort, sont infiniment au-dessus de nos faibles conceptions et de toutes nos vraisemblances. Je n'ai pas la présomption de vous en donner la foi, mais de vous la rendre désirable, en vous persuadant, comme j'espère le pouvoir, qu'il n'y a rien de plus doux, de plus humain, de plus consolant, de plus propre à former un homme de bien dans toutes les situations de la vie, que la doctrine de l'Evangile.

L'homme par sa désobéissance s'était rendu coupable ; essentiellement juste, Dieu devait l'en punir ; essentiellement bon, il voulut le sauver des rigueurs de sa justice. Mais il fallait à sa justice une expiation digne d'elle ; il fallait à l'homme un médiateur, un réconciliateur, un sauveur qui voulut être sa rançon. Le fils de Dieu s'offrit pour victime à son père, et de là, le mystère de la Rédemption, le mystère d'un Dieu fait homme, conçu dans le sein d'une vierge par l'intervention du Saint-Esprit. Tout cela est inconcevable ; pour y croire, je le répète, il faut la vertu de la foi et celle-là doit nous venir du ciel. Cependant, ce que la raison peut commencer à comprendre par sa propre lumière, c'est que le caractère qui nous est peint dans l'Homme-Dieu n'a point d'exemple dans la nature ; que sans compter tant de miracles qui attestent sa divinité et qu'il est difficile de révoquer en doute, les actions de sa vie ont quelque chose de divin ; qu'un caractère de bonté, d'indulgence, de patience, de douceur, de bienveillance pour tous les hommes et même pour ses ennemis, de sa sainteté enfin si égale, si inaltérable, passe notre humaine faiblesse ; que jamais tant de calme, tant de simplicité, tant de candeur, de force et d'élévation d'âme ne se sont réunis dans un simple mortel ; que ni les sages, ni les héros n'ont conservé dans les épreuves de l'adversité, de l'humiliation, de la douleur et de la mort (et d'une mort cruelle et ignominieuse) ce courage serein, cette constance inébranlable, cette égalité de vertu toujours pure et sans tache, sans orgueil, sans faiblesse, sans faste comme sans effort ; qu'une âme enfin à laquelle jamais il n'échappe aucun des mouvements des passions humaines, et qui n'était sensible que pour souffrir et pour aimer, était le plus beau sanctuaire qu'en s'unissant à l'humanité la divinité pût choisir.

MASSILLON

(Sermon sur la religion)

La religion par son côté lumineux console la raison, tandis que par son côté obscur elle laisse à la foi tout son mérite. Elle ne nous paraît difficile que parce qu'elle règle nos passions, et non parce qu'elle nous propose des mystères.

Id. — Sermon pour la bénédiction des drapeaux
de Catinat.

Une fatale révolution que rien n'arrête, entraîne tout dans les abîmes de l'Eternité ; les siècles, les générations, les empires, tout va se perdre dans ce gouffre ; tout y rentre et rien n'en sort ; nos ancêtres nous ont frayé le chemin et nous allons le frayer dans un moment à ceux qui viennent après nous ; ainsi les âges se renouvellent ; ainsi la figure du monde change sans cesse ; ainsi les morts et les vivants se succèdent et se remplacent continuellement ; rien ne demeure, tout change, tout s'use, tout s'éteint. Dieu seul est toujours le même et ses années ne finissent point. Le torrent des âges et des siècles coule devant ses yeux ; et il voit avec un air de vengeance et de fureur, de faibles mortels, dans le temps même qu'ils sont entraînés par le cours fatal, l'insulter en passant, profiter de ce moment pour déshonorer son nom, et tomber, au sortir de là, entre les mains éternelles de sa justice et de sa colère.

MAUPERTUIS

(Essai de philosophie morale)

Si la religion était rigoureusement démontrable, tout le monde serait chrétien et ne pourrait pas ne pas l'être. On acquiescerait aux vérités du christianisme, comme on acquiesce aux vérités de la géométrie qu'on reçoit, soit qu'on les voit dans leur évidence ou dans le témoignage universel des géomètres...

La vérité de la religion a sans doute le degré de clarté qu'elle doit avoir pour laisser quelque usage à notre volonté libre. Si la raison la démontrait à la rigueur, nous serions invisiblement forcés à la croire, et notre foi serait purement passive.

Mais jamais on ne fera voir d'impossibilité dans les dogmes que la religion chrétienne enseigne. Si Dieu a révélé aux hommes quelque chose des grands secrets sur lesquels il a formé son plan, ces secrets doivent être pour nous incompréhensibles. Le degré de clarté dépend de la proportion entre les idées de celui qui parle et les idées de celui qui écoute ; et quelle disproportion, quelle incommensurabilité ne se trouve-t-il point ici !

Id,

Un avantage qu'a la religion chrétienne et dont aucune autre ne peut se vanter, c'est d'avoir été annoncée un grand nombre de siècles avant qu'on la vît éclore dans une religion qui conserve encore ces témoignages en sa faveur, quoi qu'elle soit devenue sa plus cruelle ennemie,

MEIGNAN

(Le monde et l'homme primitif selon la Bible)

Une erreur fort commune, même chez les gens instruits, consiste à supposer que la Bible, contrairement aux systèmes astronomiques, fait de la terre non seulement le centre de notre système planétaire, mais encore celui de l'univers entier. Disons qu'il n'en est rien. La Bible est aussi étrangère au système de Ptolémée qu'à celui de Copernic. Les commentateurs prêtent aisément aux auteurs leurs propres conceptions et le moyen-âge n'y a pas manqué. Notre chétive planète n'est point considérée par Moïse comme le centre du monde. La Bible nous fait entendre ou nous enseigne expressément qu'il y a d'autres cieux encore que ceux qui se rattachent à notre système solaire. Ce ne sont point les astronomes modernes qui ont eu le privilège de cette découverte. Les Pères l'enseignaient fort au long dans leurs ouvrages.

MICHAËLIS

(Raisons positives pour l'authenticité du Nouveau Testament. — Introduction)

Quelque fâcheuses que puissent paraître à quelques amis du christianisme les apparentes contradictions dans lesquelles les Evangélistes sont, dit-on, tombés, le désavantage qui en découle ne peut être aussi grand qu'on le suppose, puisque cela prouve (ce qui est de la plus grande importance) que les Evangélistes n'ont pas écrit de concert. Si les quatre Evangélistes s'étaient concertés dans le but de faire croire une fiction au monde, ils auraient évité jusqu'à la moindre apparence de désaccord, et si les évènements miraculeux qu'ils avaient racontés eussent été des fables, il est probable que saint Jean, qui avait lu leurs évangiles avant d'écrire le sien, aurait eu soin de ne pas différer le moins du monde des écrits de ses prédécesseurs, afin que la fraude fût moins facilement découverte...

Quand diverses personnes qui ont vu la même action en donnent des récits séparés et indépendants, il n'est guère possible qu'elles s'accordent toujours dans les détails de peu d'importance. Tous n'observent pas le fait exactement de la même manière ; l'un fait plus d'attention à une circonstance ; l'autre à une autre, ce qui occasionne dans leurs récits des différences qu'il semble au premier abord difficile de concilier. Il faut aussi savoir que Mathieu, Marc et Luc n'ont point écrit dans l'ordre chronologique, et c'est pourquoi le même fait est souvent rapporté en apparence à des époques différentes de la vie de celui dont ils écrivaient l'histoire.

MILTON

(*Le Paradis perdu*, liv. I, p. 1. — Traduction de Chateaubriand)

La première désobéissance de l'homme et le fruit de cet arbre défendu, dont le mortel goût apporta la mort dans le monde et tous nos malheurs avec la perte de l'Eden, jusqu'à ce qu'un homme plus grand nous rétablit et reconquit le séjour bienheureux, chante, muse céleste ! Sur le sommet secret d'Oreb et de Sinaï, tu inspiras le berger, qui le premier apprit à la race choisie comment dans le commencement le ciel et la terre sortirent du chaos. Ou si la colline de Sion, le ruisseau de Siloë qui coulait rapidement près de l'oracle de Dieu, te plaisent davantage, là j'invoque ton aide pour mon chant aventureux. Ce n'est pas d'un vol tempéré qu'il veut prendre l'essor au-dessus des monts d'Aonie, tandis qu'il poursuit des choses qui n'ont encore été tentées ni en prose, ni en vers.

Et toi, ô esprit, qui préfères à tous les temples un cœur droit et pur, instruis-moi, car tu sais ! Toi, au premier instant tu étais présent ; avec tes puissantes ailes éployées, comme une colombe tu couvas l'immense abîme et tu le rendis fécond. Illumine en moi ce qui est obscur, élève et soutiens ce qui est abaissé, afin que de la hauteur de ce grand argument, je puisse affirmer l'éternelle Providence et justifier les voies de Dieu aux hommes.

Id. — Traité de la discipline de l'Eglise.

L'essence de la divine Vérité est la simplicité et la clarté ; les ténèbres et les difficultés que nous y trouvons sont notre ouvrage. La sagesse de Dieu a proportionné notre intelligence aux objets sur lesquels elle avait à s'exercer ; mais si nous couvrons cette intelligence d'un bandeau, alors elle ne peut voir la vérité.

Purifions le rayon intellectuel que Dieu a mis en nous et nous croirons aux Saintes Ecritures, et nous reconnaîtrons le caractère de vie et de sanctification qui y est empreint. Non seulement les sages et les savants, mais les simples, les pauvres et les enfants eux-mêmes sont appelés à y lire. La parole du Seigneur frappe toutes les oreilles et pénètre avec une facilité égale dans tous les entendements. La vérité porte en soi son évidence, et maintenant que Jésus-Christ l'a prédite, elle brille au-dessus des hommes avec plus de force encore et d'éclat que le soleil.

MOEHLER

(Œuvres, t. ii, p. 154)

Que l'on soit obligé de démontrer l'existence de Dieu, c'est une marque certaine que l'image divine s'est affaiblie en nous ; mais que l'on puisse la démontrer, c'est aussi la marque assurée que cette image n'est pas complètement effacée et détruite.

Id. — Symbolique, p. 318, 2° édit.

Saint Paul, qui envisageait tout, non seulement au point de vue spirituel, mais aussi ecclésiastique, liait si intimement sa foi avec la certitude de la résurrection du Seigneur, qu'il n'hésitait pas à dire : « Si le Seigneur n'est pas ressuscité, notre foi est vaine. » Comment pourrait-il en être autrement, puisque la religion chrétienne, en sa qualité d'idée et d'histoire divine et positive, forme un tout indivisible ? Si nos idéalistes et nos spiritualistes dédaignent les miracles comme fondement de leur foi, c'est que leur foi est une foi à eux et non une foi en N. S. Jésus-Christ.

Id. — Symbolique, p. 266.

La raison dernière et décisive de la visibilité de l'Eglise est dans l'incarnation du Verbe divin. Le Verbe s'étant fait chair parla à ses disciples un langage extérieur et sensible ; pour regagner l'homme au royaume des cieux, il voulut souffrir et agir comme homme. Ainsi le moyen choisi pour atteindre ce but répondait par son mode d'action à la méthode générale d'enseignement que réclament nos besoins et la dualité de notre nature, en même temps que par sa substance il était aussi bien approprié que possible à la régénération de notre race. Ce plan adopté personnellement par le Christ devait nécessairement se reproduire dans les moyens par lesquels le Fils de Dieu, ravi à nos yeux, se proposait de continuer d'agir dans le monde et sur le monde. Aussi l'esprit du Christ prend-il une figure visible pour descendre sur les disciples ; aussi la vertu d'en haut, méritée par le Rédempteur, est-elle présentée aux fidèles sous un signe visible, le sacrement. Donc la doctrine, pour être communiquée, avait aussi besoin d'une prédication sensible et humaine. Et, comme dans ce monde tout ce qui se produit de grand ne se développe que dans l'association, Jésus-Christ posa les fondements d'une société. Ainsi se forma parmi les siens une alliance intime et savante ; ainsi l'on put dire : « Là sont les disciples du Sauveur ; là est son Eglise où il continue de vivre, où son esprit agit éternellement, où retentit à jamais la parole qu'il a prononcée. »

MOÏSE

(*Livre de Job.* t. xix, p. 26)

Je sais que mon Rédempteur est vivant et que je me relèverai de la poussière au dernier jour. Et je serai, après que ma peau que voici aura été détruite, revêtu de nouveau de ma peau et je verrai le Seigneur étant dans ma chair. Je le verrai et je le contemplerai de mes yeux, moi-même et non un autre. Mon cœur se consume de désir dans ma poitrine.

Id. — La Genèse

Dieu créa le ciel et la terre dans l'espace de six jours.

Le premier jour, Dieu dit : « Que la lumière soit et la lumière fut. »

Le deuxième jour, Dieu dit : « Qu'un firmament soit fait au milieu des eaux et qu'il les sépare,— et Dieu fit le firmament et il divisa les eaux qui étaient sous le firmament de celles qui étaient au-dessus. »

Le troisième jour, Dieu dit : « Que les eaux qui sont sous le ciel se rassemblent en un seul lieu et que l'aride paraisse, que la terre produise des plantes verdoyantes et des arbres portant semences chacun selon son espèce. »

Le quatrième jour, Dieu dit : « Qu'il y ait dans le ciel des luminaires pour séparer le jour d'avec la nuit, pour marquer les climats, les saisons et les années ; et furent faits le soleil, la lune, et les étoiles. »

Le cinquième jour, Dieu dit : « Que les eaux produisent des animaux vivants, reptiles et grandes baleines ; que les oiseaux volent sur la terre et sous le firmament, et qu'ils se reproduisent chacun selon son espèce. »

Le sixième jour, Dieu dit : « Que la terre produise des animaux vivants, reptiles et bêtes sauvages et qu'ils se reproduisent chacun selon son
espèce. » Puis il dit encore : « Faisons l'homme
à notre image et à notre ressemblance ; qu'il
commande aux poissons de la mer, aux oiseaux
du ciel et aux animaux de la terre. Et il le forma
du limon de la terre, et il souffla sur sa face un
souffle de vie, et l'homme fut fait âme vivante.

Nota. — Il importe de remarquer la persistance de
Moïse à répéter ces mots : « Qu'ils se reproduisent chacun
selon son espèce. » La science moderne a constaté la
fixité et l'inaltérabilité des espèces, ainsi que le savait
déjà Moïse. On dirait que l'historien sacré affirme et
répète cette vérité avec une telle insistance, qu'il pré-
voyait déjà les futures théories Darwiniennes du transformisme.

Voyez au sujet de la Genèse : Ampère, Beaumont (de),
Boubée, Broca, Brogniart, Bukland, Burmeinster,
Candolle (de), Cuvier, Figuier, Humbold, Lacépède,
Lartet, Lehir, Lenormant, Marcel de Seres, Meignan,
Newton, Owen Richard, Piancini, Quatrefages (de),
Reusch, Robin (Charles), Saint Augustin, Saussure (de),
Snell.

MOLIÈRE

(*Œuvres complètes*).

Introduction par ÉMILE DE LA BÉDOLLIÈRE.

On ignore généralement que Molière était un
catholique pratiquant. Comme il mourut presque

d'un coup, en sortant de jouer la comédie, le clergé de Saint-Eustache fit des difficultés pour l'enterrement. Mme Molière écrivit à Mgr l'Archevêque de Paris :

« ..... Ce considéré, Monseigneur, et attendu ce que dessus et que le dit défunt a demandé avant que de mourir un prêtre, qui malheureusement est arrivé trop tard pour pouvoir le confesser ainsi qu'il le désirait, qu'il est mort dans le sentiment d'un bon chrétien, ainsi qu'il a témoigné en présence de deux dames religieuses auxquelles il donnait l'hospitalité dans sa maison pendant le temps du carême où elles venaient quêter à Paris.

« Et aussi en présence d'un gentilhomme et de plusieurs autres personnes, et que M. Bernard, prêtre habitué en l'église Saint-Germain, lui a administré les sacrements à Pâques dernier, il vous plaise accorder à la dite suppliante que son dit feu mari soit inhumé et enterré dans l'église Saint-Eustache, sa paroisse. »

. . . .

Cette demande fut accordée et les registres des décès de la paroisse Saint-Eustache indiquent le jour où l'inhumation eut lieu.

MONTAIGNE

(*Essais*, liv. II, chap. XII.)

Il faut accompagner notre foi de toute la

raison qui est en nous, avec cette réserve de ne pas estimer que ce soit de nous seuls que dépende une si supernaturelle science.

Id. — Essais, liv. ii, ch. 42

Il advient aux véritables savants ce qu'il advient aux épis de blé ; ils vont s'élevant et haussant la tête droite et flère tant qu'ils sont vides ; mais quand ils sont pleins et chargés de grains à leur maturité, ils baissent les cornes.

MONTALEMBERT (DE)

(*Vie de sainte Elisabeth de Hongrie.* — Introduction)

Lequel de tous les systèmes opposés au christianisme a jamais consolé un cœur affligé, peuplé un cœur désert? Lequel de ses docteurs a jamais enseigné à essuyer une larme? Seul depuis l'origine des temps, le christianisme a promis de consoler l'homme des inévitables afflictions de la vie en purifiant les penchants de son cœur; et seul il a tenu sa promesse. Aussi, pensons-nous qu'avant de songer à le remplacer, il faudrait commencer par pouvoir chasser la douleur de la terre.

Id.

Jamais hommes ne connurent moins que les moines, eux qui sont humbles par état, la crainte du plus fort, ni les lâches complaisances envers le pouvoir. Au sein de la paix et de l'obéissance du cloître, il se formait chaque jour des cœurs trempés pour la guerre contre l'injustice, d'indomptables champions du droit et de la vérité. Les grands caractères, les cœurs vraiment indépendants ne se trouvèrent nulle part plus nombreux que sous le froc. Chez ces hommes de cœur et de volonté, la charité la plus tendre et la plus fervente humilité n'excluaient ni la persévérance, ni la décision, ni l'audace. Ils savaient vouloir. Aussi, le cloître fut-il, pendant toute la durée des âges chrétiens, l'école permanente des grands caractères, c'est-à-dire ce qui manque le plus à la civilisation moderne.

MONTESQUIEU

(Esprit de lois, t. XXIV, p. 13)

La religion païenne ne défendait que quelques crimes grossiers, arrêtait la main et abandonnait le cœur.

Id. — t. XXIX, p. 3.

Chose admirable ! la religion chrétienne, qui ne semble avoir d'objet que la félicité de l'autre vie, fait notre bonheur dans celle-ci.

Id. — t. XXIV, chap. II.

C'est mal raisonner contre la religion, de

rassembler dans un grand ouvrage une longue
énumération des maux qu'elle a produits, si l'on
ne fait de même celle des biens qu'elle a faits.
Si je voulais raconter tous les maux qu'ont
produits dans le monde les lois civiles, la monar-
chie, le gouvernement républicain, je dirais des
choses effroyables... La question n'est pas de
savoir s'il vaudrait mieux qu'un certain homme
ou qu'un certain peuple n'eût point de religion,
que d'abuser de celle qu'il a ; mais de savoir
quel est le moindre mal, que l'on abuse quelquefois de la religion ou, qu'il n'y en ait point du
tout parmi les hommes.

Un prince qui aime la religion et qui la craint,
est un lion qui cède à la main qui le flatte ou à
la voix qui l'apaise. Celui qui craint la religion
et qui la hait, est comme les bêtes sauvages qui
mordent la chaîne qui les empêche de se jeter
sur ceux qui passent ; celui qui n'a point du
tout de religion, est cet animal terrible qui ne
sent sa liberté que lorsqu'il déchire et qu'il
dévore.

Id. — Esprit des lois, liv. i, chap. i.

Les êtres particuliers, intelligents, peuvent
avoir des lois qu'ils ont faites, mais ils en ont
aussi qu'ils n'ont point faites. Avant qu'il y eut
des êtres intelligents, ils étaient possibles ; ils
avaient donc des rapports possibles et par
conséquent des lois possibles ; avant qu'il y

eut des lois faites, il y avait des rapports de justice possibles. L'existence de ces êtres intelligents réalise ces lois, comme l'existence du cercle réalise l'égalité des rayons ; mais, dire qu'il n'y a rien de juste ou d'injuste que ce qu'ordonnent ou que ce que' défendent les lois positives, c'est dire qu'avant qu'on eût trouvé le cercle, tous les rayons n'étaient pas égaux.

Id.

L'homme pieux et l'athée parlent toujours de religion. L'un parle de ce qu'il aime et l'autre de ce qu'il craint.

MONSABRÉ

(*Conférences*, 1888)

L'homme qui réfléchit et raisonne, est obligé de reconnaître une disproportion entre les tendances de notre nature et les biens de toutes sortes, actuellement mis à sa portée par la Providence. Nous voulons savoir, aimer, jouir, et, de l'heure de notre naissance à l'heure de notre mort, nous ne le pouvons pas autant qu'il faudrait pour n'avoir plus aucun bonheur à désirer. Il y a en nous une capacité immense qui n'est pas remplie ; nous sommes emportés par un mouvement qui n'aboutit pas. D'où il suit que notre nature, victime d'un mensonge, est un désordre dans l'ordre universel où tous les êtres sont satisfaits. L'atome reçoit tout son bien du centre autour duquel il gravite ; la plante, tout son bien de la terre qui la nourrit, de l'air qu'elle respire, de la rosée et des pluies qui l'abreuvent, du soleil qui l'éclaire et qui la réchauffe ; l'animal, tout son bien des sensations qui se succèdent dans son organisme et auxquelles se bornent les exigences de son instinct. L'homme seul serait-il destiné à désirer toujours et à mourir déçu ?

Non, Dieu est sage, Dieu est bon... L'intelligence suprême, qui a satisfait tous les besoins des êtres inférieurs, n'a pas pu créer dans un être supérieur une capacité immense pour le vide, lui imprimer un mouvement sans but et compromettre ainsi sa perfection mère de l'harmonie, par le désordre final de l'une de ses plus belles œuvres.

L'homme veut naturellement et invinciblement vivre et être heureux. Or, ce que l'homme veut naturellement et invinciblement, c'est le créateur de sa nature qui le lui fait vouloir. La sagesse et la bonté de Dieu, non moins que sa justice, sont les sûrs garants de notre immortalité.

MORGAGNI

(De sedibus et causis morborum per anatomen indagatis — Venise, 1761)

A mesure que j'ai mieux étudié l'anatomie,

la physiologie et la pathologie, j'ai mieux connu Dieu, la spiritualité de notre âme et son immortalité. Je ne conçois pas qu'un médecin qui possède son art puisse avoir un instant d'hésitation.

MORUS (Thomas)

(Conversation avec sa femme qui le pressait d'obéir aux volontés du roi et de changer de religion)

Combien de temps pensez-vous que j'ai encore à vivre, dit Morus? — Plus de vingt ans, répondit-elle avec vivacité. — Et vous voudriez, reprit Morus, que je change l'éternité contre vingt ans !... (Historique.)

Id. — Lettre à Bonvoisi de Lucques.

Au plus cher de mes amis,

Le cœur me dit que je n'aurai plus bientôt la possibilité de vous écrire... Tout ce que je puis faire pour vous dans la prison où je suis, c'est de prier Dieu d'acquitter des dettes que je ne puis acquitter moi-même. Je le prie encore de nous retirer des tempêtes du siècle et de nous placer dans le repos de sa gloire. Là on s'entend sans lettres, les murailles ne séparent pas ; les geôliers n'empêchent point de se parler ; c'est la paix qui dure toujours auprès du Dieu éternel, auprès de son fils N. S. Jésus-Christ, auprès du Saint-Esprit procédant de l'un et de l'autre.

Puissions-nous, vous et moi et tous les hommes
en vue d'un si grand bien, oublier, mépriser les
richesses, mépriser aussi la gloire d'un monde
qui périt ! Adieu. Veuille notre Sauveur conserver en paix votre famille, qui, je ne l'ignore
pas, me porte presqu'autant d'amour qu'à vous.

MULLER (JEAN DE)

(*Histoire de la Suisse*, liv. III, ch. I)

Toute cette lumière dont nous jouissons aujour-
d'hui et dont l'Européen par son génie actif et
entreprenant fera jouir toutes les parties du
monde, vient de ce qu'à la chute de l'empire des
Césars, il y avait une hiérarchie qui resta debout.
Celle-ci, par le moyen de la religion chrétienne,
communiqua à l'esprit européen, jusque-là misérablement resserré dans un cercle étroit, une
sorte de commotion électrique par laquelle, doué
de mouvement et d'expansion, il est devenu,
après avoir triomphé de maints obstacles, ce que
nous le voyons aujourd'hui.

Id. — *Physiologie de l'homme*, p. 23

Nous avons comparé l'organisme à un système
de parties liées entre elles pour remplir un certain but, et dont l'efficacité dépend de l'harmonie
constante des membres composants. L'organisme
ressemble à une œuvre d'art mécanique par cette

coordination systématique disposée en vue d'un certain but. Mais l'organisme contient en germe le mécanisme même des organes et il le reproduit et le propage. L'action des corps organisés dépend de l'harmonie des organes, et, à son tour, l'harmonie est un effet de l'organisme même, et chaque partie de l'ensemble a sa raison d'être non en elle-même, mais dans la cause de l'ensemble. Un ouvrage d'art mécanique se construit d'après une idée que l'ouvrier a dans l'esprit, pour atteindre le but auquel il est destiné. Il y a aussi une idée à la base de tout organisme, et c'est sur le plan de cette idée que sont conformés tous les organes en vue d'une fin ; mais au lieu que l'idée est étrangère à la machine, elle est dans l'organisme même qui opère et façonne selon une loi qui lui est imposée. Elle existe déjà en germe avant que les parties ultérieures de l'ensemble aient accédé à l'organisme ; c'est elle qui produit effectivement, réellement les membres qui entrent nécessairement dans la conception de l'ensemble. Le germe, simple cellule, est le tout en puissance ; le développement du germe amène en acte les parties intégrantes du tout.

Id. — *Œuvres complètes.* — Lettre a Bonnet,
t. xv, p. 215.

Remarquez tous les rayons lumineux qui divergent au loin et au large, suivez-les jusqu'à leur origine. Lorsque vous verrez venir tous les rayons d'un seul, pourrez-vous douter que ce soit là le centre, c'est-à-dire la source de la lumière, le soleil ? C'est ce qui m'est arrivé avec les historiens et les apôtres. Tant que je n'ai considéré leurs récits qu'isolément et chacun en particulier, ils ne me paraissaient pas ce qu'ils me paraissent maintenant. Lorsque le prince m'a eu donné le loisir de parcourir tous les âges et tous les temps dans leur ordre, je remarquais à mesure que j'avançais une admirable préparation au christianisme... Cette preuve est bonne pour ceux qui ont assez d'intelligence et de science pour s'apercevoir que non seulement tout concourt et converge à Jésus-Christ, mais encore que tout lui est soumis et subordonné ; c'est quelque chose dont je me convaincs de plus en plus à mesure que je considère l'histoire dans son ensemble.

Lorsque j'eus reconnu cette merveille, ce fut pour moi un coup de lumière qui m'étonna et qui m'attira, comme saint Paul, sur le chemin de Damas.

L'accomplissement de toutes les espérances, la perfection pratique de toute la sagesse rêvée par la philosophie, l'éclaircissement et la réalisation de toutes les prophéties, la clef de toutes les apparentes contradictions du monde physique et du monde moral, de la vie et de l'immortalité...

Voilà ce que je voyais dans un rayon de

lumière. Je ne m'étonne plus des miracles, ils ont eu lieu pour réveiller les contemporains ; un miracle bien plus grand a été proposé à notre temps, je veux dire le spectacle que présente l'ensemble des affaires humaines concourant à l'établissement comme à la conservation de cette doctrine.

MULLER-MAX

(*Essais*, t. i, 1867, p. 17)

Les grandes époques de l'histoire du monde ne se déterminent point par la fondation ou la ruine des empires, ni par les migrations des peuples, ni par la Révolution française. Ce n'est là que l'écorce de l'histoire, écorce formée d'événements qui ne paraissent gigantesques et prédominants qu'à ceux dont le regard n'a ni portée ni profondeur. La véritable histoire de l'humanité, c'est l'histoire de la religion, l'histoire des voies admirables par lesquelles les différentes familles humaines tendirent à connaître Dieu et à s'approcher de lui par la connaissance et l'amour. Voilà le fondement sur lequel repose toute l'histoire profane ; voilà la lumière, voilà l'esprit, voilà la vie propre de l'histoire.

Id. — *Essais*, t. i, p. 163, — 1869

Parmi les grands avantages que nous trouvons dans l'étude des religions, le plus grand est, sans contredit, qu'elle nous apprend à mieux juger la nôtre. Nous ne sentons jamais plus vivement les avantages de notre pays qu'au retour d'un long voyage en pays étranger, et c'est là précisément ce que nous éprouvons pour notre religion. Lorsqu'à force de recherches nous retrouvons ce qui a servi et sert encore de religion à d'autres peuples, lorsque nous avons soumis à un examen rigoureux les observances, le culte, la théologie des peuples même les plus policés, tels que les Grecs et les Romains, les Indiens et les Perses, c'est alors seulement que nous savons apprécier le bonheur que nous avons eu de respirer, dès le premier instant de notre existence, l'air pur de la civilisation et de la religion chrétienne. Notre religion nous a si peu coûté, nous avons si peu souffert pour conquérir ses vérités que, quelque estime que nous ayons pour notre christianisme, cette estime est toujours au-dessous de ce qu'elle doit être, tant que nous n'avons pas comparé notre religion chrétienne aux autres religions.

MUSSET (Alfred de)

(Rolla)

Vous qui volez là-bas, légères hirondelles,
Dites-moi, dites-moi, pourquoi vais-je mourir ?
Oh ! l'affreux suicide ! oh ! si j'avais des ailes,
Par ce beau ciel si pur je voudrais les ouvrir !

Dites-moi, terre et cieux, qu'est-ce donc que l'aurore ?
Qu'importe un jour de plus à ce vieil univers ?
Dites-moi, verts gazons, dites-moi, sombres mers,
Quand des feux du matin l'horizon se colore,
Si vous n'éprouvez rien, qu'avez-vous donc en vous
Qui fait bondir le cœur et fléchir les genoux ?
O terre ! à ton soleil qui donc t'a fiancée ?
Que chantent tes oiseaux ? que pleure ta rosée ?
Pourquoi de tes amours viens-tu m'entretenir ?
Que me voulez-vous tous, à moi qui vais mourir ?

. . . .

J'aime ! voilà le mot que la nature entière
Crie au vent qui l'emporte, à l'oiseau qui le suit !
Sombre et dernier soupir que poussera la terre
Quand elle tombera dans l'éternelle nuit !

Id. — L'espoir en Dieu

Je ne puis... malgré moi l'infini me tourmente ;
Je n'y saurais songer sans crainte et sans espoir,
Et quoiqu'on en ait dit, ma raison s'épouvante
De ne pas le comprendre et pourtant de le voir.
Qu'est-ce donc que le monde et qu'y venons-nous faire
Si, pour qu'on vive en paix, il faut voiler les cieux ?
Passer comme un troupeau les yeux fixés à terre
Et renier le reste, est-ce donc être heureux ?
Non, c'est cesser d'être homme et dégrader son âme.
Dans la création le hasard m'a jeté.
Heureux ou malheureux, je suis né d'une femme
Et je ne puis m'enfuir hors de l'humanité.

Que faire donc? « Jouis, dit la raison païenne ;
Jouis et meurs; les dieux ne songent qu'à dormir. »
« Espère seulement, répond la foi chrétienne;
Le ciel veille sans cesse et tu ne peux mourir. »
Entre ces deux chemins, j'hésite et je m'arrête.
Je voudrais, à l'écart, suivre un plus doux sentier.
Il n'en existe pas, dit une voix secrète;
En présence du ciel, il faut croire ou nier.

. . . .

Si mon cœur fatigué du rêve qui l'obsède,
A la réalité revient pour s'assouvir,
Au fond des vains plaisirs que j'appelle à mon aide,
Je trouve un tel dégoût que je me sens mourir.
Aux jours même où parfois la pensée est impie,
Où l'on voudrait nier pour cesser de douter,
Quand je possèderais tout ce qu'en cette vie
Dans ses vastes désirs l'homme peut convoiter.

. . . .

Quand Horace, Lucrèce et le vieil Epicure
Assis à mes côtés m'appelleraient heureux,
Et quand ces grands amants de l'antique nature
Me chanteraient la joie et le mépris des dieux,
Je leur dirais à tous : « Quoique nous puissions faire,
Je souffre, il est trop tard; le monde s'est fait vieux.
Une immense espérance a traversé la terre;
Malgré nous vers le ciel il faut lever les yeux ! »
Que me reste-t-il donc? Ma raison révoltée
Essaye en vain de croire et mon cœur de douter,
Le chrétien m'épouvante, et ce que dit l'athée,
En dépit de mes sens, je ne puis l'écouter.

Les vrais religieux me trouveront impie,
Et les indifférents me croiront insensé.
A qui m'adresserai-je, et quelle voix amie
Consolera ce cœur que le doute a blessé ?
Il existe, dit-on, une philosophie
Qui nous explique tout sans révélation
Et qui peut nous guider à travers cette vie
Entre l'indifférence et la religion.
J'y consens. — Où sont-ils ces faiseurs de systèmes,
Qui savent, sans la foi, trouver la vérité,
Sophistes impuissants qui ne croient qu'en eux-mêmes ?
Quels sont leurs arguments et leur autorité ?
L'un me montre ici-bas deux principes en guerre,
Qui, vaincus tour à tour, sont tous deux immortels !
L'autre découvre au loin dans le ciel solitaire
Un inutile Dieu qui ne veut pas d'autels !

. . . .

Pyrrhon me rend aveugle et Zénon insensible,
Voltaire jette à bas tout ce qu'il voit debout,
Spinosa, fatigué de tenter l'impossible,
Cherchant en vain son Dieu, croit le trouver partout.
Pour le sophiste anglais l'homme est une machine,
Enfin, sort des brouillards un rhéteur allemand
Qui, du philosophisme achevant la ruine,
Déclare le ciel vide et conclut au néant.
Voilà donc les débris de l'humaine science
Et, depuis cinq mille ans qu'on a toujours douté,
Après tant de fatigue et de persévérance
C'est là le dernier mot qui nous en est resté !

Ah ! pauvres insensés, misérables cervelles,
Qui de tant de façons avez tout expliqué,
Pour aller jusqu'aux cieux il vous fallait des ailes,
Vous aviez le désir, la foi vous a manqué.
Je vous plains ; votre orgueil part d'une âme blessée,
Vous sentiez les tourments dont mon cœur est rempli
Et vous la connaissiez, cette amère pensée
Qui fait frissonner l'homme en voyant l'Infini.
Eh bien ! prions ensemble... abjurons la misère,
De vos calculs d'enfants, de tant de vains travaux ;
Maintenant que vos corps sont réduits en poussière
J'irai m'agenouiller pour vous, sur vos tombeaux.
Tenez, rhéteurs païens, maîtres de la science,
Chrétiens des temps passés et rêveurs d'aujourd'hui,
Croyez-moi, la prière est un cri d'espérance,
Pour que Dieu nous réponde, adressons-nous à lui.
Il est juste, il est bon ; sans doute il nous pardonne.
Tous nous avons souffert... Le reste est oublié !
Si le ciel est désert nous n'offensons personne...
Si quelqu'un nous entend... qu'il nous prenne en pitié !

NAPOLÉON Ier

(*Mémorial de Sainte-Hélène*)

Les impies eux-mêmes n'ont jamais osé nier
la sublimité de l'Évangile ; là, tous les mots
sont scellés et solidaires l'un de l'autre, comme
les pierres d'un même édifice. L'esprit qui les lie
est un ciment divin ; chaque phrase a un sens
complet qui retrace la perfection de l'unité et la

profondeur de l'ensemble. Livre unique où l'esprit trouve une morale inconnue jusqu'alors et une idée de l'infini supérieure même à celle que suggère la création. Quel autre que Dieu pouvait produire ce type, cet idéal de perfection également exclusif et original, où personne ne peut ni critiquer, ni ajouter, ni retrancher un seul mot ; livre différent de tout ce qui existe, absolument neuf, sans rien qui le précède et sans rien qui le suive.

O Bertrand ! je me connais en hommes et je t'assure que Jésus-Christ n'est pas seulement un homme, mais qu'il est Dieu.

Histoire de Napoléon

— Savez-vous, demandait Napoléon à ses maréchaux, quel a été le plus beau jour de ma vie ?

Les uns répondaient : Austerlitz, les autres Marengo.

— Non, Messieurs, dit l'empereur, le plus beau jour de ma vie a été celui de ma première communion !

NEKERS (de)

(*La religion chrétienne*, conclusion)

La religion chrétienne, dans son esprit et dans sa pureté, ne nous donne aucun enseignement qui ne soit en accord parfait avec les aperçus de notre raison, avec les résultats d'une méditation élevée, avec les pronostics mystérieux de notre sentiment intime. Ne faisons donc qu'un faisceau de la religion naturelle et de la religion révélée. Consentons à être embrassés de ce double lien ; consentons à être heureux sous leur autorité mutuelle et acceptons tant d'espérances qu'elles nous donnent en commun. O Dieu, qui voyez nos pensées et qui connaissez notre faiblesse, daignez soutenir la piété de vos serviteurs ! Les voici qui demandent des secours pour aller à vous et pour être dignes de célébrer vos louanges. Daignez leur inspirer cet esprit religieux qui touche et qui console ; cet esprit qui nous rappellera vos bienfaits et qui nous pénétrera de reconnaissance. Ah ! puissions-nous dire dès aujourd'hui : « Je sais à qui j'ai cru ». Puissions-nous, à nos derniers moments, répéter les mêmes paroles et dire avec persuasion, avec calme, avec respect, avec une tendre confiance : « Je sais à qui j'ai cru ». Je le sais, ô mon Dieu.

NETTEMENT

(Littérature de la Restauration, t. ii, p. 181)

Les peuples et les rois ont-ils gagné à la suppression de la juridiction universelle des papes ? Il est permis d'en douter, car la succession a été recueillie par une terrible héritière, la Révolution.

NEWMANN

(Conférences, Cologne, 1860, p. 308)

Lorsque le système de Copernic commença d'être connu, c'était chose généralement admise que la Sainte-Écriture enseignait que la terre était immobile et que le soleil, au contraire, avec toute la voûte céleste, tournait autour d'elle. La méprise ne dura pas longtemps, et, par un examen attentif, on se convainquit aisément que l'Eglise n'avait rien décidé sur ce genre de questions. C'est même, pour le dire en passant, une preuve en faveur de notre sainte religion. N'est-ce pas, en effet, une chose digne de remarque que jamais l'Eglise ne se soit laissée aller à reconnaître formellement l'interprétation si généralement, et depuis si longtemps, donnée de certains passages de l'Ecriture ?

NEWTON

(Observations sur la Bible)

Je trouve des caractères plus manifestes d'authenticité dans la Bible que dans quelque livre que ce soit de l'histoire profane.

Nota. — Newton ne prononçait jamais le nom de Dieu sans se découvrir.

Id. — Lettre à Bentley

Cambridge, 25 février 1692.

Monsieur,

L'hypothèse qui ferait dériver la formation du monde d'une matière répandue au hasard dans l'espace et de principes purement mécaniques qui l'auraient mise en œuvre, étant tout à fait incompatible avec mon système à moi, m'a jusqu'à présent très peu occupé. Mais, puisque vos lettres me mettent sur ce sujet, j'en ferai l'objet de deux ou trois lignes de plus, en admettant toutefois qu'elles ne vous arrîveront pas trop tard pour que vous puissiez en faire usage.

Dans ma première lettre, j'ai avancé que les rotations diurnes des planètes ne pouvaient être attribuées à l'effet de la gravitation et qu'il fallait un bras divin pour leur donner une impulsion semblable. J'ai dit que la pesanteur pouvait bien communiquer aux planètes un mouvement de descente vers le soleil, soit directement, soit avec un peu d'obliquité; mais que les mouvements transversaux qu'elles exécutent dans leurs orbes, avaient pu seulement être ordonnés par une divinité qui sut mettre en rapport ces mouvements avec les tangentes des orbes. Maintenant je voudrais ajouter que l'hypothèse de la matière fortuitement répandue dans l'espace est, à mon avis, inconciliable avec l'hypothèse de la gravitation innée. Il faudrait un pouvoir surnaturel pour mettre d'accord les deux hypothèses, c'est-

à-dire qu'il faudrait l'existence d'une divinité.
Car s'il y a, en effet, une puissance de gravitation innée, il est impossible maintenant que la
matière dont se compose la terre, les planètes et
les étoiles, s'en échappe de manière à se trouver
répandue fortuitement à travers les cieux, à
moins qu'un pouvoir surnaturel n'intervienne.
Or, ce qui n'est possible à présent qu'à un pouvoir surnaturel, était évidemment impossible
autrefois sans le concours de ce même pouvoir.

Les corps célestes persévéreront en vérité dans
leurs orbites par les lois de la gravitation; mais
ils n'ont pu, en aucune manière, acquérir dans
le principe cette situation régulière dans leurs
orbites par cette seule loi.

Considérer la gravitation comme une qualité
inhérente et essentielle à la matière, de telle
sorte qu'un corps pourrait par lui-même agir sur
un autre à distance et à travers le vide, cela me
paraît une si énorme sottise, que je ne crois pas
qu'un homme suffisamment versé dans la science
de la nature puisse jamais l'admettre. La gravitation ne peut s'expliquer autrement que par un
agent universel dont l'action soit déterminée
par des lois constantes.

Id. — Apologie du christianisme, de HETTINGER, p. 62

Je ne sais ce que le monde pensera de mes
travaux; mais pour moi, il me semble que je
n'ai été autre chose qu'un enfant jouant sur le

bord de la mer et tantôt trouvant un caillou un peu plus poli, tantôt une coquille un peu plus brillante, tandis que le grand océan de la vérité s'étendait inexploré devant moi.

NICOLAS

(*Art de croire*, liv. i, ch. 2)

En l'homme seul a été résolu ce qu'on a appelé la difficulté de la création, qui était dans cette chaîne qui relie toutes les créatures visibles, depuis le minéral jusqu'à l'animal, de former un être qui eût franchi le pas, ce semble infranchissable, de la matière à l'esprit, de l'animal à l'ange, qui en fut l'anneau de jonction en les associant dans sa nature mixte.

Id.

L'humanité est en possession de l'idée de Dieu. De quel droit cherchez-vous à l'en déposséder, puisque vous avouez être sans preuve contre son existence? L'humanité est en possession de l'idée de l'âme. Mais par le seul fait qu'une telle idée existe, ne serait-ce que dans la tête d'un seul homme, il faudrait que cette idée fût vraie. Nos sens ne nous rapportent, en effet, que des idées de matière. Comment donc aurions-nous pu nous donner l'idée d'une substance immatérielle? C'est que cette idée est innée en nous; c'est qu'il y a des vérités qui sont immuables, éternelles, tant dans l'ordre intellectuel que dans l'ordre moral. On les appelle des axiomes et notre raison les tient forcément pour vrais. Ce monde serait anéanti, que ces vérités n'en subsisteraient pas moins, de même qu'elles n'en existeraient pas moins alors que le monde n'aurait jamais existé. Ces idées sont donc plus grandes que le monde, plus grandes que l'homme qui les conçoit et ne peuvent que lui venir d'une intelligence supérieure à la sienne et qui les lui auraient communiquées.

Id. — IVe vol. *Stabilité du Christ*

Deux miracles irrécusables, puisqu'ils sont permanents, attestent la divinité de Jésus-Christ : le peuple juif et l'Eglise. Le premier, dispersé par toute la terre, reste toujours courbé sous l'anathème du Christ; l'Eglise, toujours combattue et toujours triomphante, demeure beaucoup plus incompréhensible sans lui, qu'avec lui. Combien depuis deux mille ans s'imaginent lui creuser une fosse qui, à chaque instant, devient la leur et où elle-même les enterre ! Ces hommes ne ressemblent-ils pas à ces insectes des bords de l'Hypanis qui vivent un jour, au rapport d'Aristote, et qui, mesurant l'univers à leur courte durée, s'annoncent entre eux vers cinq heures du soir que, très certainement, la nature doit finir en peu de temps et que le monde va disparaître en quelques centaines de minutes?

Et, cependant, l'Eglise ne s'est pas développée dans les mœurs stagnantes de l'Orient, mais au sein de la mobile Europe, patrie des révolutions; dans un milieu d'activité incessante, où les hommes et les événements, les idées et les faits se sont entrechoqués sans trêve et sans repos, océan furieux, en avant duquel le siége de l'Eglise a toujours été comme le cap des tempêtes.

L'Eglise n'a pas seulement vécu au milieu de cette activité dévorante, mais elle y a toujours eu la première part. C'est sur elle et contre elle que les divers agents de ce mouvement fiévreux se sont tournés. Elle a eu vingt fois sur les bras les affaires du monde; il n'y a pas eu un seul genre d'assaut qui lui ait été épargné; mais la force, la ruse, la politique, le schisme, l'hérésie, la philosophie, l'épigramme, l'échafaud, c'est-à-dire les portes de l'enfer, qui auraient brisé toute autre puissance, se sont brisées contre elle.

Id.

L'homme est naturellement religieux. Si Dieu n'existait pas, il serait donc naturellement halluciné... Lui seul ferait tache au magnifique tableau de la nature, à sa majestueuse harmonie, et il semblerait désirable qu'il n'eût jamais existé, plutôt que d'en troubler l'accord.

NICOLE

(Ensemble de la religion, fin)

Il faut faire remarquer aux enfants que la religion de Jésus-Christ est la plus ancienne de toutes ; qu'elle a toujours été dans le monde, qu'elle s'est conservée dans un peuple particulier, qui a gardé le livre qui la contient en germe, avec un soin prodigieux. Il faut leur révéler les merveilles de ce peuple et la certitude des miracles de Moïse qui ont été faits à la vue de six cent mille hommes, qui n'eussent pás manqué de le démentir, s'il eût eu la hardiesse de les inventer et de les écrire dans un livre le plus injurieux qu'il soit possible de s'imaginer pour ce peuple qui le conservait, puisqu'il découvre partout ses infidélités et ses crimes.

Il faut leur dire que ce livre prédit la venue d'un médiateur et d'un sauveur, et que toute la religion de ce peuple consistait à l'attendre et à le figurer par toutes ses cérémonies ; que la venue de ce Sauveur a été annoncée par une suite de prophètes miraculeux, qui ont paru de temps en temps pour avertir le monde de sa venue et qui en ont marqué le temps avec les principales circonstances de sa vie et de sa mort ; qu'il est venu ensuite lui-même dans le temps prédit ; mais qu'il a été méconnu par les Juifs, parce que les prophéties ayant prédit deux avènements de ce Sauveur, l'un dans l'humilité et dans la bassesse, l'autre dans l'éclat et dans la gloire, l'amour, que les Juifs avaient pour les grandeurs de la terre, a fait qu'ils ne se sont attachés qu'à ce qui était dit de l'avènement glorieux du Messie, ce qui les a empêchés de le reconnaître dans l'avènement de bassesse et d'humilité; et celui-ci ayant précédé l'autre, ils n'ont pas davantage voulu reconnaître le second. Que c'est pourquoi, ayant crucifié Jésus-Christ, ils ont nié sa résurrection, et que de cela ils ont été horriblement punis, leur ville détruite par Titus, eux-mêmes emmenés en captivité et à jamais dispersés par toute la terre, ainsi que Jésus-Christ lui-même le leur avait prédit.

NIEBURK

(*Lettres du 12 juillet 1812*)

Le Christ, dont les Evangiles nous rapportent la vie terrestre et les souffrances, aurait à nos yeux une existence aussi réelle et une histoire aussi digne de foi, quand bien même elle n'aurait pas été racontée avec un soin scrupuleux. Il faut à mon sens admettre la réalité des miracles ou tomber dans l'incompréhensible, et je dirai même dans l'absurde, en supposant que le Saint a été un fourbe et ses disciples des trompeurs ou des dupes, et que des imposteurs ont pu prêcher une religion sainte qui pose comme condition première l'abnégation absolue, et dans laquelle il est impossible de trouver quoi que ce soit de frauduleux ou d'agréable aux mauvaises passions.

NODIER (Charles)

(*Histoire de Jeanne d'Arc*)

Quand on suit cette jeune héroïne au milieu de ces mêlées sanglantes, sur ces murailles ébranlées qui vont un instant plus tard couvrir l'ennemi de leurs ruines, et qu'on la voit impassible, n'opposer à l'effort des soldats furieux que son étendard flottant ou le revers de sa hache d'armes; quand on entend cette paysanne haranguer les premiers chevaliers du royaume, les hommes les plus polis et les plus distingués de son temps, dans des termes qui les remplissent d'étonnement et de respect; quand on développe cette longue suite de faits si difficiles à prévoir, qu'elle a pourtant annoncés et qui se sont toujours vérifiés suivant ses paroles, soit pendant qu'elle était à la tête des troupes, soit même depuis que, tombée dans les mains des Anglais et livrée à leurs bourreaux, elle cessa d'exercer la moindre influence sur les événements; quand on retrouve l'héroïne d'Orléans dans cette procédure monstrueuse, dernière épreuve de tant d'innocence et de vertu; quand on l'entend invoquer encore, au milieu des flammes, les bénoits saints et saintes, dont elle a raconté avec une

conviction si profonde, avec des détails si ingé-
nus, la merveilleuse assistance ; quand on se
rappelle qu'à ce moment suprême elle n'avait
que dix-neuf ans et qu'elle venait de passer sous
les yeux du monde une jeunesse pleine de pureté
et de gloire, qui n'avait pas même laissé de
prétexte au plus léger soupçon, il est malaisé de
ne pas croire que la femme la plus étonnante
qui ait jamais honoré l'humanité, avait reçu sa
mission d'une puissance supérieure à l'humanité.

ŒRSTEDT

(*L'esprit dans la nature*, t. I, p. 41)

Si les lois de notre raison n'étaient pas dans
la nature, ce serait en vain que nous nous
efforcerions de les lui imposer ; et si les lois de
la nature n'étaient pas en notre raison, il ne
nous serait pas possible de comprendre la nature.
Quelle est donc la cause qui fait que l'on trouve
des lois pareilles ou semblables dans l'être et
dans la pensée, dans l'esprit et dans la nature ?
C'est que ces lois ont, les unes et les autres, une
cause commune plus haute, une raison primordiale qui est Dieu.

Id.

Il est de l'essence de l'investigation scientifique de rechercher l'Eternel dans les choses...
Certes, une renommée immortelle est par elle-

même une grande chose, digne d'occuper la pensée de l'homme et de faire l'objet de ses sueurs ; mais si l'immortalité du nom n'était soutenue par l'espérance d'une immortalité plus haute, que serait-elle autre chose qu'une vaine illusion, une ombre sans corps, une sorte d'arc-en-ciel insignifiant, qui, à travers les gouttes terrestres de la matière, ne nous réfléchirait point l'éclat d'une lumière supérieure ?

ORIGÈNE

(*Contre Celse*, liv. 1er)

Je conviens que si la multitude était capable d'étude, le raisonnement pourrait, jusqu'à un certain point, devenir la route de la vérité ; mais si les besoins de la vie et de la faiblesse humaine rendent ce moyen pour ainsi dire impraticable, en pourrait-on imaginer un plus convenable et plus sûr que celui que Jésus a choisi ?

OWEN-RICHARD

(*Principes d'Ostéologie comparée*)

Si le monde a été créé par un esprit, par une intelligence préexistante, par Dieu en un mot, il faut qu'une idée, un modèle de l'univers ait précédé la création de celui-ci ; il faut que les

choses aient été connues avant que d'être créées.
Maintenant la reconnaissance d'un type idéal,
base de l'organisation des animaux vertébrés,
démontre qu'un être tel que l'homme était déjà
connu avant que l'homme se fût présenté sur la
terre. L'intelligence divine voyait d'avance dans
la formation du prototype toutes ses modifications à venir. L'idée du prototype se manifestait
déjà sur notre planète, longtemps avant l'existence des espèces animales dans lesquelles nous
le voyons développé et réalisé. Elie de Beaumont,
Burmeister, et tous les plus grands naturalistes,
professent la même doctrine.

OVIDE

(*Métamorphoses*)

L'homme, créature de la divinité, est, par la
figure de son corps, une image de la divinité.

Finxit in effigiem moderantûm cuncta deorum ;
Pronaque quum spectent animalia cætera terram,
Os homini sublime dedit cœlumque tueri
Jussit, et erectos ad sidera tollere vultus.

OZANAM

(*Lettre à un ami*)

O mon cher ami, les difficultés de la religion
sont comme celles de la science, il y en a tou-

jours. C'est beaucoup d'en éclaircir quelques-unes; mais aucune vie ne suffirait à les épuiser. Pour résoudre toutes les questions qui peuvent s'élever sur l'Ecriture Sainte, il faudrait savoir à fond toutes les langues orientales ; pour répondre à toutes les objections des protestants, il faudrait pouvoir étudier, dans ses derniers détails, l'histoire de l'Eglise ou plutôt l'histoire universelle des temps modernes. Vous ne pourrez donc jamais répondre à tous les doutes que votre imagination active et ingénieuse ne cessera de déterrer, pour le tourment de votre cœur et de votre esprit. Heureusement, Dieu ne met pas la certitude à ce prix. Que faire donc ? Faire en matière de religion ce qu'on fait en matière de science ; s'assurer d'un certain nombre de vérités prouvées et ensuite abandonner les objections à l'étude des savants. Ceux-ci ont trouvé une réponse à quelques-unes, considérées jusqu'à nos jours comme insolubles. Mais il en reste beaucoup d'autres, qui ne sont pas résolues, et Dieu le permet pour tenir l'esprit humain en haleine et pour exercer l'activité des siècles futurs.

Pour moi, après bien des doutes, après avoir aussi bien des fois mouillé mon chevet de larmes de désespoir, j'ai assis ma foi sur un raisonnement qui peut se proposer aux maçons et aux charbonniers. Je me dis que tous les peuples ayant une religion bonne ou mauvaise, la religion est donc un besoin universel, perpétuel, par conséquent, légitime de l'humanité. Dieu, qui a donné ce besoin, doit s'être engagé à le satisfaire. Il y a donc une religion véritable. Or, entre les religions qui se partagent le monde, sans qu'il faille de longues études, ni discussions de faits, qui peut douter que le christianisme soit souverainement préférable, et que seul il conduise l'homme à sa destinée finale? Mais dans le christianisme, il y a trois Eglises, la protestante, la Grecque et l'Eglise Catholique, c'est-à-dire l'anarchie, le despotisme et l'ordre. Le choix n'est pas difficile et la vérité du catholicisme n'a pas besoin d'autre démonstration.

Voilà, mon cher ami, le court raisonnement qui m'ouvre les portes de la foi ; mais une fois entré, je suis tout éclairé d'une clarté nouvelle et bien plus profondément convaincu par les preuves intérieures du christianisme ; j'appelle ainsi cette expérience de chaque jour qui me fait trouver, dans la foi de mon enfance, toute la force et toute la lumière de mon âge mûr, toute la sanctification de mes joies domestiques, toute la consolation de mes peines...

Je crois à la vérité du christianisme ; s'il y a des objections, je crois qu'elles se résoudront tôt ou tard ; je crois même que quelques-unes ne se résoudront jamais, parce que le christianisme traite des rapports du fini avec l'infini. Tout ce que ma raison peut exiger, c'est que je ne la force pas de croire à l'absurde ; or, il ne peut y avoir d'absurdité philosophique dans une religion qui a satisfait l'intelligence de Descartes et de Bossuet, ni d'absurdité morale dans une croyance qui a sanctifié saint Vincent de Paul.

PALEY (WILLIAM)

(Analyse de l'aperçu des preuves du christianisme)

1° Si la religion chrétienne ne mérite pas la croyance du genre humain, il n'en est aucune autre, à plus forte raison, qui soit digne de la moindre confiance.

2° Le monde, tel que nous le voyons, indiquant un créateur et pour l'homme un état futur après la mort, n'est-il pas au moins probable que Dieu a jugé une révélation nécessaire pour nous instruire de sa volonté et de ses desseins sur nous ?

Ces propositions établies, on se demande comment cette révélation nécessaire doit avoir lieu ?

Évidemment par des miracles, c'est-à-dire par des faits entièrement en dehors du cercle accoutumé des choses humaines. Si l'on juge que la révélation était nécessaire, on est forcé d'admettre que les miracles ont pu avoir lieu.

Et qui oserait affirmer que Dieu n'a pas réservé à l'homme un état futur par rapport à celui-ci ? Qui oserait alors nier que Dieu ait jugé à propos d'en donner lui-même la connaissance aux hommes ?

Nul ne le peut. L'examen le plus approfondi devient donc indispensable en de telles matières.

PARÉ (Ambroise)

(Traité d'anatomie universelle du corps humain avec figures, dédié au Roi, chez Jehan Le Royer, 1561)

Fin de la dédicace au Roi

Il me faut recourir au ciel, duquel je supplie le souverain roi de vouloir, avec l'avancement de votre vie, accroitre de jour en jour votre royaume en honneur et vertu, pour à la fin, après avoir heureusement régné en ce monde, vous éterniser au sien perdurable à jamais.

(Fin du *Traité d'Anatomie*)

En cet endroit finira le présent traité, et, ami lecteur, je te dis à Dieu, — auquel je supplie de tout le pouvoir qu'à sa Sainte Grâce il a plu me départir, nous vouloir faire entendre la cause principale, pour laquelle sa divine bonté nous a donné l'Etre, afin que d'icelle nous ne soyons point misérablement frustrés.

PASCAL

(*Pensées*, ch. xv, n° 13)

Considérez que, depuis le commencement du monde, l'attente ou l'adoration du Messie subsiste sans interruption ; qu'il a été promis au premier homme aussitôt après sa chute ; qu'il s'est trouvé, depuis, des hommes qui ont dit que Dieu leur avait révélé qu'il devait naître un rédempteur qui sauverait son peuple ; qu'Abraham est venu ensuite dire qu'il avait eu révélation qu'il naîtrait de lui par un fils qu'il aurait ; que Jacob a déclaré que de ses douze enfants ce serait de Juda qu'il naîtrait ; que Moïse et les prophètes sont venus ensuite déclarer le temps et la manière de sa venue ; qu'ils ont dit que la loi qu'ils avaient n'était qu'en attendant celle du Messie ; que jusque-là elle subsisterait, mais que l'autre durerait éternellement ; qu'ainsi leur loi ou celle du Messie, dont elle était la promesse, serait toujours sur la terre ; qu'en effet, elle a toujours duré et que Jésus-Christ est venu dans toutes les circonstances prédites : cela est admirable.

Id.

L'homme ne sait à quel rang se mettre. Il est véritablement égaré et tombé de son vrai lieu sans pouvoir le retrouver. Il le cherche partout et avec inquiétude au milieu de ténèbres impénétrables.

Il est dangereux de trop faire voir à l'homme combien il est égal aux bêtes ; il est encore trop dangereux de lui trop faire voir sa grandeur sous sa bassesse. Il est avantageux de lui représenter l'une et l'autre.

Quand je considère la petite durée de ma vie absorbée dans l'éternité, le silence de ces espaces infinis m'effraye.

L'homme n'est qu'un roseau, le plus faible de la nature, mais c'est un roseau pensant. Il ne faut pas que l'univers entier s'arme pour l'écraser. Une vapeur, une goutte d'eau suffit pour le tuer; mais quand l'univers l'écraserait, l'homme serait encore plus noble que ce qui le tue, parce qu'il sait qu'il meurt, et l'avantage que l'univers a sur lui, l'univers n'en sait rien.

La dernière démarche de la raison est de reconnaître qu'il y a une infinité de choses qui la surpassent. Elle est bien faible si elle ne va pas jusque-là.

Id. — *Théodicée*

Le Dieu des chrétiens ne consiste pas en un Dieu simplement auteur des vérités géométriques et de l'ordre des éléments. C'est la part des païens et des Epicuriens. Il ne consiste pas seulement en un Dieu qui exerce sa providence sur la vie et sur les biens des hommes pour donner une heureuse suite d'années à ceux qui l'adorent, c'est la portion des juifs. Mais le Dieu des chrétiens est un Dieu qui remplit l'âme et le cœur qu'il possède. C'est un Dieu qui leur fait sentir intérieurement leur misère et sa miséricorde infinie au fond de leur âme ; qui les remplit d'humilité, de joie, de confiance, d'amour;

qui les rend incapables d'autre fin que de lui-même.

Pour l'homme, la connaissance de Dieu, sans celle de sa misère, fait l'orgueil. La connaissance de sa misère sans celle de Dieu, fait le désespoir. La connaissance de Jésus-Christ fait le milieu, parce que nous y trouvons et Dieu et notre misère.

Ceux qui s'égarent, ne s'égarent que manque de voir l'une de ces deux choses. Car on peut connaître Dieu sans sa misère et sa misère sans connaître Dieu. Mais on ne peut connaître Jésus-Christ, sans connaître tout ensemble et Dieu et sa misère.

On ne peut bien connaître Dieu que par Jésus-Christ. Sans ce médiateur est ôtée toute communication avec Dieu. Tous ceux qui ont prétendu connaître Dieu et le prouver sans Jésus-Christ, n'avaient que des preuves impuissantes ; mais, pour prouver Jésus-Christ, nous avons les prophéties qui sont des preuves solides et palpables; et ces prophéties étant accomplies et prouvées véritables par l'événement, marquent la certitude de ces vérités, et partant la preuve de la divinité de Jésus-Christ. En lui et par lui nous connaissons donc Dieu. Hors de là et sans l'Ecriture Sainte, sans le péché originel, sans médiateur nécessaire promis et arrivé, on ne peut prouver absolument Dieu, ni enseigner une bonne doctrine, ni une bonne morale. Mais par

Jésus-Christ et en Jésus-Christ on prouve Dieu et on enseigne la morale et la doctrine. Jésus-Christ est donc le véritable Dieu des hommes. En lui est toute notre vertu, toute notre félicité; hors de lui, il n'y a que vice, misère, erreurs, ténèbres, mort, désespoir.

Id.

Une chose admirable, incompréhensible et tout-à-fait divine, c'est de voir durer toujours cette Eglise catholique qui a toujours été combattue.

Bouddha fut un conquérant heureux, parce qu'il mit de son côté les rois et les passions. Tout homme eût pu faire ce qu'a fait Mahomet. Il n'a point été prédit; il n'a point fait de miracles; Mahomet s'est établi en tuant, Jésus-Christ en faisant tuer les siens. Enfin cela est si contraire que si Mahomet a pris la voie de réussir humainement, Jésus-Christ a pris celle de périr humainement... Il faut en conclure que, puisque Mahomet a réussi, le christianisme devait périr s'il n'eût été soutenu par une force divine.

Id.

Quel homme eut jamais plus d'éclat que Jésus-Christ! Le peuple juif tout entier le prédit avant sa venue. Le peuple gentil l'adore après sa venue. Les deux peuples gentil et juif le regardent comme leur centre.

Et cependant, quel homme jouit jamais moins de cet éclat ? De trente-trois ans, il en vit trente sans paraître. Dans trois ans il passe pour un imposteur ; les prêtres et les principaux de sa nation le rejettent ; ses amis et ses plus proches le méprisent ; enfin il meurt trahi par un des siens et abandonné par tous.

Quelle part a-t-il donc à cet éclat ? Jamais homme n'a eu plus d'ignominies. Tout cet éclat n'a servi qu'à nous pour nous le rendre reconnaissable et il n'en a rien eu pour lui.

Jésus-Christ a dit les choses grandes si simplement qu'il semble qu'il ne les a pas pensées, et si nettement néanmoins qu'on voit bien ce qu'il en pensait. Cette clarté jointe à cette naïveté est admirable.

PASSAVANT

(Apologie du Christianisme, de HETTINGER, t. I. p. 317)

Notre raison reconnaît les lois éternelles qui ont reçu un corps dans les choses, parce qu'elle est, sous participation, un reflet de la raison divine qui a formé le monde d'après ses pensées éternelles. L'esprit portant en lui-même la loi mathématique la reconnaît dans la nature. Il y a alors coïncidence du semblable avec le semblable, du subjectif et de l'objectif. On en peut dire autant de la loi logique. Ces idées fondamentales, sans lesquelles nous ne pourrions penser, sont aussi les formes de tous les êtres... La loi du développement, la loi fondamentale de tout être vivant suppose une fin en vue de laquelle tout vit et tout se développe. Admirable concordance entre les lois de la raison et les lois de la nature! Toutes deux dépendent d'une cause supérieure commune, d'une raison primordiale qui est Dieu.

PASTEUR

(Discours de réception à l'Académie française, 27 avril 1882)

Le positivisme ne pêche pas seulement par une erreur de méthode. Dans la trame, en apparence très serrée de ses propres raisonnements, se révèle une considérable lacune. On nomme positivisme, dit M. Littré, tout ce qui se fait dans la société pour l'organiser suivant la conception positive, c'est-à-dire scientifique du monde.

Je suis prêt à accepter cette définition à la condition qu'il en soit fait une application rigoureuse ; mais la grande et visible lacune du système consiste en ce que dans la conception positive du monde, il ne tient pas compte de la plus importante des notions positives, celle de l'Infini.

Au-delà de cette voûte étoilée, qu'y a-t-il?

De nouveaux cieux étoilés. Soit ! Et au-delà? L'esprit humain, poussé par une force invincible, ne cessera jamais de se demander : qu'y a-t-il au-delà? Veut-il s'arrêter soit dans le temps, soit dans l'espace? Comme le point où il s'arrête n'est qu'une grandeur finie, plus grande seulement que toutes celles qui l'ont précédée, à peine commence-t-il à l'envisager, que revient toujours l'implacable question. Il ne sert de rien de répondre : au-delà sont des espaces, des temps, ou des grandeurs sans limites. Nul ne comprend ces paroles. Celui qui proclame l'existence de l'Infini (et personne ne peut y échapper), accumule dans cette affirmation plus de surnaturel que dans tous les miracles de la religion ; car la notion de l'Infini a ce double caractère de s'imposer et d'être incompréhensible. Quand cette notion s'empare de l'entendement, il n'y a qu'à se prosterner. — Eh bien, cette notion positive et primordiale, le positivisme l'écarte gratuitement, elle et toutes ses conséquences de la vie des sociétés.

Cependant la notion de l'Infini dans le monde, j'en vois partout l'inévitable expression. Par elle, le surnaturel est au fond de tous les cœurs. L'idée de Dieu est une forme de l'idée de l'Infini.

Tant que le mystère de l'Infini pèsera sur la pensée humaine, des temples seront élevés au culte de l'Infini, que le Dieu s'appelle Brahma, Allah, Jehowa ou Jésus. Et sur la dalle de ces temples, vous verrez des hommes agenouillés, prosternés, abîmés dans la pensée de l'Infini. La métaphysique ne fait que traduire au-dedans de nous la notion dominatrice de l'Infini. Où sont les vraies sources de la dignité et de la liberté humaine, sinon dans la notion de l'Infini devant laquelle tous les hommes sont égaux ?

Id.

« Il faut un lien spirituel à l'humanité, dit M. Littré, faute de quoi il n'y aurait dans la société que des familles isolées, des hordes et point de société véritable. » Mais ce lien spirituel qu'il plaçait dans une religion inférieure de l'humanité, ne saurait être ailleurs que dans la notion supérieure de l'Infini, puisque ce lien spirituel doit être associé au mystère du monde. La religion de l'humanité est une idée d'une évidence superficielle et suspecte. Elle ne suffira jamais pour remplir l'âme d'enthousiasme (un dieu intérieur). Ce mot est un des plus beaux que nous aient légué les Grecs, car ils avaient compris la mystérieuse puissance de l'Infini.

PAUL (SAINT)

(*Epîtres*)

Ici-bas, nous ne voyons Dieu que dans un miroir et comme en enigme; mais après la mort, nous le verrons face à face tel qu'il est, et nous le connaîtrons comme nous en sommes connus.

Id.

L'œil n'a point vu, ni l'oreille entendu, ni le cœur de l'homme jamais senti une félicité comparable à celle que Dieu prépare à ses élus.

Id.

Les âmes des justes sont dans la main de Dieu, où ils n'ont plus à craindre les tourments de la mort. Ils ont paru mourir pour toujours aux yeux des insensés ; leur sortie du monde a passé pour le comble de l'affliction et leur séparation d'avec nous pour une ruine entière. Cependant ils sont en paix.

Id.

Le monde est un système de choses invisibles manifestées visiblement.

Id.

Mes frères, je crois maintenant devoir vous faire souvenir de l'Évangile que je vous ai prêché, que vous avez reçu, dans lequel vous demeurez fermes et par lequel vous serez sauvés, pourvu que vous le conserviez tel que je vous l'ai annoncé, puisqu'autrement ce serait en vain que vous auriez embrassé la foi. Car, première-ment, je vous ai enseigné et comme donné en dépôt ce que j'avais moi-même reçu, savoir : Que Jésus-Christ est mort pour nos péchés, selon les Ecritures ; qu'il a, été enseveli et qu'il est ressuscité le troisième jour, selon les mêmes Ecritures ; qu'il s'est fait voir à Céphas, puis aux onze apôtres ; qu'après il a été vu en une seule fois de plus de cinq cents frères, dont plusieurs vivent encore et dont quelques-uns sont morts ; qu'ensuite il s'est fait voir à Jacques et à tous les apôtres ; et qu'enfin après tous les autres, il s'est montré à moi-même (sur le chemin de Damas) , à moi le plus imparfait de tous ; car je suis le moindre des apôtres, et je ne suis pas digne d'être appelé apôtre, parce que j'ai d'abord persécuté l'Eglise de Dieu. Mais c'est par la grâce de Dieu que je suis ce que je suis, et sa grâce n'a point été stérile en moi.

Id.

J'ai rapporté dans mon premier livre, ô Théophile, tout ce que Jésus a fait et enseigné, depuis le commencement jusqu'au jour où il fut élevé dans le ciel, après avoir instruit par le Saint-Esprit les apôtres qu'il avait choisis. Il s'était aussi montré à eux depuis sa Passion, et les avait convaincus par plusieurs preuves qu'il était vivant, leur apparaissant durant quarante jours et leur parlant du royaume de Dieu. Ensuite mangeant avec eux, il leur commanda de ne point partir de Jérusalem, mais d'attendre la promesse du Père ; laquelle, dit-il, vous avez entendu de ma propre bouche ; car Jean a baptisé dans l'eau ; mais dans peu de jours vous serez baptisés dans le Saint-Esprit.

. . . .

Mon très cher fils, je vous conjure devant Dieu et devant Jésus-Christ, qui jugera les vivants et les morts au jour de son avènement glorieux, d'annoncer la parole. Pressez les hommes à temps et à contre-temps. Reprenez, suppliez, menacez sans vous lasser jamais de les tolérer et de les instruire. Car il viendra un temps où les hommes ne pourront plus souffrir la sainte doctrine ; au contraire, ayant une extrême démangeaison d'entendre ce qui les flatte, ils auront recours à une foule de docteurs propres à satisfaire leurs désirs, et, fermant l'oreille à la vérité, ils l'ouvriront à des fables. Mais pour vous, veillez continuellement ; souffrez constamment toutes sortes de travaux ; faites la charge d'un évangéliste ; remplissez tous les devoirs de votre ministère ; soyez sobre. Car pour moi, je suis sur le point d'être sacrifié et le temps de ma mort approche. J'ai bien combattu, j'ai achevé ma course, j'ai gardé la foi. Il ne me reste qu'à attendre la couronne de justice qui m'est réservée, que le Seigneur, comme un juste juge, me rendra en ce grand jour et non-seulement à moi, mais encore à tous ceux qui aiment son avènement.

PELLICO (Sylvio)

[Lettres]

N'ayez pas honte de rester comme le Christ avec les gens du commun. Les gens du peuple ont volontiers de la religion. Il ne s'ensuit pas cependant que la religion soit une chose commune.

Id.

J'étudiais plus sérieusement et je vis qu'un catholique peut, comme le grand Volta, dire humblement son chapelet et rester une intelligence saine, clairvoyante et robuste.

PERCEVAL (Ward)

(Essais pour arriver à la réunion des chrétiens)

On n'a rien négligé pour inspirer à notre peuple le mépris de la Sainte Vierge ; cependant il est moralement impossible d'adorer le fils, tandis que l'on est sans respect pour la mère... Ce mépris est un obstacle insurmontable à toute adoration vraie du Christ. Comment le même cœur renfermerait-il des pensées d'adoration pour Jésus et des sentiments irrespectueux pour Marie ?

PIANCINI

(Cosmogonie de la nature, IVe vol., ch. I, p. 150)

Avéc le second jour commence la période atmosphérique. Les eaux se divisent. L'atmosphère maintient les eaux sur la terre et fait flotter les nuages au-dessus d'elle. Il me semble que c'est ainsi qu'on doit se figurer ce qui se passa alors. Dès que l'embrasement développé sur la terre par les combinaisons chimiques de la lumière et de la chaleur commença à diminuer, il dut tomber une immense nappe d'eau qui enveloppa le globe tout entier. Toutefois, une certaine quantité de vapeurs resta en suspension dans l'atmosphère qui, dès lors, sépara les eaux qui étaient au-dessus de celles qui étaient au-dessous.

PIORRY

(Dieu, l'âme, la nature, p. 24, Paris 1854)

Quoi ! l'univers dans sa magnificence
    Serait un tombeau sanglant,
    Et la route de l'existence
    Aurait pour terme le néant ! !

    La mort est un affreux mensonge,
    La vie est la réalité,
    L'agonie est un triste songe
Dont le réveil est l'immortalité.

Id., p. 243.

Croyance en Dieu, croyance à l'âme,
Augustes sentiments que la raison proclame,
Que la science élève au rang des vérités
Et dont l'instinct du cœur devinait les clartés ;
Adorables liens, qui rattachez le monde
A l'amour des devoirs, des vertus, de l'honneur,
O vous ! de charité source pure et féconde,
Vous lés seuls fondements d'un solide bonheur,
. . . .
Vous êtes à jamais les brillantes étoiles
　　　Qui dirigez notre vaisseau.
La brise du matin arrondissant les voiles
　　　Qu'un naufragé pose sur son radeau,
Vous êtes cet azur éclatant de lumière
Qui perce en rayonnant l'orageuse vapeur,
L'aurore boréale éclairante atmosphère,
La lueur de l'espoir dans la nuit du malheur.
. . . .
Versez sur les humains ces trésors d'espérance
　　　Dont les vertus entretiennent le feu,
Et partout acclamez avec la conscience
Notre âme est immortelle et l'avenir est Dieu.

PLATON

(*Timée*, p. 90)

Quiconque se livre soit à la volupté, soit à la
colère, n'aura que des pensées mortelles. Mais
celui qui, par amour de la vérité, s'efforce de

penser l'immortel et le divin, celui-là parviendra à l'immortalité. Il arrivera au souverain bonheur, parce qu'il a cultivé en lui-même le divin et porté Dieu dans son âme.

Id. — De Leg., t. x. p. 888

Vous n'êtes pas les premiers, toi et tes amis, qui ayez eu cette opinion touchant les dieux ; de tout temps il y a eu des hommes tantôt plus, tantôt moins travaillés de cette maladie. J'en ai beaucoup connu pour avoir vécu avec eux, mais je puis t'affirmer que pas un d'entre eux, après avoir embrassé dans sa jeunesse l'opinion qu'il n'y a pas de dieux, n'y a persévéré jusque dans sa vieillesse. Je te conseille donc, en attendant que tes idées se modifient, de te garder de commettre contre les dieux aucune impiété.

Id. — Phædon, p. 93

Si l'âme n'était que l'harmonie du corps, elle devrait certainement dépendre de la nature et de la perfection de cette harmonie, c'est-à-dire qu'une harmonie plus belle et meilleure du corps aurait pour conséquence une âme plus accomplie, ce qui est loin d'être toujours vrai. En outre, si l'âme n'était rien autre chose qu'une harmonie du corps, ne devrait-elle pas toujours lui obéir et jamais lui commander? Et cependant, ne voyons-nous pas que c'est souvent le contraire qui a lieu ; ne voyons-nous pas l'âme lui commander, le gouverner diversement suivant les besoins du moment, le traitant quelquefois avec sévérité jusqu'à le faire souffrir et lui adressant même la parole comme Ulysse quand Homère lui fait dire : « Souffre ce mal, mon âme, tu en as souffert de plus cruels ! »

Id. — De Republica, p. 361.

Enfin l'esprit créé verra le soleil éternel et non plus seulement son image comme dans l'eau, mais il le verra lui-même tel qu'il est dans sa nature.

Id. — De Republica, t. ii, p. 361.

A ce portrait de l'injuste, opposons celui du juste. Supposons un homme droit, simple et généreux qui s'efforce d'être et non de paraître vertueux et bon. Otons-lui même la réputation d'homme de bien ; car, s'il passait pour juste, les honneurs et les récompenses lui seraient prodigués à ce titre, et on ne saurait pas s'il est ce qu'il est par amour de la justice ou des honneurs et des récompenses. Dépouillons-le donc de tout, hormis la justice, et faisons-le tel qu'il soit complètement opposé à l'autre. Que sans commettre rien d'injuste, il passe pour le plus grand malfaiteur. Pour que l'épreuve soit sûre, qu'il ne se laisse point émouvoir par la mauvaise opinion qu'on aura de lui ; qu'il soit inébranlable jusqu'à la mort, réputé injuste durant toute sa vie, bien que souverainement juste...

En voyant ce juste, ceux qui préfèrent l'injustice à la justice voudront qu'il soit flagellé, torturé, enchaîné, qu'il ait les deux yeux brûlés, qu'il souffre tout ce qu'on peut souffrir et qu'enfin il meure sur un gibet, puisqu'il a voulu être juste et non-seulement le paraître.

Nota. — Ce portrait idéal du juste ne représente-t-il pas, trait pour trait, Notre Seigneur Jésus-Christ, ainsi pressenti par Platon quatre cents ans avant sa venue?

Id. — De Leg., t. iv, p. 356.

Ce qu'un homme vertueux peut faire de mieux pour le bonheur de sa vie, c'est de se mettre en rapport continuel avec les dieux par des prières et par des vœux ; tous ceux qui agissent avec réflexion doivent au commencement de toute entreprise, de la moindre comme de la plus grande, invoquer la Divinité avant tout.

Id. — De Republica, t. vii, p. 517.

Aux extrêmes limites du monde intelligible, habite l'idée du bien, difficile à voir, mais que l'on ne peut voir sans aussitôt reconnaître qu'elle est la source de toute beauté et de tout bien ; que le monde intelligible reçoit d'elle la vérité et l'intelligence comme le monde visible en reçoit la lumière et les flambeaux destinés à la propager.

Id. — Phœdon, ch. XXVII

Pendant ce voyage circulaire, l'âme, s'élevant aux plus hautes régions, contemple la justice, la sagesse, la science, non celle qui est sujette au changement et qui se diversifie suivant la diversité des êtres, mais la science telle qu'elle existe en celui qui est l'Etre par excellence.

Id. — De leg., t. XII, p. 967

Il existe un préjugé de la multitude ignorante, à savoir, que tous ceux qui s'occupent de l'astronomie ou des sciences naturelles sont sur la pente de l'athéisme, parce qu'ils ne voient dans les phénomènes que l'action de lois nécessaires excluant l'intervention d'une cause intelligente et libre. Il suffit, pour être convaincu du contraire, de savoir que c'est l'âme qui est la première et la plus ancienne; qu'elle est l'origine du mouvement et de l'ordre. Déjà, parmi les hommes du temps passé, quelques-uns des plus instruits avaient pressenti ce qui est maintenant admis comme une vérité incontestable, savoir : qu'il était absolument impossible que des corps inanimés et dénués d'intelligence formassent seuls une si admirable régularité, une ordonnance si exactement calculée. Déjà même quelques-uns avaient osé dire ouvertement ce qu'ils pensaient et soutenir que ce bel ordre du monde ne pouvait être l'œuvre que d'une suprême intelligence.

Et comment pourrait-il en être autrement? Vous jugez que j'ai une âme intelligente, parce que vous apercevez de l'ordre dans mes paroles et dans mes actions; jugez donc en voyant l'ordre de ce monde qu'il y a une âme souverainement intelligente.

On devrait d'abord rendre meilleurs, avant de songer à les instruire, ceux qui matérialisent tout et qui ne tiennent pour vrai que ce qu'ils peuvent voir ou toucher; ils comprendraient alors la vérité de l'âme; ils apprendraient que la sagesse et la justice sont quelque chose, bien qu'elles ne soient ni visibles ni palpables.

Id. — *Phædon*, p. 79 et suiv.

Lorsque l'âme voit par les sens ou par le corps, elle est entraînée par celui-ci vers les choses qui sont toujours en mouvement et qui passent; et comme elle s'y attache, elle est emportée dans le mouvement, elle se trouble, elle est saisie de vertige et comme ivre. Mais lorsqu'elle voit par elle-même, elle s'envole vers l'Être pur, éternel, immuable; et comme elle se trouve faite pour lui, elle s'y attache. C'est alors la fin de son égarement et de son trouble; c'est la paix, c'est le repos qu'elle trouve pour s'être attachée à ce qui les possède par essence... Vois donc, ô Cébès, si de tout ce que nous avons dit, il ne s'ensuit pas que l'âme a beaucoup de rapports avec le divin, l'immortel, l'intelligible, l'uniforme, l'indissoluble, l'immuable, et le corps avec l'humain, le mortel, le sensible, le multiforme, le périssable et le changeant. Il convient donc que le corps tombe en dissolution et que l'âme demeure à jamais indissoluble. Aussi, lorsqu'un homme meurt, combien la partie visible, le corps a-t-il vite disparu ! Mais il en est tout autrement de la partie invisible de l'âme ; elle s'en va dans le séjour de la pureté, de la vertu, de l'invisible, dans le sein d'un Dieu sage et bon, et elle y monte d'autant plus aisément qu'elle est plus pure à l'heure de sa séparation d'avec le corps. Arrivée là, son bonheur est assuré ; elle est délivrée de tout ce qui fait son malheur en ce monde, de l'erreur, de l'ignorance, des craintes, des folles amours. Elle est désormais avec Dieu pour l'éternité.

PLINE L'ANCIEN

(*Histoire naturelle*, t. II, p. 7)

L'homme est un être plein de contradictions, la plus misérable des créatures, puisque les autres créatures n'ont pas de besoins qui soient hors de proportion avec leurs facultés ; tandis que l'homme a le cœur rempli de besoins et de désirs qu'il est incapable de satisfaire. Sa nature est un mensonge, c'est la plus grande misère unie aux plus hautes prétentions... Au milieu de tant de maux, il n'a pas de plus grand bien que de pouvoir s'ôter la vie...

Nota. — Telle serait l'humanité sans le Christ...

Id. — Hist. naturelle, t. ii, p. 4

L'esprit humain inventa la pluralité des dieux, incapable d'embrasser l'idée de la perfection dans toute son étendue ; il la divisa en plusieurs parties, substituant à l'idéal absolu des idéalités spéciales et se créant des objets particuliers de vénération. Il alla même si loin dans ce sens, qu'il serait difficile de nommer quelques-uns de ces objets sans rougir.

Nota. — Combien donc était nécessaire une révélation !

PLINE LE JEUNE

(*Lettre à Trajan*, Ep. I, xcvi)

Cette superstition s'est partout répandue dans la Bithynie. Point de villes, de bourgs ou même de villages qui n'en soient infectés. Les temples de nos dieux sont déserts et depuis longtemps déjà on ne leur offre plus de sacrifices... Pour obéir à vos ordres, je fis saisir quelques servantes, qui sont appelées diaconesses, et les fis mettre à la torture... Mais je ne trouvai rien de mal, sinon une superstition ridicule et exagérée... Les chrétiens s'assemblent avant le jour pour chanter des louanges en l'honneur du Christ qu'ils regardent comme leur Dieu... Ils s'engagent aussi par serment, non pas à commettre quelque crime, mais à s'abstenir de vol, d'adultère, de mensonge. Leur nombre est tellement considérable que je me demande s'il est nécessaire de les rechercher tous pour les punir, ou bien de punir seulement ceux qui, étant dénoncés, s'obstinent avec opiniâtreté à refuser de sacrifier aux dieux?

Id. — Ep. 1. vII, 26

A l'approche de la mort, on revient à croire à la divinité et on se souvient qu'on est homme.

PLUTARQUE

(*Œuvres complètes*, trad. de RICARD, 1803)

Vous pouvez voir des cités sans murailles, sans lois, sans monnaie, sans écriture; mais un peuple sans Dieu, sans prière, sans pratiques religieuses ni sacrifices, c'est ce que nul n'a encore vu et ne verra jamais.

POINTER

(*Insuffisance de la raison humaine relativement à la religion, à la morale et à l'ordre physique de l'univers.* — Extrait.)

Admettre l'existence d'un grain de sable, c'est admettre un mystère. Comment ce grain est-il sorti du néant? Voilà un mystère. Est-ce par la création? L'acte de la création est un mystère. Est-il incréé et ne doit-il son existence qu'à lui-même? Voilà encore un bien plus grand mystère. Ce grain de sable est-il divisible à l'infini ou ne l'est-il pas? Que vous admettiez l'affirmative ou la négative, vous ne pouvez vous dégager des nuages du mystère le plus obscur.

Celui qui admet l'existence de Dieu admet un mystère, car jamais l'intelligence humaine ne pourra comprendre la nature et les attributs de la divinité ; mais celui qui admet l'existence d'un grain de sable tombe dans l'absurde en voulant, après avoir admis le premier mystère, se refuser à croire le second.

POPE

(Le Messie, églogue sacrée)

Filles de Jérusalem, entonnez le cantique, et que vos sublimes accords répondent à la majesté du sujet ! Le cristal des fontaines, l'ombre des forèts, les songes du Pinde et le commerce des Aonides n'ont plus de charme pour moi... O toi, qui touchas d'un charbon de l'autel les lèvres d'Isaïe, daigne animer ma faible voix...

Transporté en esprit dans les âges futurs, le Prophète s'écrie : Une vierge concevra ; une vierge enfantera un fils. Je vois, de la tige de Jessé, sortir un rejeton ; cette fleur sacrée remplira le ciel de ses parfums ; l'esprit céleste agitera doucement ses feuilles et la colombe mystérieuse descendra sur son sommet. Cieux, faites descendre cette rosée précieuse dans le silence respectueux de toute la Nature !...

Venez, divin enfant, manifestez-vous ; la Nature s'empresse de vous offrir les prémices de ses fleurs et tous les parfums que le printemps respire. Les cèdres du Liban baissent leurs têtes orgueilleuses ; des vapeurs d'encens s'élèvent de l'humble Saron et la cîme fleurie du Carmel porte ses aromates jusque dans les nues.

Quel cri d'allégresse s'est fait entendre au désert ? Préparez la voie ! Un Dieu vient, un Dieu vient ! Les échos des montagnes répètent : un Dieu, un Dieu ! La gloire de l'Éternel descend sur toi, ô terre ! reçois ce don ineffable. Montagnes, abaissez-vous, vallons, élevez-vous ! Que les roches s'amollissent, et que les fleuves rapides se répandent en torrents : le Sauveur vient ! Le Sauveur annoncé par d'anciens oracles ! Sourds, écoutez-le ! Aveugles, voyez-le ! Le muet chantera et le boiteux extasié sautera comme un faon.

Ce vaste univers n'entendra plus ni soupirs, ni murmures, et toute larme sera essuyée des yeux ; la mort se verra liée de chaînes d'airain, et le pâle tyran des enfers frémira éternellement sur les ruines de son empire.

PORTALIS

(Discours sur le Concordat)

Bien loin que la superstition soit née de l'établissement des religions, on peut affirmer que sans le frein des doctrines et des institutions religieuses, il n'y aurait plus de terme à la crédulité. La foi ne fait que tenir dans l'homme la place que la raison laisse vide et que l'imagination remplirait incontestablement plus mal. Les hommes en général ont besoin d'un culte pour n'être pas superstitieux et d'être croyants pour n'être pas crédules.

Id. — De l'usage et de l'abus philosophiques,
Paris, 1827, t. ii, p. 171

Je connais des incrédules qui croient au diable sans croire à Dieu. Quelques années avant la Révolution française, un des conservateurs de la Bibliothèque nationale me disait que, depuis quelque temps, la plupart de ceux qui venaient pour s'instruire dans ce vaste dépôt, ne demandaient que des livres de sortilèges et de cabale.

Id. — Du système des philosophes modernes en matière de religion positive

On rit de pitié, toutes les fois qu'on entend un sérieux personnage déclamer hautement contre la prière et nous dire d'un ton gravement bouffon que Dieu connaît nos besoins et que ce n'est pas à nous à l'on instruire. Est-ce donc pour l'instruction de Dieu que la prière est ordonnée? S'il connaît nos besoins, n'est-il pas important que nous les connaissions nous-mêmes? Et le vrai moyen de les sentir et de les connaître, n'est-il pas de les exposer en sa présence et de lui offrir le sentiment profond de nos misères?

POUJOULAT

(*Voyage en Orient*, 1854, p. 220)

Le voyageur admirera bien un instant les forêts vierges du Nouveau-Monde et ses grands fleuves; mais l'homme n'a laissé dans ces brillants déserts aucune trace, et l'admiration du voyageur n'est pas de longue durée. Il y a un livre bien autrement attachant que le grand livre de la nature, c'est le cœur humain. Eh bien! la doctrine sortie du Calvaire a eu sur les sociétés humaines l'action la plus profonde dont les annales de la terre fassent mention. Tout est triste et désolé autour de Jérusalem, dans Jérusalem, et cependant la vue seule de cette mystérieuse ville prend tout votre être, et le tient comme suspendu entre Dieu et le monde.

Mais cette image de dévastation convient d'ailleurs à la ville des prophètes et du Christ; elle est en parfaite harmonie avec les idées qui naissent dans l'esprit du voyageur qui chemine sur les bords du Cédron et dans la voie douloureuse. Ah ! c'est une couronne de deuil qu'il faut à la ville déicide et non point une couronne de gloire.

PROUDHON

(De la justice dans la Révolution et dans l'Église, t. I , p. 28)

Croyez-vous en Dieu? Si oui, vous n'êtes pas seulement déiste, mais chrétien et catholique, car l'un est inséparable de l'autre. Si non, osez le dire. Car alors, ce n'est pas seulement à l'Église que vous déclarez la guerre, c'est à la foi du genre humain. Entre ces deux alternatives, catholique ou athée, il n'y a place que pour l'ignorance et la mauvaise foi. Moi je suis athée, mais si je venais à reconnaître un Être suprême, je m'agenouillerais immédiatement devant le Crucifix.

PYTHAGORE

(Jambliq. — In vitâ Pithagoris initium)

L'homme ne doit faire que ce qui est agréable à Dieu; mais c'est là qu'est la difficulté, car qu'est-ce qui est agréable à Dieu? Il ne peut le savoir sûrement, à moins que Dieu lui-même ou un génie céleste ne le lui indique.

Id.

Tout s'explique par les nombres et leurs combinaisons. Dieu est l'unité absolue ou primordiale, la monade des monades, l'origine de toutes choses, le père, l'âme de tous les êtres, le moteur de toutes les sphères ; créer, pour lui, c'est penser et vouloir. Ce Dieu unique a l'œil ouvert sur tout ce qui nait et se produit. L'âme est un nombre qui se meut lui-même. Le monde est un tout harmonieusement ordonné (Kosmos). Le soleil en est le centre et les autres corps célestes se meuvent autour de lui en formant une musique divine.

Vers dorés (*attribués à* PYTHAGORE)

Je ne sais quel destin trouble l'esprit des mortels ; semblables à des cylindres, ils roulent çà et là, accablés d'une infinité de maux... Mais, prends courage, la race des hommes est divine ; lorsque, dépouillé de ton corps, tu t'élèveras dans les régions éthérées, la mort n'aura plus sur toi de pouvoir, tu seras un Dieu immortel et incorruptible.

QUATREFAGES (DE)

(*Unité de l'espèce humaine ; Souvenirs d'un naturaliste*, t. II, p. 36)

L'homme est-il un animal, et s'il en est ainsi, quelle place lui revient dans nos cadres zoologiques ? Les réponses à cette double question ont été nombreuses et bien diverses. Le tableau des

contradictions de l'esprit humain est ici complet,
pas une case n'y reste vide... Je n'ai pas à dis-
cuter toutes ces opinions parmi lesquelles il en
est de si étranges ; il suffira de justifier celle que
j'ai embrassée depuis bien des années et que
chaque jour davantage je regarde comme la seule
vraie. Pour moi, l'homme diffère de l'animal tout
autant et au même titre que celui-ci diffère du
végétal ; à lui seul il doit former un règne (règne
hominal ou humain) et ce règne est marqué tout
aussi nettement, et par des caractères de même
ordre, que ceux qui séparent les uns des autres
les groupes primordiaux qu'on vient d'énumérer.

Je définis donc l'homme ainsi : « Un être organisé, vivant, sentant, se mouvant spontanément,
doué de moralité et de religiosité, et formant à
lui seul un quatrième règne dans la nature. »

Id. — Revue des Deux-Mondes

Pour animer et parer la surface de notre
globe, il fallait quelque chose de plus que la
pesanteur et les forces physico-chimiques. Il fallait une force nouvelle qui engendra des phénomènes nouveaux. Ce quelque chose, cette force,
c'est la vie. Elle est tout simplement la cause
inconnue d'un ensemble de phénomènes spé-
ciaux et particuliers aux êtres vivants... Elle
n'est pas de sa nature en opposition avec les
forces physico-chimiques. C'est tout simplement
une force qui vient s'ajouter à d'autres forces

déjà reconnues et universellement acceptées et qui, comme elles, se constate par ses effets. C'est elle qui, à côté et au-dessus des corps bruts, fait surgir les êtres organisés.

L'organisation, et par suite l'individualisation d'une quantité de matière, voilà les deux immenses phénomènes que la vie introduit à la surface du globe. L'organisation est donc le résultat, non la cause de la vie.

Id.

Quand on songe que le dogme de la fraternité humaine a été enseigné dans le Pentateuque à une époque où tous les peuples, ayant perdu le souvenir de leur paternité originelle, se haïssaient entre eux, on sent que Moïse a été inspiré de Dieu.

Id.

Les Boschismans du sud de l'Afrique et les Mincopies des îles Andamans sont des peuplades qui, certainement, occupent les derniers degrés de l'échelle sociale, et cependant ces peuplades, si arriérées sous tous les autres rapports, possèdent deux mythologies également remarquables par un mélange fort curieux de notions élevées et de conceptions aussi bizarres que puériles. Je recommande ce fait à l'attention des personnes qui s'occupent des questions de cette nature et aux réflexions de ceux qui considèrent le monde surnaturel comme une fiction poétique.

RACINE (Jean)

Esther (prière)

O mon souverain roi,
Me voici donc tremblante et seule devant toi !
Mon père mille fois m'a dit dans mon enfance
Qu'avec nous tu juras une sainte alliance,
Quand pour te faire un peuple agréable à tes yeux
Il plut à ton amour de choisir nos aïeux.
Même tu leur promis de ta bouche sacrée
Une postérité d'éternelle durée.
Hélas ! Ce peuple ingrat a méprisé ta loi,
La nation chérie a violé sa foi ;
Elle a répudié son époux et son père
Pour rendre à d'autres dieux un honneur adultère.
Maintenant elle sert sous un maître étranger,
Mais c'est peu d'être esclave, on la veut égorger.
Nos superbes vainqueurs, insultant à nos larmes,
Imputent à leurs dieux le bonheur de leurs armes,
Et veulent aujourd'hui qu'un même coup mortel
Abolisse ton nom, ton peuple et ton autel.
Ainsi donc, un perfide, après tant de miracles
Pourrait anéantir la foi de tes oracles,
Ravirait aux mortels le plus cher de tes dons,
Le Saint que tu promets et que nous attendons ?
Non, non, ne souffre pas que ces peuples farouches
Ivres de notre sang, ferment les seules bouches
Qui, dans tout l'univers, célèbrent tes bienfaits
Et confonds tous ces dieux, qui ne furent jamais.
Pour moi..

Id. — Esther à Assuérus

Ce Dieu, maître absolu de la terre et des cieux,
N'est point tel que l'erreur le figure à vos yeux.
L'Éternel est son nom, le monde est son ouvrage ;
Il entend les soupirs de l'humble qu'on outrage,
Juge tous les mortels avec d'égales lois,
Et du haut de son trône interroge les rois...

Id. — Athalie. (Joad à Abner)

Celui qui met un frein à la fureur des flots,
Sait aussi des méchants arrêter les complots.
Soumis avec respect à sa volonté sainte,
Je crains Dieu, cher Abner, et n'ai point d'autre crainte.

Id. — Athalie (chœur)

Tout l'univers est plein de sa magnificence,
Qu'on l'adore ce Dieu, qu'on l'invoque à jamais,
Son empire a des temps précédé la naissance.
    Chantons, publions ses bienfaits.
   Il donne aux fleurs leur aimable peinture,
    Il fait naître et mûrir les fruits ;
    Il leur dispense avec mesure
Et la chaleur des jours et la fraîcheur des nuits ;
Le champ qui les reçut, les rend avec usure.
Il commande au soleil d'animer la nature
Et la lumière est un don de ses mains ;
    Mais sa loi sainte, sa loi pure
Est le plus riche don qu'il ait fait aux humains.
O mont de Sinaï, conserve la mémoire

De ce jour à jamais auguste et renommé,
　　　　Quand sur ton sommet enflammé,
Dans un nuage épais le Seigneur enfermé,
Fit luire aux yeux mortels un rayon de sa gloire.

Id. — Athalie. (Prophétie de JOAD)

　　　　Quelle Jérusalem nouvelle
Sort du fond du désert brillante de clarté,
Et porte sur le front une marque immortelle ?
　　　　Peuples de la terre, chantez :
Jérusalem renaît plus brillante et plus belle.
　　　　D'où lui viennent de tous côtés
Ces enfants qu'en son sein elle n'a point portés ?
Lève, Jérusalem, lève ta tête altière ;
Regarde tous ces rois de ta gloire étonnés ;
Les rois des nations, devant toi prosternés,
　　　　De tes pieds baisent la poussière :
Les peuples à l'envi marchent à ta lumière.
Heureux qui pour Sion d'une sainte ferveur
　　　　Sentira son âme embrasée !
　　　　Cieux répandez votre rosée
Et que la terre enfante son Sauveur !

RACINE (FILS)

(Poème sur la religion)

Oui, c'est un Dieu caché que le Dieu qu'il faut croire ;
Mais tout caché qu'il est pour révéler sa gloire,
Quels témoins éclatants devant moi rassemblés !
Répondez, cieux et mers ; et vous, terre, parlez !

Id.

Je pense... La pensée, éclatante lumière,
Ne peut sortir du sein de l'épaisse matière.
J'entrevois ma grandeur. Ce corps lourd et grossier
N'est donc pas tout mon bien, n'est pas moi tout entier.
Quand je pense, chargé de cet emploi sublime,
Plus noble que mon corps un autre être m'anime.
Je trouve donc qu'en moi, par d'admirables nœuds,
Deux êtres opposés sont réunis entre eux.
De la chair et du sang, le corps vil assemblage,
L'âme rayon de Dieu, son souffle et son image,
Ces deux êtres liés par des nœuds si secrets
Séparent rarement leurs plus chers intérêts.
Leurs plaisirs sont communs, aussi bien que leurs peines ;
L'âme, guide du corps, doit en tenir les rênes ;
Mais par des maux cruels, quand le corps est troublé,
De l'âme quelquefois l'empire est ébranlé.
Dans un vaisseau brisé sans voile et sans cordage,
Triste jouet des vents, victime de leur rage,
Le pilote effrayé, moins maître que les flots,
Veut faire entendre en vain sa voix aux matelots,
Et lui-même avec eux s'abandonne à l'orage.
Il périt... Mais le nôtre est exempt du naufrage.
Comment périra-t-il ? Le coup fatal au corps
Divise ses liens, dérange ses ressorts ;
Un être simple et pur n'a rien qui se divise
Et sur l'âme, la mort ne trouve point de prise...
Le corps, né de la poudre, à la poudre est rendu ;
L'esprit retourne au Ciel d'où il est descendu.

RALEIGH (Sir Walter)

(Vers qu'il composa la veille de son exécution)

O temps! qu'es-tu? Tu prends en dépôt notre jeunesse, nos joies et tout ce que nous possédons; et tu ne nous dédommages qu'avec de la terre et de la poussière; tu enfermes dans l'ombre et le silence du tombeau l'histoire de notre vie, quand nous finissons notre course. Mais je suis assuré que le Seigneur me relèvera de cette poussière et m'ouvrira ce tombeau.

RAMBOSSON

(La loi absolue du devoir, Paris, 1875, p. 40 et 43)

Les lois mathématiques et morales sont l'essence de celui qui a dit : « *Ego sum, qui sum* », l'essence de Dieu même. Toute manifestation de Dieu se fait spontanément suivant ces lois...

La vérité et la morale, c'est-à-dire les axiomes du vrai et du bien, existent. Donc ils appartiennent à une substance, comme l'effet à une cause. Cette substance des axiomes, c'est Dieu même. Ceux qui admettent la vérité et la morale et qui nient Dieu, n'aperçoivent pas cette liaison nécessaire.

Id. — page 46

Les personnes religieuses trouveront un double

intérêt à voir que les grandes lois générales de la morale enseignées par le christianisme sont en parfaite harmonie avec la science, et démontrées rigoureusement par la raison. Tous les grands génies qui ont illustré le christianisme ont regardé comme une pieuse et louable ambition, ambition qui les possédait eux-mêmes, de faire rayonner sur les dogmes l'évidence des démonstrations scientifiques.

REUSCH

(*La Bible et la Nature*, 1863, p. 81)

Lorsque la Bible parle du reste du monde, c'est seulement en tant qu'il a des rapports avec la terre. Aussi n'est-il question du soleil et des astres que le quatrième jour, parce que c'est le quatrième jour seulement que leurs rayons ont touché directement la terre.

RIANCEY (DE)

(*France Nouvelle*, 1869)

Notre génération étourdie par les merveilles qu'elle a enfantées, par les prodiges de la science, par les inventions de son génie, est trop disposée à s'adorer elle-même et à ne reconnaître d'autre toute-puissance que la sienne. Plaignons ceux pour lesquels un palais de cristal est comme un autel nouveau où l'homme se rend à lui-même des hommages divins. Si complète et si riche qu'elle soit, une exposition industrielle ne vaut pas un simple mouvement de l'âme vers Dieu, une simple prière d'enfant.

Id. — *Histoire du Monde.* (*Les Prophéties*)
(voy. t. i à v)

L'histoire ancienne est pleine du Christ; les prophéties des différents peuples en font foi. Elles ont toutes, comme ces peuples, une commune origine qui remonte aux prémiers âges du monde.

1º Chez le Peuple Juif

I. — *Prophéties de Moïse.* — Dieu dit au serpent : « Je placerai entre toi et la femme, entre sa race et la tienne une inimitié profonde ; elle t'écrasera la tête et tu chercheras à lui mordre le talon. » (Genèse).

Dieu dit à Abraham : « Puisque tu as fait cela et que tu n'as pas épargné ton fils unique à cause de moi, je te bénirai et je multiplierai ta postérité comme les étoiles du ciel et les sables de la mer ; et toutes les nations de la terre seront bénies en celui qui sortira de toi, parce que tu as obéi à ma parole. »

Jacob mourant dit à ses fils : « Mais toi, ô Juda, tes frères te loueront, ta main mettra sous le joug tes ennemis ; les enfants de ton père t'adoreront. Juda est un jeune lion, à lui le sceptre ;

et le sceptre ne sortira pas de Juda jusqu'à ce que vienne celui qui doit venir et qui sera l'attente des nations. »

Balaam s'écrie en voyant les Israélites dans le désert : « Une étoile se lèvera de Jacob. Un sceptre se dressera d'Israël et il dominera sur tous les fils de Seth. »

II. — *Prophéties de David.* — « Le Seigneur a dit à mon Seigneur : Asseyez-vous à ma droite, jusqu'à ce que je réduise vos ennemis à vous servir de marche-pieds. »

Le Seigneur fera sortir de Sion le sceptre de sa puissance. Régnez au milieu de vos ennemis. Je vous ai engendré de mon sein avant l'étoile du matin. Toutes les extrémités de la terre se convertiront au Seigneur et toutes les nations seront dans l'adoration en sa présence.

III. — *Prophéties d'Isaïe.* — Un rejeton sortira de la tige de Jessé ; une fleur s'élèvera de sa racine. Voici que la Vierge enfantera un fils et lui donnera le nom d'Emmanuel, c'est-à-dire Dieu avec nous. Il jugera les pauvres dans la justice et se portera le vengeur des humbles de la terre. Il sera exposé comme un étendard devant tous les peuples, et les nations viendront lui offrir leurs prières. Son empire s'étendra de plus en plus, et la paix qu'il établira n'aura point de fin. Cependant il sera méconnu et regardé comme un objet de mépris ; Dieu l'a chargé lui-même de l'iniquité de tous, et il s'est offert parce qu'il l'a voulu; il sera mené à la mort comme une brebis qu'on égorge et il demeurera dans le silence comme un agneau devant celui qui le tond. Le châtiment qui devait nous procurer la paix est tombé sur lui et nous serons guéris par ses meurtrissures.

IV. — *Prophéties de Zacharie.* — Filles de Sion, soyez comblées de joie ; filles de Jérusalem, poussez des cris d'allégresse ; voici votre roi qui vient à vous, ce roi juste qui est le Sauveur. Il est pauvre, et il vient monté sur une ânesse.

V. — *Prophéties de Michée.* — Et toi, Bethléem-Ephrata, tu es petite entre les villes de Juda, mais c'est de toi que doit sortir celui qui doit régner sur Israël; celui dont la génération est dès le commencement, dès l'éternité.

VI. — *Prophéties de Daniel.* — Le Dieu du ciel suscitera un royaume qui ne sera jamais détruit, qui renversera et qui réduira en poudre tous ces royaumes pour subsister éternellement, selon que vous avez vu que la pierre qui avait été arrachée de la montagne sans la main d'aucun homme, a brisé l'argile, le fer, l'airain, l'argent et l'or de la statue. Le grand Dieu a fait voir au roi ce qui doit arriver dans l'avenir. (Songe de Nabuchodonosor.)

Dieu a abrégé et fixé le temps en faveur de votre peuple et de votre ville sainte, afin que ses prévarications soient abolies, que le péché trouve sa fin, que l'iniquité soit effacée, que la justice éternelle vienne sur la terre, que les visions et les prophéties soient accomplies et que le Saint des Saints soit oint. Sachez donc ceci et gravez-le dans votre esprit : Depuis l'ordre qui sera donné de rebâtir Jérusalem, jusqu'au Christ le chef, il y aura sept semaines et soixante-deux semaines (d'années). Et après ce temps, le Christ sera mis à mort, et le peuple qui doit le re oncer ne sera point son peuple. Un autre peuple, avec son chef qui doit venir, détruira la ville et le sanctuaire. Elle finira par la ruine totale et la désolation durera jusqu'à la fin.

VII. — *Prophéties de Siméon.* — C'est maintenant, Seigneur, que vous laisserez aller en paix votre serviteur selon votre parole, puisque mes yeux ont vu le Sauveur que vous nous donnez et que vous avez destiné pour être manifesté à tous les peuples, comme la lumière qui éclairera les nations et la gloire d'Israël, votre peuple.

2° CHEZ LES AUTRES PEUPLES.

Les législateurs de la Chine, Lao-Tcheu et Kong-Fou-Tcheu, qui vivaient environ cinq siècles avant Jésus-Christ, affirment qu'on verra la consommation de toute sagesse dans la personne d'un sage qui viendra de l'Occident. Ce saint, ajoute Meng-Tseu, est celui qui voit tout, qui sait tout, dont les paroles sont toute doctrine, les pensées toute vérité... Les peuples l'attendent comme les feuilles desséchées attendent la pluie. Il est une même chose avec le Tien (ciel suprême), et sans le Tien le monde ne le pourrait reconnaître. Lui seul est un holocauste digne de la majesté de Chang-Ti (le Seigneur souverain). Kong-Fou-Tcheu rapporte encore cette antique tradition : « La Vierge nommée Hoa-Sse (fleur attendue), se promenait sur le bord d'un fleuve nommé Fo-Ki. Elle marcha sur la trace du grand Être ; elle s'émut ; un arc-en-ciel l'environna et, par ce moyen, elle conçut. »

En Perse, les Mages étaient occupés, dit Albufaradge, à chercher dans le ciel l'étoile miraculeuse qui devait les conduire au berceau du grand Saint, afin de partir pour aller l'adorer et lui porter des présents. Ce qu'ils firent, en effet, à Bethléem. (Adoration des Mages.)

Zoroastre n'avait-il pas écrit, dans le Zend-Avesta : « Une Vierge sans tache enfantera un Saint dont l'apparition sera annoncée par une étoile, astre nouveau qui guidera ses adorateurs vers le lieu de sa naissance. »

Zoroastre dit aussi que « ce saint sera le médiateur (Mithra) qui chassera de ce monde de douleur le germe de l'homme impur, le délivrera de celui qui fait le mal et opérera la résurrection des morts et le renouvellement des corps. » (Traduction de M. Lajard, de l'Institut.)

Dans l'Inde, l'Égypte, l'Amérique, partout le

second Dieu des triades primitives, le Dieu fils, le Dieu Verbe est considéré comme un médiateur et un sauveur. C'est le Wishnou indien qui s'incarne et devient Boudha, c'est-à-dire Dieu sauveur. Chez les Egyptiens, c'est la naissance d'Apis qui est, sous la forme du taureau, l'incarnation d'Osiris ou du Dieu tout-puissant qui offre le même cachet symbolique et mystérieux. « Une flamme fécondante descend du ciel et touche la vache qui reste vierge avant et après l'enfantement. Apis doit mourir de mort violente et après sa mort rentrer dans le sein de Dieu sous le nom de Sérapis. » Les peuples d'Amérique soupirent après la venue du fils du Soleil ou d'Urusana, appelé aussi le fils de la Vierge-Mère, et cette croyance facilitera plus tard la conquête espagnole. Enfin, les Japonais attendent l'avènement de Peyrum ; les Siamois, celui de Sommona-Codom, qui devait naître du côté droit d'une vierge fille de roi, la céleste Maga, laquelle n'aurait pas perdu sa virginité en le mettant au monde.

En Europe, le second Dieu des triades est aussi un Dieu sauveur. Le Teutatès des Celtes, le Radegast des Slaves, le Wuotan des Germains. En Gaule, les Druides avaient élevé un autel à la Vierge qui devait enfanter, au lieu où plus tard on construisit la cathédrale de Chartres. Chez les Grecs, sans parler de la fable de Prométhée, l'idée d'un médiateur était généralement acceptée et regardée comme indispensable. On lui avait même bâti des temples avec cette devise : « Au Dieu inconnu ! » comme celui que saint Paul trouva dans Athènes. Platon avait annoncé la trinité mystérieuse, le Dieu, le Fils de Dieu et l'Esprit. Il avait dit ce que devait être ce médiateur descendu tout exprès du ciel pour apprendre aux hommes leurs devoirs envers la divinité, c'est-à-dire un juste par excellence ; mais qu'il serait honni, méconnu, flagellé et enfin mis en croix. Ce tableau si exact de ce que devait être le Christ donne à penser que Platon avait eu connaissance des prophéties juives.

Chez les Romains enfin, chez le grand peuple, le peuple-roi, on n'avait point oublié les prophéties de la Sybille, les anciens oracles saluant l'enfant qui devait venir, le futur sauveur du monde. C'était une croyance universelle, dit Tacite, répandue et fondée sur d'antiques prophéties, que l'Orient deviendrait puissant, et que des hommes sortis de la Judée fonderaient une domination nouvelle. Suétone dit exactement la même chose. Selon d'antiques prophéties, dit Cicéron, un roi doit paraître, auquel on sera obligé de se soumettre pour être sauvé ; et Virgile, dans ses chants immortels : « Le nouvel âge d'or prédit par la Sybille va être inauguré par la naissance d'un enfant mystérieux, fils d'une vierge, qui renouvellera le monde, effacera les crimes des hommes et fera régner la paix sur toute la terre. »

Id. — Hist. du monde, t. **ii**, p. 38 et 39

Moïse étendit de nouveau sa verge sur la Mer Rouge et les flots, en retombant, engloutirent l'armée entière du Pharaon. Alors Marie, sœur de Moïse, et les femmes d'Israël entonnèrent ce magnifique cantique :

« Chantons le Seigneur, car il a fait éclater sa magnificence et sa gloire ; il a précipité dans l'abîme le cheval et le cavalier. Jéhovah est le roi de la guerre ! Jéhovah est son nom ! Il a renversé dans la mer les chars du Pharaon et de son armée ; et ses guerriers d'élite ont été engloutis. Les abîmes les ont couverts ; ils sont descendus dans les profondeurs comme la pierre. Ta droite, Jéhovah, ta droite a fait éclater ta force ; ta droite a brisé l'ennemi !... »

Et pendant que les chants montaient vers le ciel, sur l'autre rive, le savant Amenemani écrivait au scribe Pentaour (papyrus Sallier n° 1) comme pour faire la contre-partie du récit de Moïse :

« Le puissant triomphait dans son cœur en voyant s'arrêter l'esclave ; son œil les touchait, son visage était sur leur visage ; sa fierté était au comble.

« Tout à coup le malheur, la dure nécessité s'emparent de lui...

« Oh ! répète l'assoupissement dans les eaux, qui fait des glorieux un objet de pitié ; dépeins la jeunesse consternée dans sa fleur, la mort des chefs, la destruction du maître des peuples, du roi de l'Orient et du Couchant ! quelle nouvelle peut être comparée à celle que je t'envoie ! »

Id. — Histoire du monde, t. I, p. 68, 102 et 104

A six milles au sud de Hilla en ligne droite, écrit M. Rich résident anglais à Bagdad, on rencontre comme une colline oblongue, dont la base peut avoir deux mille deux cents pieds de tour. Cette colline, c'est la main des hommes qui, joignant des briques avec un indestructible ciment, l'a élevée à une hauteur de deux cents pieds. Cette masse est tronquée de plus de la moitié. D'énormes fragments sont tombés du faîte. Ils portent encore la trace d'un incendie violent qui les a presque vernissés et l'on ne saurait nier que le feu du ciel les a frappés et jetés à terre. Des huit terrasses que l'édifice contenait autrefois, deux seulement, résistant toujours, sont restées debout. On les distingue très bien. C'est tout ce qui reste de la tour de Babel.

Voici maintenant la traduction, par M. J. Oppert, des caractères cunéiformes d'une brique trouvée à Babel :

« Nabuchodonosor, roi de Babylone. Moi, j'ai reconstruit la pyramide (Babel), la tour à étages (Birs-Nemrod), le temple des sept lumières de la terre auquel se rattache la mémoire de Borsippa (dispersion des tribus.)

« Le premier roi l'avait commencée (on compte d'ici là quarante-deux vies humaines) sans en achever le faîte. Ils y avaient proféré en désordre l'expression de leurs pensées. Le tremblement de terre et le tonnerre avaient ébranlé la brique crue qui s'était écroulée en formant des collines. A la refaire, le grand dieu Mérodach a engagé mon cœur. Je n'ai pas touché à l'emplacement, je n'ai pas attaqué les fondements ; j'ai ceint par des galeries la brique crue des étages et la brique cuite des revêtements ; j'ai renouvelé la rampe circulaire ; j'ai posé la mémoire de mon nom dans les pourtours des galeries comme jadis ils en avaient conçu le plan. Ainsi j'en ai relevé le faîte. »

NOTA. — La science est donc encore venue confirmer ici le récit de Moïse. Comment douter à présent de la construction première de la tour de Babel et de la confusion des langues qui s'en est suivie ?

RICHARD DE SAINT-VICTOR

(*De Trinit.*, t. II, p. 2)

Le monde entier est un livre écrit avec le doigt de Dieu…. Si nos croyances sont fausses, c'est vous-même, ô Dieu, qui nous avez trompés par les miracles que vous avez faits.

Id. — t. III, p. 2.

La félicité ne peut s'imaginer sans l'amour.

Jamais on ne dira de quelqu'un qu'il possède l'amour, lorsqu'il recherche son bien-être et sa propre satisfaction. Pour que l'amour soit véritable, il faut qu'il tende vers un autre. Sans doute, Dieu peut avoir de l'amour pour sa créature, mais non un amour infini, car la créature n'est pas digne d'un tel amour. Si donc la personne divine n'avait pas une seconde personne qui l'égalât, elle serait donc obligée de s'aimer elle-même afin d'avoir un objet digne de son amour infini. Afin donc que la divinité puisse déployer la plénitude de son amour, il lui faut une seconde personne divine, en sorte qu'elle se trouve en communauté divine.

RICHL

(La Société civile, Stuttgard, 1853, p. 235)

N'était le célibat des prêtres, il y a longtemps que le clergé catholique, avec son admirable organisation, serait devenu une caste sacerdotale héréditaire; l'Eglise se serait confondue avec l'Etat, les dignités spirituelles se seraient perpétuées comme les fiefs temporels; le prince serait devenu évêque et l'empereur pape. L'Europe aurait vu s'éteindre et disparaître dans son sein jusqu'à l'idée de la séparation et de l'indépendance des deux pouvoirs.

RITTER (H.)

(*Histoire de la Philosophie*, t. v, p. 7)

Alors, par le christianisme se fonda une société spirituelle à côté de la société civile et politique, une société qui brisa les chaînes de l'exclusivisme national antique, qui réunit Grecs, Romains et barbares sous l'autorité d'un même maître et qui portait en soi la tendance réfléchie à embrasser toute l'humanité. Avec cette révolution naquit l'histoire universelle. Auparavant il y avait des histoires de peuples isolés qui, à la vérité, avaient entre eux des points de contact, une dépendance mutuelle extérieure, mais qui n'avait pas conscience d'un intérêt universel commun, dans lequel ils devaient chercher le centre le plus intime de leur vie.

ROBIN (CHARLES)

(*Dictionnaire encyclopédique des Sciences médicales*, article Organe, p. 525 et 526)

Scientifiquement, il n'y a rien de démontré sur ce qui concerne : 1° La question de savoir quand et comment est apparu, soit le premier organisme, soit le premier couple de chacune des collections d'individus que nous appelons espèces, végétales et animales ; 2° celle de savoir s'il est apparu un individu ou un couple, soit en un seul lieu, soit en plusieurs lieux à la fois ou à des époques diverses ; 3° si de cet individu ou de ce couple toutes les autres espèces sont dérivées ; 4° si au contraire c'est un ou plusieurs individus de chaque espèce qui sont apparus où nous les trouvons, soit tels que nous les trouvons, soit à l'état d'ovules comme l'embryogénie nous les montre d'abord.

Nous savons que ces divers organismes sont, nous savons ce qu'ils sont et qu'ils n'ont pas toujours été ; nous connaissons à peu près, pour certains d'entre eux, les lieux et les époques géologiques de leur apparition... La science ne peut rien affirmer de plus...

Car il y a fiction et non théorie dans toute conception qui toujours renvoie le fait devant servir de preuve à des temps passés où nous n'avons jamais pu être...

Ceux-là seuls qui, avec ou sans intention, donnent leurs suppositions pour des réalités observées, ceux-là seuls qui croient que les notions biologiques s'acquièrent comme les connaissances littéraires par la vue des formes et le commentaire des textes, donnent avec enthousiasme ces hypothèses pour de réelles acquisitions scientifiques.

Telle est l'hypothèse Darwinienne du transformisme qui reste à l'état d'hypothèse plus ou moins ingénieuse, mais qui scientifiquement n'a aucune valeur. Car il faut le reconnaître, devant l'hypothèse de la transmutation de certains êtres ou individus différents, se multipliant bientôt entre eux de manière à former une collection ou groupe spécifique distinct et nouveau, perdant en même temps la possibilité de l'interfécondation par rapport à leurs générateurs spécifiques, restant tels pendant des milliers d'années, devant ce fait, c'est avec raison que tous ceux qui étudient le transformisme pour la première fois demandent et demanderont toujours qu'on appuie la démonstration sur un exemple, ne fût-ce qu'un seul, de l'ordre des précédents qui puisse les guider. Une hypothèse qui ne possède pas un seul fait de cet ordre, qui ne représente par conséquent pas la généralisation de plusieurs autres analogues jusque-là restés inconnus, ne saurait recevoir le nom de théorie, ni surtout être validement comparée à celle de l'attraction Newtonienne.

ROBIN (Eugène)

(Cité par Caussette, *Le bon sens de la foi*, t. I, p. 705 à 708)

Aujourd'hui il n'y a rien de fixe et de stable à quoi l'on puisse rattacher sa vie. Les idées et les rois passent, tout se déplace, tout s'use avec une dévorante rapidité ; la société change dix fois de face entre le berceau et la tombe d'un mortel. En vérité au milieu de cette versatilité des choses, il n'y a qu'une ville et qu'un homme qui, par leur immobilité dans l'océan du temps, présentent à notre esprit une image de suite et de perpétuité : Rome et le Pape,

Trouvez-moi pour ceux qui sont las d'errer à la merci de tous les vents et qui demandent à la vie le calme de l'éternité, un refuge assuré où chercher un abri, un port toujours ouvert où amarrer leur barque, si ce n'est ce rocher plus haut que les tempêtes, Rome et la Papauté!

Comment ne pas être frappé par un fait comme celui-ci. L'apostolat confié par le Christ, il y a dix-huit cents ans, à l'un de ses disciples, s'est perpétué de pape en pape jusqu'à nos jours ; pouvoir dire cela aujourd'hui et être sûr qu'on le dira demain, cela doit bien signifier quelque chose. Et si l'on songe que depuis le jour où cette parole a été prononcée en Judée, la barbarie, le schisme, la réforme, la philosophie se sont rués tour à tour, la torche et le fer à la main sur le siège occupé par le même apôtre, continué dans mille vies ; que Rome, la ville éternelle des temps modernes comme elle l'était des temps antiques, a été prise, reprise, occupée, saccagée par tous les fléaux venus de l'Orient et de l'Occident ; qu'il n'y a pas plus de trois siècles, des soldats ivres, conduits par un renégat, y sont entrés au nom de Luther; qu'il n'y a pas trente ans qu'un empereur, son souverain par la conquête, lui envoyait un préfet, comme faisaient ceux de Constantinople dans les premiers temps de ses pontifes; oh! alors le fait grandit à la taille de l'idée, devient immense comme le dogme; et quoiqu'on en ait, il faut bien, je le répète, que ce fait sans pareil signifie quelque chose.

C'est en vain que nous voudrions détourner les yeux de cette prodigieuse image de perpétuité.., Car Rome est toujours debout et à ce centre de la chrétienté, déchirée par les ravages de l'incrédulité et de l'indifférence, il y a un pape comme il y en avait un sous Néron, alors que le christianisme naissant était déchiré dans le cirque par les bêtes féroces.

Autour de cette miraculeuse continuité, l'Europe a changé trois fois de face.

L'antiquité s'est éteinte. Le moyen-âge est mort. Trois empires, celui de Charlemagne, celui de Charles-Quint, celui de Napoléon, se sont élevés et ont disparu. Des nations ont brillé qui ne sont plus. Un monde découvert est échu en partage à la puissance temporelle et à la puissance spirituelle; celle-ci seule a gardé sa part. Tout a fait son temps, idées, peuples et empires; le pape seul est resté. Il y a dans ce fait, je ne saurais trop le répéter, quelque chose qui vaut bien la peine qu'on y réfléchisse un peu.

Mais nous sommes dans un temps où l'on a inventé, à l'usage des parties, une logique habile qui sait nier l'évidence. Les vieilles haines contre Rome ne sont pas mortes dans nos cœurs révolutionnaires. Les pères ont cru avoir régénéré le monde et les fils qui ont accepté leur grandeur ne peuvent s'accoutumer à cette idée, que le Pape, de son inexpugnable hauteur, ait contemplé, avec un regard plein d'une commisération et d'une certitude entière dans les promesses divines, nos terribles révoltes, nos puissants enfantements, nos incendies allumés à tous les coins du monde, le sang versé à faire bondir le cœur, ce fracas d'empires et de rois tombés à confondre l'esprit, tout cela comme un vieux marin regarde de la plage la lutte des éléments, assuré qu'il est, par les signes qu'il a vus dans le ciel, que demain tout ce grand bruit aura cessé et que l'Océan débordé rentrera dans ses abîmes.

ROCHEFORT (Comte Henri de)

(Poésies, 1855)

Sonnet a la Sainte Vierge

Toi que n'osa frapper le premier anathème,
Toi qui naquis dans l'ombre et nous fis voir le jour,
Plus reine par ton cœur que par ton diadème,
Mère avec l'innocence et vierge avec l'amour.

Je t'implore là-haut comme ici-bas je t'aime,
Car tu conquis ta place au céleste séjour ;
Car le sang de ton fils fut ton divin baptême
Et tu pleuras assez pour régner à ton tour.

Te voilà maintenant près du Dieu de lumière ;
Le genre humain courbé t'invoque la première,
Ton sceptre est de rayons ; ta couronne est de fleurs.

Tout s'incline à ton nom, tout s'épure à ta flamme,
Tout te chante, ô Marie, et pourtant quelle femme,
Même au prix de ta gloire, eût bravé tes douleurs !

ROHRBACHER

(Histoire universelle de l'Eglise catholique, t. 1)

Sans Moïse et les prophètes et sans le Christ qui en est le complément, l'histoire humaine serait ce qu'était le monde à son origine, un chaos informe et vide, un je ne sais quoi, sans corps ni âme. Dix siècles avant que l'antiquité profane nous offre aucune histoire un peu suivie, Moïse, le premier, débrouille ce chaos, y crée la lumière, y distingue des jours et des époques ; Moïse le premier lui donne un corps organique et vivant, un ensemble qui embrasse tous les siècles et tous les peuples ; le premier, il nous découvre ce souffle de vie qui anime ce vaste corps, la divine Providence qui surveille le genre humain comme une mère son fils, pour le conduire de l'enfance à l'adolescence, de l'adolescence à l'âge viril, et le mettre en état de remplir ses grandes destinées. Après Moïse, les prophètes développeront de plus en plus cette histoire vivante de l'humanité ; ils l'écriront même d'avance. Quand les prophètes auront achevé ainsi d'écrire l'histoire future, cinq ou six siècles avant la venue du Christ, alors seulement paraîtront les écrivains profanes pour enregistrer les faits isolés, recueillir les fragments de vérité ; faits et fragments qui, à eux seuls, ne présenteraient qu'un amas de décombres, mais qui, dans Moïse, les prophètes et le Christ, trouvent leur ensemble comme les pierres d'un même édifice.

ROLLIN

(Caractères propres et particuliers à l'Histoire sainte)

Il n'en est pas de l'histoire sainte comme de toutes les autres. Celles-ci ne renferment que des faits humains et des événements temporels, souvent pleins d'incertitude et de contrariétés. Mais celle-là est l'histoire de Dieu même, de l'Etre souverain ; l'histoire de sa toute-puissance, de sa sagesse infinie, de sa justice, de sa miséricorde et de ses autres attributs, montrés sous mille formes et rendus sensibles par une infinité d'effets éclatants...

Dès le commencement, on voit Dieu toujours attentif à son œuvre, préparer de loin la formation de l'Eglise chrétienne et en jeter les fondements, en révélant à l'homme les mystères dont la connaissance a toujours été nécessaire au salut, en lui renouvelant souvent la promesse du libérateur, en lui marquant la nécessité de la foi au médiateur pour obtenir la vraie justice ; enfin en enseignant l'essence de la religion et l'esprit du vrai culte ; en transmettant de siècles en siècles, sans altération, les dogmes capitaux par la longue durée de la vie des premiers patriarches ; en prenant soin, au moyen de l'arche, de sauver du naufrage de l'univers ces vérités essentielles ; et enfin en se formant, dès les premiers temps, une société de justes, plus ou moins nombreuse et visible, et les conservant par une succession non interrompue.

ROUSSEAU (Jean-Baptiste)

(Odes)

L'homme en sa course passagère
N'est rien qu'une vapeur légère
Que le soleil fait dissiper ;
Sa clarté n'est qu'une nuit sombre
Et ses jours passent comme l'ombre
Que l'œil suit et voit échapper.

Id.

Soutiens ma foi chancelante,
Dieu puissant, inspire-moi
Cette crainte vigilante
Qui fait pratiquer ta loi,
Loi sainte, loi désirable,
Ta richesse est préférable

A la richesse de l'or,
Et ta douceur est pareille
Au miel dont la jeune abeille
Compose son cher trésor.

ROUSSEAU (Jean-Jacques)

(Lettre de la montagne)

La question de savoir si Dieu peut déroger aux lois qu'il a établies pour faire des miracles, serait impie si elle n'était absurde. Ce serait faire trop d'honneur à celui qui la résoudrait négativement que de le punir, il faudrait l'enfermer.

Id. — Emile, t. iv

Fuyez ceux qui, sous prétexte d'expliquer la nature, sèment dans les cœurs des hommes de désolantes doctrines... Renversant, détruisant, foulant aux pieds tout ce que les hommes respectent, ils ôtent aux affligés la dernière consolation de leur misère, aux puissants et aux riches le seul frein de leurs passions, ils arrachent du fond des cœurs le remords du crime, l'espoir de la vertu, et se vantent encore d'être les bienfaiteurs du genre humain. Jamais, disent-ils, la vérité n'est nuisible aux hommes. Je le crois comme eux; et c'est à mon avis une grande preuve que ce qu'ils enseignent n'est pas la vérité.

Id.

On a beau vouloir établir la vertu par la raison seule, quelle solide base peut-on lui donner? La vertu, disent-ils, est l'amour de l'ordre. Mais cet amour peut-il donc et doit-il l'emporter en moi sur celui de mon bien-être? Qu'ils me donnent une raison pour le préférer. Dans le fond, leur prétendu principe n'est qu'un pur jeu de mots ; car je dis aussi, moi, que le vice est l'amour de l'ordre pris dans un sens différent. Il y a quelque ordre moral partout où il y a sentiment et intelligence. La différence est que le bon s'ordonne par rapport au tout et que le méchant ordonne le tout par rapport à lui. Celui-ci se fait le centre de toutes choses ; l'autre mesure son rayon et se tient à la circonférence. Alors il est ordonné par rapport au centre commun qui est Dieu et par rapport à tous les cercles concentriques qui sont les créatures. Si la divinité n'est pas, il n'y a que le méchant qui raisonne, le bon n'est qu'un insensé.

Id.

Je ne sais pas pourquoi on veut attribuer à la philosophie la belle morale de nos livres ; cette morale tirée de l'Evangile était chrétienne avant d'être philosophique. Les préceptes de Platon sont souvent très sublimes, mais combien n'erre-t-il pas quelquefois et jusqu'où ne vont pas ses erreurs ! L'Evangile seul est, quant à la morale, toujours sûr, toujours vrai, toujours unique et toujours semblable à lui-même.

III.

D'autre part, quelle douceur en Jésus! quelle pureté dans ses mœurs! quelle grâce touchante dans ses instructions! quelle élévation dans ses maximes! quelle profonde sagesse dans ses discours! quelle présence d'esprit, quelle finesse et quelle justesse dans ses réponses! quel empire sur les passions! Dirons-nous que l'histoire de l'Evangile est inventée à plaisir? Mon ami, ce n'est pas ainsi qu'on invente; et les faits de Socrate, dont personne ne doute, sont moins attestés que ceux de Jésus-Christ. Au fond, c'est reculer la difficulté sans la détruire; il serait plus inconcevable que plusieurs hommes d'accord eussent fabriqué ce livre qu'il ne l'est qu'un seul en ait fourni le sujet. Jamais des auteurs juifs n'eussent trouvé ni ce ton, ni cette morale; et l'Evangile a des caractères de vérité si grands, si frappants, si parfaitement inimitables, que l'inventeur en serait plus étonnant que le héros.

SAINTE-BEUVE

(Histoire de Port-Royal, 1840)

Quand on a à parler de Jésus-Christ, on entre dans une sorte de serrement involontaire; on craint, dès qu'on ne le prononce pas à genoux et en l'adorant, de profaner, rien qu'à le répéter, ce nom ineffable et pour qui le plus profond même des respects pourrait encore être un blasphème.

Ceux qui nient absolument Jésus-Christ en portent la peine. Prenez les plus grands des modernes anti-chrétiens, Frédéric de Prusse, Laplace, Goëthe : quiconque a méconnu complètement Jésus-Christ, regardez-y bien, dans l'esprit ou dans le cœur, il lui a manqué quelque chose.

Nota. — La seconde moitié de la vie de Sainte-Beuve est justiciable de cette parole de la première.

Id. — Lettre à Victor Hugo, 1830

Par vous, je suis revenu à la vie du dehors, au mouvement du monde et de là, sans secousse, aux vérités les plus sublimes. Vous m'avez consolé d'abord, et ensuite vous m'avez porté à la source de toute consolation : car vous l'avez vous-même appris dès la jeunesse, les autres eaux tarissent et ce n'est qu'aux bords de cette Siloë céleste qu'on peut s'asseoir pour toujours et s'a-breuver.

Voici la vérité qu'au monde je révèle ;
Du ciel, dans mon néant, je me suis souvenu,
O mon Dieu ! La brebis vient quand l'agneau l'appelle :
J'appelais le Seigneur, le Seigneur est venu.

Vous avez dans le port poussé ma voile errante,
Ma tige a reverdi de sève et de verdeur ;
Seigneur, je vous bénis ! à ma lampe mourante
Votre souffle vivant a rendu sa splendeur.

Donc Dieu et toutes ses conséquences, Dieu, l'immortalité, la rémunération et la peine ; dès ici-bas le devoir et l'interprétation du visible par l'invisible : ce sont les consolations les plus réelles après le malheur, et l'âme, qui une fois y a pris goût, peut bien souffrir encore, mais non plus retomber.

Nota. — Hélas ! pour ne plus retomber, il eût fallu s'appuyer sur Jésus-Christ ; le déisme seul ne suffit pas.

SAINT-EVREMONT

(*Lettre au maréchal de Créqui*)

C'est affaire aux insensés de compter sur une vie qui doit finir et qui peut finir à toute heure. J'ai voulu lire avec attention tout ce qui s'est écrit sur l'immortalité de l'âme ; la preuve la plus sensible que j'ai trouvée de l'éternité de mon esprit, c'est le désir que j'ai de toujours être.

Je n'ai vu chez les Grecs et les Romains qu'un culte superstitieux et idolâtre. Il ne m'a pas été difficile de reconnaître l'avantage de la religion chrétienne sur les autres ; et tirant de moi tout ce que je puis pour me soumettre respectueusement à la loi de ses mystères, j'ai laissé goûter à ma raison, avec plaisir, la plus pure et la plus parfaite morale qui fut jamais. L'esprit particulier de la catholicité va singulièrement à aimer Dieu et à faire de bonnes œuvres.

SAISSET

(Cité par DE CHAMPAGNY, *Le Chemin de la Vérité*, p. 73)

Du sein de toutes les écoles où se concentre le
travail de l'intelligence, partout des courants
d'idées contraires, écossaises, allemandes, scep-
tiques, panthéistes, matérialistes; et toutes ces
idées concourent à effacer dans les âmes l'idée
naturelle, l'idée sainte d'un Dieu personnel, libre
et intelligent, juge et père du genre humain.
Comment assister à un tel spectacle sans se demander où va notre siècle et sans faire un triste
retour sur son passé? Voilà donc où nous en
sommes après cinquante ans de travail et d'efforts!

SALOMON

(*Ecclésiaste*)

Vanité des vanités, tout n'est que vanité.

Quel avantage l'homme retire-t-il de tout le
travail qui le fatigue sous le soleil? Une race
passe et une autre lui succède, tandis que la
terre demeure ferme pour jamais.

Mon cœur a nagé dans l'abondance et cependant en tournant mes regards vers les ouvrages
de mes mains et vers la peine que j'ai prise pour
les faire, j'ai vu que tout cela n'était que vanité
et affliction d'esprit et que l'homme ne tire aucun
avantage solide de ce qui est sous le soleil.

La vie m'est alors devenue ennuyeuse, tout ce qui se fait sur la terre m'a déplu, parce que tout est vain et que celui qui veut se repaître de ces plaisirs trompeurs, n'y trouve que de la fumée et du vent.

Tournez-vous donc plutôt vers Dieu ; car c'est lui qui donne à l'homme qu'il agrée, la sagesse, la science et la joie. Sachez que c'est lui qui vous fera rendre compte de toutes choses à son tribunal.

Souvenez-vous de lui pendant les jours de votre jeunesse, avant que le temps de l'affliction soit arrivé.

Craignez-le et observez ses commandements ; car c'est là tout l'homme.

Id. — Proverbes, tierc. t. VIII

LA DIVINE SAPIENCE

Le Seigneur m'a possédée au commencement de ses voies, avant que d'avoir formé aucune créature. Je suis de toute éternité, avant que la terre ait été créée.

Lorsqu'il préparait les cieux, j'étais présente ; quand il environnait les abîmes de leurs bornes et qu'il leur prescrivait une inviolable loi ; lorsqu'il affermissait l'air au-dessus de la terre et qu'il mettait dans leur équilibre les eaux des fontaines ; lorsqu'il renfermait la mer dans ses limites et qu'il imposait une loi aux eaux, afin qu'elles ne passassent point leurs bornes ; lorsqu'il posait le fondement de la terre, j'étais avec lui et je réglais toutes choses... Mes délices sont d'être avec les enfants des hommes.

SANSON (A.)

(*Revue positiviste*)

La nouvelle école matérialiste existe seulement lorsqu'on la place en dehors du temps et des lieux accessibles à l'observation. Elle s'efface quand on entre dans la réalité. C'est une vue de l'esprit capable de séduire seulement des imaginations vives, mais ignorantes.

SAUMAISE

(Cité par DE GENOUDE, t. IV, p. 241)

Oh! j'ai perdu une immense portion de temps, cette chose si précieuse de la vie! Si je vivais encore une année, je l'emploierai à étudier les psaumes de David et les épîtres de saint Paul. Croyez-moi, messieurs, pensez moins souvent au monde et plus souvent à Dieu. La crainte de Dieu! voilà la sagesse; éviter de faire le mal, voilà la science.

NOTA. — Cet homme illustre, en raison de ses grands talents et de sa vaste érudition, s'était vu successivement recherché par tous les princes de son temps : le cardinal de Richelieu, le pape, le doge de Venise, Christine de Suède, etc.

SAUSSURE (DE)

(Voyage dans les Alpes, p. 625)

Je crois avec Deluc que l'état actuel de notre globe terrestre n'est pas aussi ancien qu'une certaine philosophie se l'est figuré.

SAVIGNY

(Systém., t. i, p. 53)

Le christianisme ne s'impose pas seulement à nous comme la règle de notre vie, mais nous devons avouer encore qu'il a changé la face du monde, de sorte qu'il domine et pénètre toutes nos pensées et nos sentiments, quelque hostilité que nous puissions faire paraître contre lui.

SCHÆFFLE

(Traité d'économie politique, Leipzig, 1861, p. 24)

Il ne faut pas que, soit dans l'individu, soit dans la société, le développement économique gêne et empêche le développement religieux, moral et artistique. La vie économique ou matérielle habite une région inférieure. Il faut qu'elle se rapporte à la vie supérieure de l'esprit comme le moyen se rapporte à sa fin ; il faut que la matière se mette au service de l'esprit, afin que l'esprit la paie de retour en la moralisant, en la spiritualisant. La vie économique trouve sa mort dans sa séparation d'avec la loi morale et religieuse ; elle se corrompt dès qu'elle devient étrangère aux idées du bien, du beau, du vrai. Les époques de mauvais goût, de mauvaises mœurs et d'irréligion, sont aussi infailliblement des époques de ruine économique. Cette coïncidence remarquable que l'on rencontre partout dans l'histoire n'est certainement pas le fait du hasard.

SCHELLING

(Philosophie de la révélation, Œuvres complètes, 2ᵉ partie, tome IV, page 5)

A quoi bon une révélation et quel en serait le but, si par elle nous n'en savions pas plus que ce que nous apprenons ou pouvons apprendre par nous-mêmes ? Il y en a qui rabaissent les vérités de la révélation au niveau de simples vérités rationnelles, qui suppriment toute différence entre la révélation et ce qu'ils nomment la raison, qui enfin estiment que la matière essentielle et propre de la révélation, ce sont les vérités compréhensibles à la raison. Mais alors il faudrait rejeter absolument toute révélation comme un non sens, puisque la raison seule aurait suffi à découvrir ces vérités. Tandis qu'en réalité, sans la révélation, elles n'auraient pas été connues et même elles n'auraient jamais pu l'être.

Id. — p. 219.

La résurrection du Christ est le fait décisif de toute cette grande histoire qui ne peut être comprise que par qui se place en dehors du point de vue ordinaire. Des faits tels que la résurrection du Christ sont des éclairs par lesquels l'histoire supérieure, c'est-à-dire l'histoire dans ce qu'elle a de plus vrai et de plus intime, déchirant le nuage qui l'environne, se manifeste avec éclat dans l'histoire extérieure. Tout ce qui en constitue le fond, la valeur et la raison, disparaît à mesure que l'on écarte chacun de ces faits ; et alors, dépouillée de tout élément divin, l'histoire n'est plus qu'un désert, un abîme, un tombeau. Pour vivre, il lui faut cette histoire intérieure, divine, transcendante, la seule et véritable histoire en un mot, l'histoire par excellence. En dehors de l'histoire ainsi comprise, il est sans doute une connaissance toute extérieure des événements, véritable exercice de mémoire ; mais d'intelligence vraie de l'histoire, il n'en existe plus. Qui retranche ces faits, ôte à l'histoire son âme et ne lui laisse plus que son enveloppe extérieure.

Id. — p. 233.

Admettez-vous l'hypothèse que le récit des apôtres n'est qu'une glorification légendaire et fabuleuse de Jésus ? Mais en général on ne glorifie de la sorte que les vies déjà illustrées par de grandes actions et parvenues au faîte des grandeurs.

Eh bien ! je vous le demande, d'où vient que le rabbin juif Jésus a été l'objet d'une semblable glorification ? Est-ce par sa doctrine ? Mais les pierres qu'on lui jetait montrent assez comment on la recevait par sa personne. Mais l'immense majorité du peuple refusait de croire qu'il fût le Messie.

Que l'on suppose déjà vrai tout ce que le paganisme et l'Ancien Testament nous apprennent de la personne de Jésus-Christ, indépendamment des Evangiles ; que l'on admette préalablement qu'il a passé réellement pour ce que nous croyons qu'il est, et alors, mais alors seulement, on pourra penser qu'en conséquence de cette opinion il s'est formé maints récits qui se lisent aujourd'hui dans les Evangiles et que l'on pourrait appeler des mystères dogmatiques.

Mais admettre cela, c'est justement présupposer toute la grandeur de Jésus-Christ, même indépendamment des Evangiles... et bien loin que les Evangiles soient nécessaires pour attester la grandeur du Christ, c'est au contraire la grandeur du Christ qu'il faut admettre pour comprendre le récit des Evangiles.

Nota. — Il faut rapporter ici des citations mises par erreur au nom de Lessing (la deuxième et la quatrième) et qui appartiennent à Schelling.

SCHERER

(Mélanges de critique religieuse)

En cessant de croire au Dieu personnel et invisible, l'âme est sollicitée par l'abîme; bientôt elle git à terre et parfois dans la boue. Quand la philosophie n'a d'autre Dieu que l'univers et d'autre homme que le premier des mammifères, elle n'est plus que de l'histoire naturelle. C'est toute la science des époques·matérialistes; et, pour le dire en passant, c'est là que nous en sommes. Mais le matérialisme n'est pas le dernier mot du genre humain. Corrompue et affaiblie, la société s'écroule dans d'immenses catastrophes; la herse de fer des révolutions brise les hommes comme les mottes d'un champ. Dans les sillons sanglants germent les générations nouvelles; les âmes éplorées croient de nouveau; elles regardent vers le ciel; elles retrouvent le langage de la prière; l'humanité se relève pour recommencer.

Id.

Sans la foi au miracle, le secret de la vie divine sera perdu. Ah! on parle beaucoup de spiritualisme chrétien, de religion de la conscience, et on semble voir dans l'abandon du miracle un progrès de la religion! Que ne puis-je dire avec assez de force combien l'expression intime de mon cœur proteste contre une telle opinion!

Quand je sens vaciller en moi la foi au miracle, je vois aussi l'image de mon Dieu s'affaiblir à mes regards ; il cesse peu à peu pour moi d'être le Dieu libre, vivant, le Dieu personnel, le Dieu avec lequel l'âme converse comme avec son ami, et ce saint dialogue une fois interrompu, que reste-t-il ? Plus de ciel au-dessus de nos têtes. Ah ! soyez-en sûr, le surnaturel est la sphère naturelle de l'âme. C'est l'essence de sa foi, de son espérance, de son amour.

SCHILLER (A.)

(*Les Croisades et le Moyen-Age*)

La Grèce et Rome savaient tout au plus former des Romains parfaits et des Grecs accomplis ; la religion de ces peuples, même à sa plus belle époque, était incapable de former l'homme parfait.

Pour l'Athénien, tout ce qui n'était pas la Grèce n'était qu'un désert sauvage et barbare. Aucun de nos États ne saurait se vanter d'avoir un droit civil comme celui des Romains ; mais au lieu de cela nous possédons un bien qu'un Romain, s'il voulait rester Romain, ne pourrait connaître et apprécier, savoir la pure loi du Christ.

Id. — Pensées

Lorsque le temps se réunira à l'éternité, l'univers embrasé sera leur flambeau nuptial.

SCHLEGEL (Frédéric)

(*Mythologie égyptienne*)

Plus je creuse dans l'histoire ancienne, plus je me convaincs que les peuples policés ont commencé par le culte pur du souverain Etre ; que plus tard le spectacle magique qu'offraient les forces de la nature introduisit le polythéisme d'abord, puis finit par obscurcir entièrement dans la conscience populaire l'idée pure de la vraie religion.

Id.

De quelque éclat qu'aient brillé les Grecs dans tout ce qui regarde le développement artistique et intellectuel, on ne peut cependant nier que ce qui fait le fond de ces manifestations si éclatantes de l'esprit hellénique, je veux dire les opinions de ce peuple concernant le monde, l'homme et Dieu, ne fussent beaucoup trop matérielles, insuffisantes et essentiellement détestables. Les plus anciens philosophes de la Grèce étaient de cet avis, puisqu'ils accusaient Homère, puis Hésiode, poètes si répandus et si populaires, d'avoir corrompu l'idée religieuse et la notion de la divinité dans l'esprit des peuples.

Pour nous, nous ne voyons dans leurs œuvres poétiques qu'un jeu charmant de l'imagination fait pour égayer et divertir. Mais lorsque nous faisons attention que ces fictions passaient pour vérités dans l'esprit crédule du peuple, aussitôt nous songeons aux conséquences pratiques de ces erreurs, et malgré le prestige qu'exerce sur nous une poésie enchanteresse, nous ne pouvons nous empêcher de nous joindre aux philosophes pour blâmer et condamner.

Id. — Philosophie de l'Histoire, t. II, p. **71**

Il n'y a pas de contraste plus frappant que celui qu'offre le christianisme se développant à l'origine avec un progrès doux, inaperçu, mais irrésistible, comparé à l'islamisme qui, à peine fondé, éclate comme une mine, et, rapide, incendie, dévore en un instant la moitié de la surface du globe. C'est que ce dernier, fondé sur la double passion de l'homme, celle du sang et celle de la volupté, devait, comme ces mêmes passions, s'enflammer rapidement, mais aussi bientôt s'éteindre.

Id.

La science est le but étincelant de la foi, mais la foi est la base solide de la science. Rien de plus beau que de les voir marcher de pair ; c'est la sagesse dans tout son éclat ; c'est le devoir de l'Église.

Id.

Bien loin de voir, avec Rousseau et ses adeptes, les commencements de l'humanité et les

bases du contrat social dans ce prétendu état de
nature que l'on croit retrouver chez les peuples
sauvages, nous ne pouvons y voir et y reconnaître autre chose qu'un état de dégradation et
de dégénération.

SCHLEIDEN

(Le Matérialisme, p. 52)

La première règle que doivent observer les
sciences exactes, c'est de ne pas s'occuper des
choses qui ne tombent pas dans le cercle de leurs
expériences, ne les affirmant et ne les niant pas ;
de ne pas dire le matin qu'elles n'en parlent point
parce qu'elles leur sont étrangères, et le soir
parce qu'elles sont vides de sens. Comment, en
effet, le naturaliste en pourrait-il parler ? Qu'il
affirme ou qu'il nie les vérités comme naturaliste,
il est inconséquent. Mais si comme homme et
non comme naturaliste il vient à parler de ces
vérités, qu'il se souvienne de la seconde règle des
sciences qui est de ne jamais porter un jugement sur une chose sans la connaître à fond.
Pour juger une vérité astronomique, il faut avoir
approfondi l'astronomie, comme il faut savoir
parfaitement la chimie pour trancher une question chimique. De même aussi pour porter un
jugement en matière philosophique, il faut avoir
étudié profondément la philosophie si on ne veut
pas se couvrir de ridicule.

SCHLEIERMACHER

(Voyez Hettinger, t. i, p. 335)

L'âme possède une puissance indestructible qui ne s'épuise point, qui ne diminue pas, qui n'use pas sa force par l'usage qu'elle en fait, qui, loin de rien perdre lorsqu'elle se donne et se communique, se sent même plus claire, plus riche, plus forte et plus saine. Le corps peut s'affaiblir, les sens s'émousser et la mémoire baisser, mais non la vie intérieure, ni la plénitude des grandes et saintes pensées.

SÉGALAS (Anaïs)

(*Les Énfantines*)

Oh ! ce sont d'humbles chants ! Mais à l'enfant candide
    Ils font connaître un Dieu puissant ;
Ils n'ont qu'un vol d'un jour, mais dans ce vol rapide
    Ils montrent le ciel en passant.

. . . .

Id. — Les Enfants envolés

Vos colombes à peine ont passé sur nos branches ;
Dieu, dans le paradis, les place à son côté ;
Car elles ont gardé leur duvet argenté,
Leur candeur, et là-haut elles ont rapporté
    Toutes leurs plumes blanches.

Dans des berceaux d'azur vos enfants sont posés ;
Ils n'ont plus votre amour ; mais la Vierge, ô merveille !
La Vierge, reine et mère, est près d'eux et les veille :
Reine, elle a pour leurs fronts l'auréole vermeille ;
      Mère, elle a des baisers.

. . . .

Oh ! vous les reverrez ! Rien n'est fixe et réel
Sur terre ; nos bonheurs ont des ailes légères !
Tout s'enfuit, nos enfants et nos belles chimères !
Rien ne se perd pourtant. — Séchez vos pleurs, ô mères !
      Tout se retrouve au ciel !

SÉGUR (DE)

(*Mémoires*, t. i, p. 350)

Qu'il puisse y avoir cause sans effet, on le conçoit ; mais effet sans cause, non. Or, l'univers n'étant qu'effet, dit tout entier qu'il y a cause ; que Dieu est cette cause, le reste effet : or, l'effet prouve la cause.

Id. — Fable *(L'Aigle et l'Oiseau-mouche)*

L'aigle disait à l'oiseau-mouche :
De pitié ton destin me touche,
Pauvre insecte emplumé, myrmidon des oiseaux ;
Il semble, en te voyant, que l'injuste nature
T'ait créé si petit pour souffrir tous les maux.
    Le moindre grain de nourriture
    Te paraît un pesant fardeau,

Et pour te renverser, chétive créature,
        Que faut-il ? Une goutte d'eau !
        Celui qui fait souffler l'orage,
        Répondit l'autre en son langage,
Nous donne aussi de quoi lui résister :
Pour m'abattre, il suffit d'une goutte de pluie,
        D'une feuille pour m'abriter.

        Dans sa providence infinie,
Dieu mesure à chacun sa dose de douleur
        Selon sa force ou son génie :
        C'est là l'histoire du malheur,
        C'est là l'histoire de la vie.

SÉNÈQUE

(De beneficiis, t. IV, p. 4)

On ne peut supposer que toute l'humanité se soit égarée au point d'invoquer partout la divinité, si elle n'avait la certitude que la divinité accorde de grands bienfaits, et en temps convenable, à ceux qui la prient.

Id. — De trad., t. II, p. 8

Partout débordent les vices et les crimes, trop multipliés pour que la loi pénale y remédie. Une immense lutte de perversité est engagée ; la fureur de mal faire augmente chaque jour, à mesure que la honte est moindre. Abjurant tout respect de l'honnête et du juste, n'importe où sa fantaisie l'appelle, la passion se jette tête baissée et le génie du mal n'opère plus dans l'ombre ; il marche aux yeux de tous ; il est à tel point déchaîné dans la société, il a si fort prévalu dans les âmes, que l'innocence, n'est point seulement rare, elle a disparu. Personne ne pourra se sauver lui seul, si une main secourable ne le tire du gouffre.

. . . .

La philosophie nous apprend à parler, mais non à agir.

Nota. — Une révélation était donc absolument indispensable.

SERRES (Marcel de)

[La Cosmogonie de Moïse comparée aux faits géologiques]

Les rapports entre le récit de la Genèse et les découvertes récentes des sciences physiques sont des plus remarquables...

Non moins clairement que l'histoire de la création, l'observation des faits géologiques démontre que la vie a dû commencer sur la terre par les êtres les plus simples, et que non seulement les plantes étaient au commencement en plus grand nombre que les animaux, mais encore que les différentes espèces de plantes de la terre ferme ont paru longtemps avant la plus grande partie des animaux terrestres. De là on peut conclure que la loi générale de la création est que les êtres vivants se sont succédés sur la terre en raison inverse de la perfection de leur structure.

SHAKESPEARE

(*Richard III*)

Il y a sous le soleil des choses que notre sagesse d'école ne soupçonne même pas dans ses rêves ; je parle de cette sagesse, de cette science née d'hier qui, pour juger le passé, n'a d'autre mesure que le présent et qui considère l'état actuel du monde comme ayant toujours duré et comme éternel.

Id. — Hamlet, acte III, sc. 1re.

Être ou bien ne pas être ? mourir... dormir... dormir ? rêver peut-être ; oui, voilà le grand obstacle. Car de savoir quels songes peuvent survenir dans ce sommeil de la mort, après que nous sommes dépouillés de cette enveloppe mortelle, c'est de quoi nous forcer à faire une pause. Voilà la réflexion qui fait vivre si long-temps le malheur ; car quel homme voudrait supporter les traits et les injures du temps, lorsque avec un poinçon il pourrait lui-même se procurer le repos ? Qui voudrait porter tous les fardeaux de la vie et suer et gémir sous le poids d'une laborieuse vie, si ce n'est que la crainte de quelque avenir après la mort, cette contrée ignorée, dont nul voyageur ne revient, plonge la volonté dans une affreuse perplexité et nous fait préférer de supporter les maux que nous sentons plutôt que de fuir vers d'autres maux que nous ne connaissons pas.

SNELL

(Controverses matérialistes, 1858)

Que l'organisme conserve sa forme générale sans altération, tandis que sous cette forme permanente la matière change et se renouvelle sans cesse comme les eaux d'un fleuve; que malgré ce perpétuel va-et-vient de la matière qui a lieu dans son sein, tout organisme maintienne cependant son identité à l'égard du monde qui l'entoure et se conserve lui-même, non pas seulement en tant qu'individu, mais encore en tant qu'espèce et en tant que genre... Que non seulement il se serve de ses organes à son gré comme il ferait jouer les ressorts d'une machine, mais qu'il forme lui-même ces organes, en sorte que dans ce sens, il est vrai de dire qu'il se précède lui-même, qu'il est tout ensemble cause et effet ; et cela dans la période stable de son existence aussi bien que dans sa formation et jusque dans ses moindres mouvements libres ou non libres, extérieurs ou intérieurs; que les produits de sa vie en soient aussi les facteurs; que les moyens deviennent des fins et les fins des moyens; que chacune des parties subsiste par le tout et conséquemment par chacune des autres : tout cela n'a point d'analogue dans la nature inorganique, et forme même avec elle un contraste complet...

De quelque manière que les chimistes et les physiciens s'y prennent pour faire sortir l'univers du laboratoire d'une nature aveugle et inconsciente d'elle-même, ils se heurtent à l'impossible et à l'absurde. Ils supposent une loi mathématique sans mathématicien, une loi mathématique fatale et aveugle, c'est-à-dire quelque chose qui est en contradiction absolue avec l'idée de toute mathématique. Comment? Cette loi régit toutes les compositions et toutes les décompositions chimiques; elle atteint le moindre atome; partout il y a proportion, règle, mesure; partout il y a rapport harmonieux et constant entre le poids, l'espace et le temps; la construction mathématique est partout; partout le rapport mathématique et un tel ordre auraient pour principe le fatalisme! La vérité serait esclave d'une force aveugle! À la vérité, je ne puis embrasser l'esprit divin dans sa toute-puissance; en regard de la toute-puissance, je suis l'impuissance même. Mais je puis du moins penser à elle; je puis la saisir par la pensée. Mais ce je ne sais quel néant ténébreux qui exclut l'esprit et contient néanmoins le spirituel absolu; comment l'entendre, comment arriver à l'intelligence d'une loi mathématique inhérente à cela? L'absurdité est palpable.

Mais, voici le prodige des prodiges. C'est le développement du procédé chimique, l'action des forces électro-magnétiques qui, avec la loi mathématique fatale, doit expliquer toutes les créations. Des éléments inertes, formés et conformés par une exacte mécanique, voilà ce qui doit lui rendre compte de tout sans mécanicien, sans architecte. Donc ce qui a vie viendrait de ce qui n'a pas vie; la géométrie, la mécanique, toute la science possible des nombres et des proportions viendrait de son contraire. Voilà, j'ai eu raison de le dire, le prodige des prodiges!

Ainsi : 1° Une mécanique, une cinématique universelle dérivant d'une mathématique aveugle, inconsciente d'elle-même et fatale; par conséquent une mathématique, en complète opposition avec sa propre nature, son idée, son essence ;

2° Des organismes vivants, le règne végétal et le règne animal tout entier, œuvres de forces non vivantes et d'une matière morte ;

3° Enfin, pour couronner toutes les impossibilités, l'âme humaine, l'esprit humain, la parole humaine, la conscience, la personne morale, le sens intime, le moi : tout cela un produit chimique !

Vraiment, pour arriver à croire cela, il faut une dose de foi tout autrement forte que celle qu'exigent de nous nos vieilles traditions et notre vieille religion.

SOCRATE

(*Apologie,* par PLATON)

Vous devez, vous aussi, ô mes juges, être certains d'une chose, c'est qu'il n'y a aucun mal pour l'homme de bien, ni pendant sa vie, ni après sa mort, et que les dieux ont toujours soin de ce qui le regarde, car ce qui m'arrive présentement n'est point l'effet du hasard.

Id. — Alcibiade, t. ii, p. 78

La piété, disait Socrate à Alcibiade, est une vertu que nous devons désirer ardemment; mais Dieu seul peut nous l'enseigner. Il nous faut malheureusement traverser la mer orageuse de cette vie sur les épaves de la vérité; à moins qu'un moyen plus sûr ne nous soit donné par une révélation qui devienne pour nous un navire capable d'affronter la tempête.

Vous voyez bien que vous ne pouvez pas prier Dieu en toute sûreté de conscience, puisque vous devez craindre que Dieu rejette votre prière à cause des blasphèmes que vous prononcez peut-être. Le meilleur, à mon sens, est donc d'attendre la venue de quelqu'un qui puisse nous enseigner comment nous devons nous comporter envers Dieu et les hommes.

Id. — Phœdon (traduction de COUSIN)

« Comment t'ensevelirons-nous? » lui demande

Criton. « Tout comme il vous plaira, dit-il, si toutefois vous pouvez me saisir et que je ne vous échappe pas. » Puis, en même temps, nous regardant avec un sourire plein de douceur : « Je ne saurais venir à bout, mes amis, de persuader à Criton que je suis le Socrate qui s'entretient avec vous et qui ordonne toutes les parties de son discours ; il s'imagine toujours que je suis celui qu'il va voir mort tout à l'heure, et il me demande comment il m'ensevelira ; et tout ce long discours que je viens de faire pour vous prouver que dès que j'aurai avalé le poison, je ne demeurerai plus avec vous, mais que je vous quitterai et irai jouir des félicités ineffables, il me paraît que j'ai dit tout cela en pure perte pour lui, comme si je n'eusse voulu que vous consoler et me consoler moi-même. Soyez donc mes cautions auprès de Criton, mais d'une manière toute contraire à celle dont il a voulu être la mienne auprès des juges : car il a répondu pour moi que je ne m'en irai point ; vous, au contraire, répondez pour moi que je ne serai pas plus tôt mort que je m'en irai, afin que le pauvre Criton prenne les choses plus doucement, et qu'en voyant brûler mon corps ou le mettre en terre, il ne s'afflige pas sur moi comme si je souffrais de grands maux, et qu'il ne dise pas à mes funérailles qu'il expose Socrate, qu'il l'emporte, qu'il l'enterre ; car il faut que tu saches, mon cher Criton, lui dit-il, que parler improprement, ce n'est pas seulement une faute envers les choses, mais c'est aussi un mal que l'on fait aux âmes. Il faut avoir plus de courage, et dire que c'est mon corps que tu enterres; et enterre-le comme il te plaira, et de la manière qui te paraitra la plus conforme aux lois.

Nota. — Socrate n'ayant rien écrit par lui-même, ces citations qui le concernent sont de Platon.

SOPHOCLE

(Œdipe roi, t. v)

Il y a une loi qui a été enfantée dans le céleste Ether, dont l'Olympe est le seul père, qui n'est pas née de la race mortelle des hommes et que l'oubli ne saurait effacer. Il y a un grand Dieu qui ne saurait vieillir.

Id. — Antiq., p. 595 sq.

Sur la maison de Labdanus pèse une antique malédiction; sans cesse renouvelés, les malheurs des ancêtres frappent encore leurs descendants. Une génération a beau souffrir, elle n'affranchit point la génération suivante ; un Dieu poursuit cette race et ne lui laisse aucune trève.

Id. — Œdipe à Colone, p. 498

Je pense qu'une seule âme suffit, si elle est droite et pure, pour expier la faute de plusieurs milliers d'autres.

SOUMET (ALEXANDRE)

(*La divine Epopée.* — Introduction)

Singulière intelligence, qui ne veut pas que des fables solaires soient un emblème anticipé du soleil divin !... Singulière intelligence, qui trouve la croyance à la Trinité absurde, parce qu'elle est universelle ! qui appelle la venue de Jésus-Christ une chimère, parce que tous les peuples de la terre en ont eu le pressentiment, et qui proscrit l'Evangile parce qu'il ressemble quelquefois au Phédon !

Prenez garde !... La science, aujourd'hui, est forcée de se rallier de toutes parts aux enseignements de l'inspiration religieuse. Si le naturaliste pénètre dans les profondeurs du globe, c'est pour y apercevoir les six jours de la création mosaïque gravés, couche par couche, sur le granit. Si l'archéologue interroge les Sphinx de Thèbes, c'est pour que leur réponse réhabilite la chronologie sacrée. Si la physique découvre le système des ondulations, c'est pour absoudre la Genèse d'avoir fait de la substance lumineuse un être créé avant le soleil. Si la phrénologie explore le crâne humain, c'est pour retrouver les trois fils de Noé dans les trois races qui se sont partagé la terre. On dirait que le génie, en expiation de quelque ancien blasphème, ne peut remuer aucun mystère sans en faire sortir le Dieu des chrétiens.

STOLBERG

(*De l'amour de Dieu*)

Les païens baptisés qui, de nos jours, niant la nécessité d'une révélation, prétendent arriver par la simple raison à tous les dogmes divins sur lesquels reposent la morale et l'avenir, s'ils parviennent en effet à se construire quelque croyance, le doivent uniquement au christianisme qu'ils renient et dont ils ont sucé le lait. Le flambeau de l'Evangile, allumé au milieu du monde, éclaire de ses rayons ceux-là mêmes qui refusent de le reconnaître.

Comment, en effet, sans Jésus-Christ, nos philosophes auraient-ils pu atteindre à des idées plus complètes et plus pures que celles des philosophes anciens sur la divinité, sur notre origine et sur nos destinées futures?

Et d'ailleurs, n'avons-nous pas vu de nos yeux s'écrouler l'une après l'autre chaque voûte de cet édifice de vertige et d'orgueil, élevé par le xviiie siècle? N'avons-nous pas assisté à la confusion des langues? Et que reste-t-il aujourd'hui de cette nouvelle tour de Babel?

SUÉTONE

(*Vita Vespas.*, ch. iv)

Dans tout l'Orient s'était de plus en plus accréditée l'ancienne et constante opinion, que des hommes partis de la Judée vers cette époque devaient s'emparer du souverain pouvoir.

Id.

Une grande agitation s'étant produite à Rome sous le règne de Claude parmi les Juifs à cause du Christ, l'empereur, pour ce motif, les expulsa de la ville.

SWETCHINE (Mme DE)

(Lettres)

La vie n'a pas assez de biens pour nous dédommager de l'oubli d'un seul devoir.

TACITE

(Annales, t. v, p. 13)

Beaucoup de Juifs étaient persuadés que les anciens écrits des prêtres prédisaient que l'Orient se relèverait à cette époque, et que des hommes partis de la Judée domineraient l'univers.

Id. — T. xv, p. 38-44

Le cri public accusait Néron d'avoir ordonné l'incendie. Pour apaiser ces rumeurs, il offrit d'autres coupables et fit souffrir les tortures les plus raffinées à des malheureux détestés pour leurs abominations et qu'on appelait vulgairement chrétiens. Ce nom leur vient de Christ, qui, sous Tibère, fut livré au supplice par le procurateur Pontius-Pilatus. Réprimée un instant, cette exécrable superstition se débordait de nouveau non seulement dans la Judée, où elle avait pris naissance, mais jusque dans Rome même. On commença par saisir ceux qui s'avouaient chrétiens, et ensuite, sur leurs révélations, on arrêta une multitude immense de personnes qui furent moins convaincues d'avoir incendié Rome que de haïr le genre humain.

L'on se fit un jeu de leur mort; les uns, couverts de peaux de bête, furent dévorés par les chiens ; les autres, attachés à des pieux, furent brûlés pour servir de flambeaux pendant la nuit. Néron prêta ses jardins pour ce spectacle. Il y parut lui-même en habit de cocher et monté sur un char comme aux jeux du cirque.

Nota. — Il est nécessaire de faire observer que Tacite ne connaissait des chrétiens que ce qu'il en avait entendu dire par leurs accusateurs.

TASSE (LE)

(*Jérusalem délivrée*, ch. 1)

Je chante la guerre sainte et ce capitaine qui délivra le tombeau célèbre du Christ. Il se signala par sa prudence et sa valeur et il eut beaucoup à souffrir dans cette glorieuse conquête. En vain l'enfer s'arma contre lui ; en vain les peuples de l'Asie et de la Lybie réunirent leurs armes ; protégé par le ciel, il ramena ses compagnons errants sous les sacrés étendards.

Id. — Fin

Godefroy triomphe, et comme le jour luit encore, il conduit les vainqueurs à la sainte cité dont il vient de briser le joug et au divin tombeau de Jésus-Christ ; et les mains encore teintes du sang des ennemis, il entre dans le temple avec ses guerriers. Il y suspend ses armes et, prosterné sur la tombe sacrée, il adresse ses prières à l'Eternel et acquitte ses vœux.

TERTULLIEN

(*Apologie*)

Dieu, ayant remis le jugement à la fin des siècles, ne précipite pas le discernement qui en est une condition nécessaire. Il se montre presque égal sur toute la nature humaine ; et les biens et les maux qu'il envoie en attendant sur la terre sont communs à ses ennemis et à ses enfants.

Id.

Nous ne sommes que d'hier, ô Romains, et nous avons envahi tout votre empire ; cités, îles, camps, palais, sénat, forum ; nous ne vous laissons que vos temples... Torturez-nous, matyrisez, crucifiez, écrasez nos frères, notre nombre augmente chaque fois que la faulx de vos bourreaux nous abat. Le sang des martyrs est la semence des chrétiens.

Id. — C. Marcion, t. i, p. 13

Depuis le commencement du monde, l'homme connaît l'existence de Dieu en même temps que celle du monde.

Id. — T. i, p. 26

Il faut à Marcion un Dieu sans jalousie, sans colère, qui ne condamne point, qui ne châtie point. Mais alors, comment peut-il être législateur? Que deviennent et la sanction de ses lois et cette sagesse dont on fait tant de bruit? Étrange Dieu que celui qui établirait des préceptes dont il ne garantirait pas l'observation! Un Dieu qui défendrait le crime et qui laisserait le crime impuni, parce qu'il manquerait de l'autorité nécessaire pour le frapper, étranger qu'il serait à tout sentiment qui éveille la sévérité et la correction. Il a même dû permettre l'iniquité sans détour ; dans quel but prohiber quand on n'a ni l'intention, ni la force de punir? Dieu ne serait qu'une insensible idole s'il ne s'offensait pas d'une action qu'il a défendue; si au contraire il s'en offense, il s'irrite donc ; s'il s'irrite, il punit donc.

THÉODOTE D'ANCYRE

(Sur la naissance du Sauveur, t. iv, p. 998)

Le Christ n'est pas venu précédé par les roulements du tonnerre comme un Dieu, ni dans une sombre nuée sillonnée d'éclairs et dans l'appareil avec lequel il se montra autrefois aux Juifs sur le sommet du Sinaï. Il ne voulait pas effrayer l'homme qu'il venait chercher. Il est donc venu sous la forme d'un homme revêtu d'humilité, avec la précaution que prend un chasseur pour ne pas effaroucher le gibier qu'il veut prendre. Il a choisi le gîte le plus pauvre dans le lieu le plus obscur pour paraître sur la terre. Il a voulu naître d'une vierge pauvre, mais cependant de la famille royale de David, ainsi qu'il avait été annoncé par les prophètes.

THIERRY (A.)

(Journal intime, 26 mai et 30 juin 1818)

En ce temps-là je ne me doutais pas de l'histoire de l'Eglise. Lorsque j'y eus jeté les yeux, je vis clairement que le protestantisme ne pouvait être la religion fondée par Jésus-Christ... On soutient parfois, et c'est un préjugé que j'ai longtemps partagé, que la doctrine de l'Eglise s'est formée de pièces et de morceaux. Comme cela est faux ! quelle admirable unité ! Comme

l'examen des textes renverse cette erreur !...
Je veux corriger tout ce que j'ai pu écrire contre
la vérité dans tous les sens. Je demande à Dieu,
tous les jours, toutes les nuits, de me donner le
temps d'achever ce trav.il ; car il me semble
qu'en ceci je travaille pour Dieu. Oui, je me
soutiens et m'encourage parfois dans ma fatigue
et dans mes insomnies par cette pensée : je suis
un ouvrier de Dieu.

> *Id.* — Cité par GRATRY, *Lettre à Mgr l'Archevêque
> de Paris.*

Tenez, me disait Augustin Thierry, je ne
puis suivre vos démonstrations de philosophie
religieuse. Cela doit être bon pour d'autres, non
pour moi... Je suis un rationaliste fatigué qui
me soumets à l'autorité de l'Eglise. Je vois les
faits ; je vois par l'histoire la nécessité d'une
autorité divine et visible pour le développement
de la vie du genre humain. Or, tout ce qui est
en dehors du christianisme ne compte pas ; de
plus tout ce qui est en dehors de l'Eglise catholique est sans autorité ; donc, l'Eglise catholique
est l'autorité que je cherche et je m'y soumets. Je
crois tout ce qu'elle enseigne ; je crois son Credo.

THIERS

(De la Propriété, t. IV, ch. VII)

Tandis que le paganisme n'était pas en état

de soutenir un seul instant le regard de la critique, le christianisme dure encore même après
que Voltaire et Rousseau ont renversé les trônes,
et tous les hommes d'Etat, sans s'occuper de
juger les dogmes, souhaitent qu'il continue à
durer... Pour moi, si j'avais dans mes mains le
bienfait de la foi, je les ouvrirais sur mon pays ;
car j'aime cent fois mieux une nation croyante
qu'un nation incrédule. Une nation croyante est
mieux inspirée quand il s'agit des œuvres de
l'esprit, plus héroïque même quand il s'agit de
défendre sa grandeur.

Id.

Une intelligence supérieure est saisie en proportion de sa supériorité même des beautés de la
création. C'est l'intelligence qui découvre l'intelligence dans l'univers et un grand esprit est
plus capable qu'un petit de voir Dieu à travers
ses œuvres.

Id.

La civilisation dans le monde est en rapport
direct avec le développement du christianisme ;
ce fait ne souffre point d'exception.

Aussi cette puissante religion exerce-t-elle sur
le monde une domination continue ; et elle le
doit, entre autres motifs, à un avantage que
seule elle possède entre toutes les religions ; cet
avantage savez-vous quel il est ? C'est d'avoir
donné un sens à la douleur.

THOLUCK

(La doctrine du péché et du médiateur)

Toutes ces légendes de la venue d'un médiateur que l'on rencontre chez tous les peuples, indiquent une source historique commune, laquelle date du temps où l'homme chassé d'un état de bonheur, obtint la promesse qu'un héros viendrait écraser la tête du serpent et rétablir l'homme en son premier état. De là ces pressentiments et cette attente répandue chez toutes les nations d'une grande restauration future et d'un avenir de bonheur.

THOMAS D'AQUIN (SAINT)

(Commentaires sur saint Paul)

En dehors de toute révélation, Dieu s'est manifesté naturellement à l'homme de deux manières : par une lumière infuse en l'homme, la lumière de la raison et par le déploiement extérieur de, sa sagesse dans les créatures visibles. Ainsi donc Dieu s'est fait connaître aux hommes par une lumière qu'il a mise au-dedans d'eux, et tout ensemble par le spectacle de la création dans lequel ils peuvent lire le nom de Dieu comme dans un livre.

Summa Theologica, t. ii, *quæst.* cix, art. 1

De même que le soleil extérieur et, visible

éclaire le monde des corps, de même Dieu, le soleil intelligible illumine notre intérieur. Ainsi donc la lumière naturelle de la raison, inhérente à notre âme est une illumination divine par laquelle la lumière se fait en nous ; c'est une image de la divine substance elle-même.

Id. — t. i, quæst. x, art. 3

La vérité est éternelle, mais elle n'existe pas en dehors de Dieu. Elle réside dans l'esprit éternel de Dieu.

Id. — t. i, quæst. i, art. 5

Quand bien même la raison ne pourrait acquérir qu'une très faible intelligence des vérités révélées, elle ne devrait pas pour cela renoncer à s'y appliquer ; car ce serait encore un grand avantage pour l'esprit que d'avancer, ne fût-ce que d'une manière très restreinte, en la connaissance de matières si importantes et si sublimes. Dût-on ne recueillir d'autre fruit de son étude que de les entrevoir, même de loin, on serait encore assez récompensé de son travail.

Id. — t. i, quæst. x, art. 3

Il faut nécessairement admettre au-dessus de l'âme humaine une intelligence plus haute de laquelle la connaissance de celle-ci dépend. Car tout ce qui appartient à un être par participa-

tion doit se trouver dans un autre essentiellement et originellement. Or, l'âme humaine ne
connaît pas essentiellement, autrement elle serait
tout intelligence, mais elle ne l'est que suivant
une de ses facultés, la faculté de connaître. Donc
il doit exister au-dessus de l'âme humaine quelque
chose qui soit tout intelligence, intelligence
selon la totalité de sa nature, quelque chose d'où
vienne à l'âme la faculté de connaître ; or, l'âme
humaine n'a d'abord que la faculté de connaître,
et elle ne connaît qu'imparfaitement, puisqu'elle ne
connaît jamais toute la vérité en cette vie. Donc il
faut admettre l'existence d'une raison supérieure
à la raison humaine, une raison d'une intelligence
toujours active et en pleine possession de toute la
vérité.

Id. — t. II, *quæst.* II, art. 10

Lorsqu'un homme croit de toute son âme et
qu'il aime la vérité qu'il croit, et qu'il cherche
par la méditation les motifs rationnels de sa
croyance, il ne perd rien par là du mérite de sa
foi ; au contraire, il l'augmente.

Id. — t. II, *quæst.* VIII, art. 1

Quoique la vérité de la foi chrétienne dépasse
la portée de la raison humaine, il est néanmoins
impossible qu'elle soit en opposition avec les lois
naturelles et immanentes de la raison. En effet,
ce que la raison porte naturellement en soi est

si évidemment vrai, qu'il n'est pas même possible de supposer que ce soit faux. Mais à son tour la foi appuyée sur l'autorité évidente de Dieu ne peut pas davantage être sujette à l'erreur. Puisque donc le faux n'est pas autre chose que l'opposé du vrai, il est absolument impossible que les vérités de la foi contredisent les principes naturellement connus de la raison. Ces premiers principes nous viennent de Dieu, qui est l'auteur de notre nature ; et il en est de même des vérités révélées que la foi nous enseigne. Par conséquent, s'il semblait à quelques personnes y avoir contradiction entre ces premiers principes et les vérités de la foi, cette contradiction ne serait qu'apparente et nullement réelle.

Id. — t. I, *quœst.* XXVII

Une chose ne peut avoir qu'un être substantiel, mais elle peut exercer plusieurs opérations ; et c'est pour cela que l'essence de l'âme est une et que ses opérations sont multiples. Il n'y a dans l'homme qu'un seul et même principe de vie, l'âme ; mais de ce principe viennent et la puissance végétative (nutrition, croissance), et la puissance sensitive (sentiment, désir), et la puissance intellective (pensée, volonté libre). Cependant il ne faut pas en conclure que la croissance corporelle, la perception sensible et la pensée pure soient une seule et même chose, des actes d'une seule et même puissance, mais bien qu'il y a différentes forces, fonctions, facultés, qui toutes ont leur racine dans un principe commun de vie, l'âme, qui toutes partent d'elle et y convergent comme à leur centre. En effet, une opération de l'âme, quand elle est intense, empêche l'autre, ce qui n'arriverait pas si le principe des actions n'était pas le même par essence. La faculté de penser part du même principe essentiel que le pouvoir de digérer, précisément à cause de cette unité du principe vital. Si ce n'était pas la même essence, le même être qui digère et qui pense, nous ne pourrions pas dire d'un même homme qu'il dort, qu'il grandit, qu'il entend, qu'il voit, qu'il pense. Celui qui grandit serait autre que celui qui pense. Les différentes activités vitales qui se trouvent séparées dans la nature s'unissent dans l'unité de l'âme humaine. L'âme perçoit par le cerveau, digère par l'estomac, sent par les nerfs, etc. De même que dans l'animal reparaît la vie du végétal, non point séparée dans une existence à part, mais intimement unie à la vie animale ; ainsi reparaissent dans l'homme les forces vitales inférieures de la plante et de l'animal (vie végétative, vie sensitive), en étroite union avec une troisième puissance plus haute, l'esprit libre et conscient, la vie intellective. — — *Quæ dispersa sunt in inferioribus, unita sunt in superioribus.*

Id. — t. I, quœst. LXXVI, p. 3

L'âme est dans le corps comme le lien qui le contient ; c'est elle qui constitue le corps comme tel *(forma corporis)*. Elle ne peut donc être un effet des forces corporelles. L'âme de l'homme est une substance pensante par elle-même, et comme telle susceptible de survivre au corps. Il n'en est pas de même de l'âme des animaux qui n'opère rien par elle-même, qui ne peut penser ni l'immortel, ni l'infini, mais seulement des choses mortelles et finies en rapport avec les besoins corporels et par le moyen des organes corporels.

La nature ne fait rien en vain. Or, il n'y a pas d'être intelligent qui n'aspire à la durée personnelle de son existence... Ceux qui ne connaissent que le moment présent, bornent leur désir au moment présent et ne songent même pas à une existence perpétuellement durable. Tels sont les animaux ; mais tout homme ayant connaissance d'une vie à jamais durable, aspire nécessairement après une telle existence. C'est pourquoi il n'est pas possible que l'âme humaine cesse jamais d'exister. Certes, Dieu aurait le pouvoir de l'anéantir, mais ce serait offenser Dieu que de le supposer capable d'avoir voulu créer l'âme pour lui donner le désir de l'immortalité et ne lui laisser ensuite que quelques jours d'existence.

La sagesse et la puissance de Dieu satisferont

au plus intime besoin de la nature humaine en faisant survivre l'âme au corps et revivre le corps lui-même ; car celui qui travaille a droit à son salaire, et c'est pourquoi il recevra son salaire dans son âme et dans son corps. La justice divine dans une autre vie récompensera ou punira l'homme tout entier.

Id. — t. XXIII, *quæst.* I, art. 4

Le surnaturel dans le domaine de la connaissance et de l'intelligence prend le nom de mystère ; dans le domaine de la nature extérieure c'est le miracle ; quand il rend l'homme capable d'atteindre sa fin, c'est la grâce qui élève la créature à la ressemblance et à la contemplation de Dieu. L'ordre surnaturel constitue un monde supérieur et nouveau, un nouvel ordre de choses qui n'est ni le résultat, ni le postulat de l'ordre naturel et pour lequel l'homme ne possède pas une faculté positive, mais qui l'élève et le complète.

Id. — t. II, *quæst.* CIX, art. 1

Aucune activité ne peut s'étendre plus loin que le pouvoir de sa nature agissante. Il est donc nécessaire, pour que l'activité d'une nature puisse dépasser son pouvoir propre, que cette nature soit dans une certaine mesure au-dessus d'elle-même. Il est donc impossible que celui qui n'a pas obtenu par la régénération intellectuelle une existence divine produise des actes divins. Ainsi donc il faut nécessairement que la première grâce qui est accordée à l'homme avant tout mérite de sa part soit une grâce qui élève l'essence de l'homme jusqu'à une certaine existence divine.

Id. — t. ii, quœst. cx, art. 1

A la vérité, Dieu aime toutes ses créatures en tant qu'il leur accorde un bien créé. Mais il a pour l'homme un autre amour, c'est-à-dire cet amour surnaturel qui ressemble à l'amitié et par lequel Dieu aime sa créature non plus comme l'ouvrier son œuvre, mais avec la tendresse intime de l'amitié, comme un ami aime son ami, de telle sorte qu'il l'élève à la participation de sa propre jouissance et qu'il fait consister sa gloire et son bonheur en ce qui fait la gloire et le bonheur de Dieu même. La grâce est donc quelque chose de surnaturel dans l'homme.

THOT ou HERMÈS

(Le Pimauder ou de la Puissance et de la Sagesse divine, d'après les anciens papyrus de l'Egypte).

L'intelligence, qui est Dieu, a produit avec le Verbe qui est sa pensée, un autre être opérant, Dieu comme l'un et comme l'autre et qui est l'esprit de Dieu ou le Dieu feu. (C'est ce que disent également les hiéroglyphes de l'obélisque du grand cirque à Rome).

Schou est le Dieu du monde; il est au-dessus des cieux et de ses images sur la terre; l'encens lui est offert chaque jour lorsqu'il éclate à son lever .....

L'intelligence, père de tout, a procréé l'homme semblable à lui, et l'a recueilli comme un fils; car il était beau et était le portrait de son père. Mais l'homme s'étant précipité de la contemplation de son père dans la sphère de la génération, il désira briser les circonférences des cercles qui enferment la matière. Et le *mauvais génie* qui avait toute puissance sur les animaux privés de raison, sortit du sein de l'harmonie, rompit la puissance des cercles et montra la nature comme une des belles formes de Dieu. L'homme se prit d'amour pour elle. Il en naquit une forme privée de raison, et pour avoir voulu ainsi pénétrer une harmonie supérieure, l'homme est tombé dans l'esclavage...

Mais son âme est immortelle : après la mort, les sens retournent dans leur source ; le corps se dissout, et l'esprit remonte d'harmonie en harmonie par sept cercles jusque dans l'essence de Dieu.

NOTA. — Voyez *Annales de philosophie chrétienne*, sept. 1861, Discours de M. de Rougé, et dans l'*Univers pittoresque*. Egypte, par Champollion — Figeac.

THUCYDIDE

(Dè bello Peloponeso, t. III, p. 45)

Tous les hommes font le mal publiquement et en secret. La convoitise coupable aveuglant l'intelligence, celle-ci se livre à l'espoir du gain et le mal se commet. L'humanité est portée au mal et ni lois, ni sanctions ne peuvent l'en détourner; ne pas le reconnaître est impossible ou d'une intelligence très bornée.

TIERCELIN (Louis)

(Sur la mort de Brizeux)

Bretons dans le péril et chrétiens dans l'épreuve,
Gardez un idéal où votre cœur s'abreuve;
Le réel triomphant fait les cœurs durs et froids.
Croyez en Dieu ! Ce Dieu qu'on raille et qu'on insulte,
Comme sur nos menhirs, en vous plantez sa croix,
Et sans honte, au grand jour, rendez-lui votre culte.

TITUS

(Paroles de Titus à l'occasion de la prise de Jérusalem)

C'est sous la conduite de Dieu que nous avons fait cette guerre. C'est Dieu qui a chassé les Juifs de ces forteresses, contre lesquelles ni les forces humaines, ni les machines ne pouvaient rien ; ce n'est pas moi qui ai vaincu ; je n'ai fait que prêter la main à la vengeance divine.

Nota. — Encore de nos jours les Juifs à Rome évitent de passer sous l'arc de triomphe de Titus.

TOCQUEVILLE (De)

(*L'ancien régime et la Révolution*)

J'ai connu des hommes qui croyaient racheter leur rampante bassesse devant les plus minces représentants du pouvoir politique en montrant de l'audace contre Dieu, et qui, tout en répudiant ce qu'il y a de noble et de hardi dans la Révolution, s'imaginaient cependant rester fidèles à son esprit en persévérant dans leur incrédulité.

Id. — p. 172

J'ose penser, contrairement à une opinion bien générale et fort solidement établie, en raison de mes études historiques et par la lecture attentive des procès-verbaux des assemblées provinciales de 1779 et de 1787, que les peuples qui ôtent au clergé catholique toute participation quelconque à la propriété foncière et transforment tous ses revenus en salaires, ne servent que les intérêts du Saint-Siège et ceux des princes temporels, et se privent eux-mêmes d'un très grand élément de liberté.

Je ne sais si, à tout prendre et malgré les

vices éclatants de quelques-uns de ses membres, il y eut jamais dans le monde un clergé plus remarquable que le clergé catholique de France, au moment où la Révolution l'a surpris, plus éclairé, plus national, moins retranché dans les seules vertus privées, mieux pourvu de vertus publiques et en même temps de plus de foi. La persécution l'a bien montré. J'ai commencé l'étude de l'ancienne société plein de préjugés contre lui ; je l'ai finie plein de respect.

Id.

L'histoire de tous les temps l'a démontré : un peuple, qui veut être libre et fort, doit croire; et un peuple, qui ne veut pas croire, doit nécessairement être esclave.

TRENDELENBURG

(Examen logique, t. ii, p. 26)

La nature créatrice se cache pour travailler avec un soin aussi jaloux que si elle voulait ôter jusqu'à la possibilité de songer même à une explication des causes et des forces. Si l'œil, par exemple, pendant qu'il se forme, était exposé à la lumière, on pourrait à la rigueur soupçonner que le rayon lumineux façonnerait lui-même ce précieux organe en le sollicitant; mais l'œil se forme dans l'obscurité du sein maternel pour correspondre à la lumière après la naissance. Il en est de même des autres sens. Il existe une harmonie préétablie entre la lumière et l'œil, entre le son et l'oreille, entre le sol qui nous porte et la mécanique des organes du mouvement. Car, sans qu'il ait existé de commerce entre eux, ils entrent tout à coup, non pas tandis qu'ils se forment, mais après leur formation, en relation très intime. La lumière n'a pas éveillé la vue, ni le son, ni l'ouïe; l'élément sur lequel doit se mouvoir la créature n'a pas formé les organes de la locomotion; non, les organes ont été exprès formés d'avance pour les opérations à produire. On est ici comme dans un cercle qui n'a cependant rien de vicieux. L'organe tombe avec son activité sous l'action des causes extérieures; il tombe sous la loi de sa propre opération, mais avec sa structure visiblement intentionnelle. L'œil voit, mais le voir a présidé à la structure de l'œil. Les pieds marchent, mais le marcher a conformé les articulations des pieds. Les organes de la bouche parlent, mais la parole, la nécessité d'exprimer sa pensée les avait devancés. Ce cercle n'est autre chose que le cercle magique du fait simple. L'harmonie préétablie suppose évidemment une puissance au centre du cercle, puissance centrale où se réunissent les rayons, dans laquelle la pensée est l'alpha et l'oméga...

Partout où une intention se manifeste dans le monde, c'est que la pensée la précède comme son principe.

TULASNE

(Selecta fungorum carpologia, préface)

Songez quel soin et quelle sollicitude on met
à recueillir les moindres paroles des grands
hommes, à noter et à commenter les actes des
rois, et vous jugerez si le simple et pur contem-
plateur de la nature, le candide admirateur de
l'œuvre divine mérite d'être dédaigné par ceux
qui réservent toutes leurs louanges pour les
œuvres d'hommes mortels... Et maintenant vas
au grand jour, petit livre, et autant qu'il est en
toi, travaille à ce qui fait l'objet de tous nos
vœux, à faire mieux connaître la Providence
divine, plus visible dans les plus humbles objets,
et à célébrer les louanges du suprême ouvrier.

TURENNE

(Lettre à sa femme)

Nous allons commencer la campagne; j'ai bien
prié Dieu ce matin qu'il me fît la grâce de la
passer sans crainte, ne connaissant pas de plus
grand bien que d'avoir la conscience en repos,
autant que notre fragilité le peut permettre.

Id.

Je suis toujours dans les mêmes sentiments,
priant Dieu qu'il me donne la continuation de sa

grâce et qu'il me rende plus homme de bien que je ne suis.

TURGOT

(Sur les avantages que le christianisme a procurés au genre humain)

Je ne m'appuierai que sur les faits, et la comparaison du monde chrétien avec le monde idolâtre sera la démonstration des avantages que l'univers a reçu du christianisme. Je m'efforcerai de peindre depuis l'établissement de la doctrine de Jésus-Christ, ce principe toujours agissant au milieu du tumulte des passions humaines, toujours subsistant parmi les révolutions continuelles qu'elles produisent, se mêlant avec elles, adoucissant leurs fureurs, tempérant leur action, modérant la chute des États, corrigeant leurs lois, perfectionnant les gouvernements, rendant les hommes meilleurs et plus heureux. La matière est immense ; les preuves naissent en foule ; leur multitude même semble ne pouvoir se plier à aucune méthode... Je dois pourtant me borner. J'envisagerai donc les effets de la religion chrétienne sur l'homme considéré en lui-même et sur les hommes réunis en société.

L'étrange tableau que celui de l'univers avant le christianisme ! toutes les nations plongées dans les superstitions les plus extravagantes ; les ouvrages d'art, les plus vils animaux, les passions même et les vices déifiés; les plus affreuses dissolutions des mœurs, autorisées par l'exemple des dieux et souvent même par les lois civiles...

Au milieu de la contagion universelle, les seuls juifs s'étaient conservés purs ; ils avaient traversé l'étendue des siècles, environnés de toutes parts de la superstition et de l'impiété...... mais ce même peuple ignorait la grandeur du trésor qu'il devait donner à la terre. Son orgueil avait resserré, dans les bornes étroites d'une seule nation, l'immensité des miséricordes de Dieu.

Jésus-Christ paraît. Il apporte une doctrine nouvelle ; il annonce aux hommes que la lumière va se lever pour eux ; que la vertu sera mieux connue, mieux pratiquée ; le bonheur doit en être la suite. La religion se répand sur toute la terre, et les hommes plus éclairés, plus vertueux, goûtent et découvrent à la fois les avantages du christianisme.

Les temples et les idoles tombent, et leur chute n'est due qu'au pouvoir de la vérité.

ULLMANN

(*Le culte du génie*, p. 52)

La religion, quand elle est saine, exerce une salutaire influence sur tous les instants et sur toutes les situations de la vie. Elle est le cœur

et l'artère toujours battante de toute existence.
Rien de si petit qui ne soit consacré et glorifié
par elle ; rien de si ambitieux et d'un si haut
vol qui ne reçoive d'elle sa véritable mesure.
Excitation et exaltation morale, abattement et
douleur profonde, il n'y a pas d'état que le sentiment de Dieu n'apaise, ne pacifie, ne sanctifie.

Id. — Essence du christianisme.

Dans un sens le christianisme a tout dit dès le
principe ; dans un autre il lui reste encore
beaucoup à dire et le monde ne finira pas qu'il
n'ait entendu le dernier mot du christianisme.

ULRICI

(Principe fondamental de la philosophie, t. I, p. 73 et 253)

La volonté de l'homme entre dans toute science
et dans toute connaissance immédiatement et,
comme principe déterminant. Car, en dernière
analyse, la volonté n'est que cette détermination
de l'intelligence par elle-même en vertu de
laquelle, maîtresse de ses pensées, elle peut
refouler aussi bien celle qui est nécessaire que
celle qui est volontaire. Si je ne veux pas comprendre, si je ne veux pas suivre ma pensée
nécessaire, ni concevoir mon essence propre,
mon moi particulier, conformément à la pensée

nécessaire, j'arriverai à ne jamais comprendre.

. . . .

Les goûts, les penchants, les désirs, les passions provoquent l'intervention du libre arbitre dans les opérations de la pensée. Il s'ensuit que l'erreur dépend surtout du libre arbitre et l'on peut affirmer qu'au fond de toutes les erreurs de l'esprit humain, il y a toujours une faute de la volonté.

VAUVENARGUES

(Méditation sur la foi)

Toute la nature est conduite par une sagesse éclatante; l'homme seul flotte au gré de ses incertitudes et de ses passions, plus troublé qu'éclairé de sa faible raison. Conçoit-on qu'un être si noble soit le seul privé de la règle qui règne dans tout l'univers? Ou plutôt n'est-il pas sensible, que ne trouvant point de règle solide hors de la religion chrétienne, c'est elle qui lui fut tracée avant la naissance des cieux? Qu'oppose l'impie à la foi d'une autorité si sacrée? Pense-t-il qu'élevé par-dessus les êtres, son génie est indépendant? Et qui nourrirait dans ton cœur un si ridicule mensonge, être infime! Tant de degrés de puissance, d'intelligence, que tu sens au-delà de toi, ne te font-ils pas soupçonner une souveraine raison? Tu vis, faible avorton de l'être; tu vis et tu oses assurer que l'être parfait ne vit pas? Misérable, lève les yeux, regarde ces globes de feu qu'une force inconnue condense. Ecoute : tout nous porte à croire que des êtres si merveilleux n'ont pas le secret de leur cours ; ils ne sentent pas leur grandeur ni leur éternelle beauté. Ils sont comme s'ils n'étaient pas. Qui met un accord si parfait entre eux? D'où naît leur éternel concert? D'un mouvement simple et incréé, dis-tu? Mais ce mouvement qui opère ces grandes merveilles, le sait-il, ne le sait-il pas? Tu sais que tu vis ; nul insecte n'ignore sa propre existence, et le seul principe de l'Etre, l'âme de l'univers, ô prodige, ô blasphème! l'âme de l'univers... ô puissance invisible, pouvez-vous souffrir cet outrage!

VEUILLOT

(Ruine de Babylone)

Elle voyait couler ses eaux intarissables,
    La ville du roi Balthazar.
La grande Babylone aux murs infranchissables,
    Palais, forteresse et bazar.
Son triomphant rempart, hérissé de tours fortes,
    Comme un royaume, s'étendait.
Dans l'enceinte géante, on entrait par cent portes,
    Un peuple entier la défendait.
. . . .

Le roi Balthazar soupe avec ses concubines,
    Ses grands, ses fous et ses devins.

Il rit ; il est content du maître des cuisines,
    Il fait venir ses meilleurs vins.

. . . .

Dans l'esprit d'un bouffon ou d'une courtisane
    Passe alors un projet heureux :
Roi, parmi tes trésors que leur aspect profane,
    Sont les vases saints des Hébreux.
Qu'ils paraissent ici ; qu'emplis d'un vin robuste,
    Humbles, ils passent en nos mains ;
Mais d'abord purifie, avec ta lèvre auguste,
    Cet or fameux du Saint des Saints.
Fais-nous rire des Juifs et de leur Dieu sévère.
    Ce Jéhovah, leur fier soutien,
Se venge, disent-ils, par des coups de tonnerre :
    Insulte-lui : nous verrons bien !
Le roi sourit. Allons, par forme d'intermède,
    Faisons tonner le Tout-Puissant.

Dans ce moment, Cyrus entrait, suivi du Mède,
    Peuple rude, altéré de sang.
Dans ce moment la Main, sanglant soleil, éclate,
    Jetant des foudres pour rayons ;
Et l'on vient dire au roi qu'au lieu de flot, l'Euphrate
    Roule vers lui des bataillons.

Tout tremble, tout se tait ; le roi Balthazar blème
    Cherche qui peut le secourir.
Il veut voir Daniel, à cette heure suprême,
    Mais c'était l'heure de mourir :
Roi, dit le saint, c'est Dieu, présentement, qui raille !
    Ces mots, en langage inconnu,

Que sa terrible main écrit sur ta muraille
    Disent que ton jour est venu,
Compté, pesé, livré : Babylone est captive, ...
    Son dur empire est partagé,
Dieu l'égale à Sodome, à Gomorrhe, à Ninive.
    Tu le bravais. Il est vengé.
. . . .

Le peuple chaldéen succombe avec sa ville,
    L'Euphrate même perd son cours,
Et tout n'est bientôt plus qu'une poussière vile,
    Et Dieu la disperse toujours.
. . . .

Quel fut ton lieu, Babel ? Le soleil de ses flammes
    A calciné ton sol maudit,
Et le bouc a dansé sur tes débris infâmes.
    Les prophètes l'avaient prédit...
Ainsi Dieu, de ses mains, sur cette cendre jaune,
    Trace encor ses justes arrêts.
Et le monde a gardé cela de Babylone,
    Trois mots : Mané, Thécel, Pharès.

VILLEMAIN

(Tableau de l'éloquence chrétienne au IVe siècle)

C'était un spectacle admirable que de voir les
héritières des noms les plus glorieux de la
grande Rome, les filles des Scipion, des Mar-
cellus, des Camille se consacrant aux œuvres de
charité et sacrifiant leurs trésors, leur beauté,
leur jeunesse pour secourir des malades et des

pauvres, comme si, par une digne expiation, la Providence eût voulu faire sortir les plus humbles consolatrices de l'humanité du milieu de ces familles dont la gloire avait opprimé le monde.

Id. — *Etude critique sur les Evangiles.*

La Palestine au temps de Jésus voyait sa physionomie souvent modifiée ; séjour de trois peuples différents de mœurs et de langage, les Juifs, les Hellénistes et les Romains, elle en recevait la triple empreinte. Tour à tour prise par Pompée, opprimée par Hérode, désolée par Titus, et presque anéantie par Adrien, elle changeait chaque jour d'aspect et de lois, ainsi que d'habitudes et d'oppresseurs. Il faut évidemment que les Evangélistes aient été les témoins oculaires de cette période troublée, car les recherches les plus minutieuses et les plus malveillantes n'ont pu prendre leur exactitude en défaut ; et cette exactitude leur eût été impossible, s'ils n'avaient point certifié de visu tout le récit qu'ils ont signé.

Il n'y a plus de doute possible sur l'origine certaine des quatre Evangiles, à moins de mettre en question l'évidence historique. Saint Mathieu dédia son manuscrit à l'Eglise de Jérusalem et aux Juifs convertis de la Palestine ; saint Marc à l'Eglise de Rome et à celle d'Alexandrie ; saint Luc et saint Jean transmirent les leurs aux florissantes communautés grecques de l'Europe et de l'Asie mineure ; mais l'Evangile le plus solennellement publié fut celui de saint Jean, puisqu'une lettre de cet apôtre, de saint André et d'autres disciples du Sauveur, eut pour but de l'introduire officiellement dans les Eglises.

VIOLEAU (HIPPOLYTE)

(*Le Berceau et la Tombe*)

Le berceau de l'enfant a le rideau de gaze,
Le doux balancement du genou maternel,
Et les songes légers, et la première extase
Qui rayonne aux fronts purs comme un astre éternel.

La tombe a le gazon qui la couvre et la presse ;
Elle a le saule vert qui penche ses rameaux,
Elle a le rosier blanc qu'une abeille caresse,
Et la prière tendre et le chant des oiseaux.

Tous les deux font rêver même l'indifférence ;
Aux travaux du penseur ils ont partout des droits.
Tous deux sont pleins d'amour, de paix et d'espérance :
Sur l'un veille une mère, et sur l'autre une croix.

Ils parlent tous les deux d'une aurore vermeille,
L'un à l'enfant naissant, et l'autre à l'homme mort ;
Le berceau donne un monde à l'enfant qui s'éveille,
La tombe donne un Ciel au juste qui s'endort.

VIRCHOW

(Archives pour les études pathologiques)

Là doctrine de la génération spontanée, selon laquelle des êtres vivants naîtraient d'une matière morte, sans père ni mère, se voit de plus en plus abandonnée. Il n'y a plus dans le règne végétal et dans le règne animal que les organismes les plus humbles qui donnent encore aujourd'hui la possibilité de renouveler l'ancienne querelle à ce sujet. Pour les organismes plus parfaits, la génération spontanée est maintenant mise de côté. Toute plante a sa graine, tout animal a son œuf ou son germe. Tout ce qui vit forme une longue série de générations successives, dans laquelle l'enfant devient mère et l'effet devient cause à son tour. C'est une chaîne continue composée d'anneaux vivants où le mouvement et la vie se propagent dans un renouvellement et un rajeunissement perpétuel. Le végétal engendre le végétal, et l'animal, l'animal. Il y a plus : chaque espèce déterminée de végétaux ou d'animaux ne reproduit que des végétaux et des animaux de même espèce. Le dessein de l'organisation est invariable dans les limites de l'espèce. L'espèce ne sort pas de l'espèce.

Id.

Il y a un dogmatisme matérialiste aussi bien qu'un dogmatisme religieux et idéaliste. Mais le

dogmatisme matérialiste est encore plus dangereux que l'autre, puisqu'il renie sa nature dogmatique et qu'il se présente sous le déguisement de
la science, puisqu'il se donne pour empirique,
tandis qu'il est tout spéculatif, puisqu'il transporte l'observation de la nature sur un terrain
où il est clair qu'elle n'est plus compétente ainsi
que le fait le Darwinisme.

VIREY

(*Histoire naturelle*)

Organiser dans une matière informe toutes les
merveilles d'un corps vivant, en disposer tous
les ressorts avec une sagesse profonde, une prévoyance admirable, donner le mouvement, la
vie, l'instinct à une chair inanimée, voilà le
témoignage irrécusable d'un Dieu... Il faut que
le dessein précède l'ouvrage ; il faut de l'intelligence pour créer l'instinct : à plus forte raison
pour créer l'intelligence.

VITET

(*La science et la foi*)

Ce qu'il y a de certain, c'est que les Evangiles
de si près qu'on les serre, résistent à la critique
et demeurent à jamais d'indestructibles monuments. Quel est le livre d'Hérodote ou la décade

de Tite-Live qui porte aussi profondément un caractère de bonne foi et de véracité que les récits de saint Mathieu et les souvenirs de saint Jean ?

VIVIEN DE SAINT-MARTIN

(*L'Année géographique*, 1868, p. 519)

Il reste un fait incontestable. Les commencements des chronologies grecque, phénicienne, indienne, chinoise, égyptienne, ne remontent certainement pas plus haut que quatre mille ans avant Jésus-Christ. Au-delà, plus aucune tradition, si ce n'est celle d'une grande catastrophe. Il y a dans cette logique des faits une plus grande certitude que celle que peuvent fournir toutes les hypothèses et les inductions imaginables.

VOLTA

(Ecrit en 1815 par Volta et rapporté par CICÉRI DE CORNO dans *Les deux Journées d'Août*, Milan, 1830.)

J'ai toujours tenu et je tiens pour unique, vraie et infaillible, cette sainte religion catholique, remerciant sans cesse le bon Dieu de m'avoir accordé cette foi. Je la reconnais pour un de ses dons... Mais je n'ai pas négligé les moyens humains de m'y affermir et d'écarter toute espèce de doute, en l'étudiant attentivement dans ses fondements, en recherchant dans la lecture des livres apologétiques et des livres opposés, les raisons pour et contre d'où naissaient les arguments les plus propres à la rendre croyable et à la présenter telle que nulle âme bien faite ne puisse se refuser à l'embrasser. Puisse cette protestation, que je permets de montrer à chacun, parce que *non erubesco evangelium;* puisse-t-elle, dis-je, produire quelques bons fruits !

VOLTAIRE

(*Remarques sur le bon sens*)

Quelque chose existe, donc quelque chose est de toute éternité. Ce monde est fait avec intelligence ; donc par une intelligence. Il est ainsi démontré en rigueur qu'il existe un être nécessaire de toute éternité. Il est également démontré qu'il y a une intelligence dans le monde. Je m'en tiens là.

Id.

Croyez-moi, plus j'y pense et moins je puis songer
Que cette horloge existe et n'ait point d'horloger.
. . . .
Tout annonce d'un Dieu l'éternelle existence.
On ne peut le comprendre, on ne peut l'ignorer ;
La voix de l'univers annonce sa puissance
Et la voix de nos cœurs dit qu'il faut l'adorer.

Id. — *Essai sur l'Histoire générale*

Quand vous voyez la raison faire des progrès

si prodigieux seulement au moment de la prédication de l'Evangile, vous devez regarder la foi comme une alliée, non comme une ennemie.

Jamais aucun philosophe n'a influé seulement sur les mœurs de la rue où il demeurait ; quelques hommes, assez rares du reste, ont influé sur les mœurs du peuple dont ils faisaient partie.

Jésus-Christ paraît, et sans effort aucun, sans autre appui que quelques pauvres et ignorants pêcheurs, il influe sur toutes les races humaines et sur tous les siècles.

Le judaïsme, le sabéïsme, la religion de Zoroastre, rampent dans la poussière. Le culte de Tyr et de Carthage est tombé avec ces puissantes villes. La religion de Miltiade et de Périclès, celle de Paul-Emile et de Caton ne sont plus. Celle d'Odin est anéantie ; la langue même d'Osiris, devenue celle des Ptolémées, est ignorée de leurs descendants ; le théisme pur n'a jamais existé. Le christianisme seul est resté debout parmi tant de vicissitudes et dans le fracas de tant de ruines, immuable comme le Dieu qui en est l'auteur.

La vérité reste pour l'éternité et les fantômes d'opinion passent comme des rêves de malades...

La religion subsiste depuis six mille ans de l'aveu de tous, et les sectes sont d'hier. Je suis forcé de croire et d'admirer.

Id. — Essai sur l'Histoire générale, t. ii, ch. lx

L'intérêt du genre humain veut qu'il y ait un frein qui retienne les souverains et qui mette en sûreté la vie des peuples. Ce frein, la religion l'avait, par une convention générale, remis entre les mains des papes.

Id. — Traité de la Tolérance, ch. xx

Partout où subsiste une société, il faut une religion. Les lois veillent sur les mœurs publiques, la religion sur la vie privée.

Id.

Peut-être n'y a-t-il rien de plus grand sur la terre que le sacrifice qu'un sexe délicat fait de sa beauté, de sa jeunesse et souvent d'une naissance illustre, pour aller dans les hôpitaux soulager le rebut des misères humaines, dont la vue est si humiliante pour notre orgueil et si révoltante pour notre mollesse.

Id. — Etat de l'univers avant la prédication de l'Evangile

On ne se refuse à la doctrine de l'Evangile que pour tomber dans l'absurdité.

Id. — La foi

Soumettre notre raison, non par une crédulité aveugle, mais par une croyance docile que la raison même autorise, telle est la foi chrétienne.

Soyez bien sûr qu'on passe des moments bien tristes à quatre-vingts ans, quand on nage dans le doute. Cicéron n'avait que des doutes ; son petit-fils et sa petite-fille purent apprendre la vérité des premiers Galiléens qui vinrent à Rome. Avant ce temps-là et depuis par tout le reste de la terre où les apôtres ne pénétrèrent pas, chacun devait dire à son âme : qui es-tu ? d'où viens-tu ? que fais-tu ? Nul n'en saura jamais rien par ses propres lumières, sans le secours de Dieu.

Id.—Profession de foi

La nécessité de remplir tous les devoir... la religion chez moi m'est d'autant plus sévèrement imposée, que je suis comptable de l'éducation que je donne à Mlle Corneille. Oui, je sers Dieu, j'établis des écoles, je bâtis des églises, je vais établir un hôpital... Oui, je sers Dieu, je crois en Dieu, et je veux qu'on le sache...

Id.

Si le monde était gouverné par des athées, il vaudrait autant être sous l'empire immédiat de ces êtres infernaux qu'on nous peint comme acharnés sur leurs victimes.

WAGNER (Rudolph)

(Le combat pour l'âme du point de vue de la science,
Gœttingue, 1857)

Il est certain que les sciences naturelles ne

pourront jamais faire la base de la vraie culture intellectuelle, ni répondre à toutes les aspirations du cœur et de l'esprit. Partout où l'on en fera le fondement unique ou même principal de l'éducation, on ne formera qu'une génération froide, creuse, sans esprit comme sans cœur, chez qui s'étioleront les plus nobles facultés de l'homme. Un matérialisme grossier, une stupide adoration du veau d'or, telle sera la conséquence inévitable de ce culte de la nature. Déjà les commencements d'un semblable fétichisme sont sous nos yeux ; ils se montrent dans une double direction, dans la science et dans la vie, par la divinisation de la matière et par l'âpre poursuite de la richesse et du plaisir.

Id.

Il existe des groupes d'individus qui sont reliés ensemble historiquement par voie de génération. Malgré certains changements extérieurs et intérieurs de leurs formes, jamais ces individus ne franchissent les limites de la sphère qui leur est propre pour passer dans une sphère voisine ; ils tendent constamment à se rapprocher de leur centre typique ; il s'ensuit évidemment qu'une espèce est autre chose qu'un certain nombre d'individus rapprochés capricieusement par des marques extérieures d'une ressemblance toute fortuite, autre chose qu'une conception abstraite, enfantée par l'imagination de zoologisles systématiques, c'est-à-dire qu'une espèce est un tout bien réel, un cercle absolument clos d'où rien de ce qui est à l'intérieur ne peut sortir et où rien d'extérieur ne peut rentrer. Selon Lamark et Darwin, ce sont les différences de formes les plus superficielles et les plus fortuites qui se transmettent et se fixent. Une étude attentive des lois physiologiques de la génération et de la succession des individus de la même espèce démontre précisément le contraire. Celles-là se transmettent difficilement et jamais longtemps.

Id.

Cela touche au comique : avant l'apparition du livre de Darwin, les défenseurs de l'unité de l'espèce humaine, ceux qui considéraient toutes les variétés ou races comme ayant pu venir d'un seul couple, étaient traités de perruques, de gens en dehors de tout progrès. Maintenant c'est tout le contraire, on tient pour indubitable que le singe et l'homme ont eu un même ancêtre.

WALLON (H.)

(De la croyance due aux Evangiles)

Parcourez, dirons-nous à la critique négative, parcourez les écrits innombrables des pères de l'Eglise, qui dans leurs commentaires, dans leurs traités dogmatiques, dans leurs homélies ont transcrit en quelque sorte le Nouveau Testament tout entier : vous y retrouverez le sens et presque toujours les paroles mêmes de nos livres saints ; en sorte que si, par impossible, ces livres venaient à disparaître tout à coup, il serait aisé de les refaire en rassemblant les citations éparses dans les auteurs ecclésiastiques. Preuve démonstrative de l'intégrité constante des livres du Nouveau Testament, puisqu'il en résulte que nos exemplaires actuels sont parfaitement conformes à ceux de la plus haute antiquité.

On a, il est vrai, des variantes dans les Evangiles. Déjà Origène en avait relevé un certain nombre dues à la faute des copistes, comme cela arrive pour tous les manuscrits.

Depuis Origène, le temps a multiplié, avec les transcriptions, les chances d'erreurs, mais aucune n'a compromis en quoi que ce soit l'intégrité de la narration sacrée.

Lorsque le docteur Mill, après trente ans passés à comparer les textes, publia ses trente mille variantes, il y eut un moment d'hésitation et de crainte. Pourtant il n'y avait rien là que de très naturel. Bentley a compté jusqu'à vingt mille variantes dans Térence.

Les variantes doivent d'ailleurs se peser plutôt que se compter. Or, de toutes celles qui ont été signalées, une dizaine tout au plus ont une certaine portée relativement au dogme et aucune n'en a par rapport à l'histoire évangélique. N'est-ce point la preuve que l'Evangile nous fut transmis vierge de toutes les interpolations imaginées par l'exégèse mythologique ?

WASHINGTON

(Cité par DE RAUMER, *Les Etats-Unis d'Amérique*)

La religion et la morale sont les soutiens indispensables de la prospérité publique. Il n'est pas un bon citoyen, celui qui cherche à saper ces puissantes colonnes du bonheur de l'homme. Tout véritable homme d'Etat les honore et les aime aussi certainement que tout homme pieux. Leur importance pour le bonheur public et privé est inappréciable. Si l'on ôte la religion du serment, ce dernier refuge des tribunaux, quelle sera désormais la garantie de nos propriétés, de notre vie, de notre réputation ? La raison et l'expérience démontrent que la morale ne peut subsister chez un peuple sans la religion. Or, c'est à la morale et à la religion qu'un gouvernement populaire emprunte principalement sa force.

WEILER (CAJÉTAN)

(*Idées pour l'histoire du développement de la foi religieuse*, Munich, 1808, t. I, ch. VII)

Le scepticisme a tué tout sens moral, traînant à sa suite la superstition et les hallucinations folles, parce que l'on ne peut vivre sans croire au delà de ce que les mains touchent. On rejette les mystères, mais on s'attache à de folles énigmes. L'incrédulité devient superstitieuse et la superstition incrédule.

WIELAND

(*Hymme*, fin)

Ainsi que toi, me dit l'ange, je ne suis qu'une créature. Je t'ai vu quitter la terre et d'un vol impatient traverser les cieux. Vainement, dans l'espace des mondes cherches-tu l'infini. Présent également en tout lieu, un monde n'est pas plus voisin de lui qu'un autre. Tu n'es pas digne encore d'élever sur lui tes regards. Toutes ces sphères et tous ces lieux ne sont que des ombres de ses pensées, des images destinées à nous initier par degrés aux mystères de l'Eternité. Tout cet univers, immense à tes yeux, n'est pour nos regards, accoutumés à la vue du créateur même, qu'un brillant nuage. Dans un profond éloignement, tu le vois tourner sous tes pieds.

Ces sphères, poursuivit le génie immortel, sont assez grandes et assez magnifiques pour faire l'admiration de ton âme. Mais comme elles ont eu leur origine, elles auront leur terme aussi. Cette pompeuse création, si digne en apparence de l'immortalité, s'évanouira dans le néant et tous les esprits, devenus dignes d'approcher de Dieu, jouiront avec nous d'une égale félicité. Maintenant retourne sur tes pas, et si tu veux voir l'Eternel de plus près qu'il ne se découvre dans la création, il faut le chercher en toi-même. Ne prends pas les cieux pour tes guides ; l'amour pourra mieux te conduire à lui par le sentier de la sagesse.

WISEMAN

(Accord de la science avec la révélation)

Ce qui m'a souvent paru la preuve intrinsèque la plus puissante d'une autorité supérieure imprimée dans l'histoire évangélique, c'est que le caractère saint et parfait qu'elle nous peint, non seulement diffère de tous les types de perfection morale que pouvaient concevoir ceux qui l'ont écrite, mais encore y est expressément opposé. Nous avons, dans les écrits des rabbins, d'amples matériaux pour construire le modèle d'un docteur juif parfait. Nous avons les maximes et les actions de Hillel, de Gamaliel et de Rabbi-Samuel, toutes peut-être presque imaginaires, mais toutes portant l'empreinte des idées nationales, toutes formées d'après une règle de perfection abstraite. Et pourtant, rien ne paraît être plus éloigné de leurs pensées, de leurs principes, de leurs actions, de leur caractère, que les pensées, les principes, les actions et le caractère de notre Rédempteur. Passionnés pour les controverses et les discussions subtiles, athlètes toujours prêts à descendre dans l'arène pour défendre les droits exclusifs de leur nation, ils s'étaient établis les gardiens rigoureux et farouches de la moindre lettre de la loi, tandis que, par leurs sophismes, ils s'éloignaient de l'esprit de la loi.

Voilà les hommes qui passaient pour grands aux yeux des Juifs.

Comment est-il arrivé que des hommes sans instruction comme les Evangélistes, aient imaginé de représenter un caractère qui s'éloigne à tous égards de leur type national, en désaccord avec tous les traits de celui-ci, que cependant la coutume, l'éducation, le patriotisme, la religion et la nature semblaient avoir consacré comme le plus beau de tous? Et la difficulté de considérer un semblable caractère comme une invention de l'homme, ainsi que l'on a eu l'impiété de l'imaginer, est encore augmentée si l'on observe comment des écrivains, quoique rapportant des faits différents, comme saint Mathieu et saint Jean, nous conduisent à la même conception et à la même représentation... Il n'y a qu'un moyen d'expliquer ce fait. Les Evangélistes doivent avoir copié le modèle vivant qu'ils représentent et l'accord des traits moraux qu'ils lui donnent ne peut provenir que de l'exactitude avec laquelle ils les ont respectivement dessinés. Mais ceci ne fait qu'augmenter notre mystérieux étonnement ; car, assurément, il n'était pas comme le reste des hommes, Celui qui pouvait ainsi se distinguer par le caractère de tout ce qui était reconnu comme le plus parfait et le plus admirable par ceux qui l'entouraient ; Celui qui, tandis qu'il se plaçait si fort au-dessus de toutes les idées nationales de perfection morale, n'empruntait cependant rien du Grec, de l'Indien, de l'Egyptien ou du Romain ; qui, lorsqu'il n'avait ainsi rien de commun avec aucun type connu, avec aucune règle de perfection établie, pouvait paraître à chacun comme le type de l'excellence qu'il aimait particulièrement.

Id. — Sermons sur le Sauveur

On a comparé la mort de Socrate à celle de N. S. Jésus-Christ ; mais quelle différence ! L'un boit tranquillement la ciguë, assuré que ses concitoyens sont pleins d'estime et de respect pour lui. Il connaissait aussi le dévouement de ses disciples qui n'auraient jamais consenti à se séparer de leur maître avant d'avoir recueilli son dernier soupir. L'autre boit jusqu'à la lie un calice d'amertume tel qu'avant lui jamais homme n'en goûta un semblable ; honni, calomnié, raillé par sa nation, il se voit encore abandonné, renié, trahi par ses disciples les plus chers. L'un, entouré de nombreux amis qui le soutiennent, se défend devant ses juges avec une franchise courageuse, puis il passe ses derniers moments à s'entretenir paisiblement avec ses disciples. L'autre

conduit de tribunal en tribunal, et interrogé,
reste muet ; son égalité d'âme persévère jusqu'au
milieu du plus désolant abandon, durant les
heures sanglantes de la plus cruelle agonie, et
néanmoins son silence parle plus éloquemment à
Pilate que le discours élégant de l'Athénien à ses
juges. La tranquille résignation de Jésus dans sa
lutte contre la mort arrache à un centurion
romain, ainsi qu'à une multitude prévenue contre
lui, ce cri répété ensuite par tous les échos de
l'univers : cet homme était vraiment le fils de
Dieu !... Tandis que la mort, assurément fort
belle de Socrate, n'a jamais fait dire autre chose,
sinon qu'il était mort comme il convenait à un
philosophe.

WOLLASTON

(Poëme sur une partie du livre de l'Ecclésiaste)

Les hommes se donnent beaucoup de peine
pour se procurer les avantages de ce monde. Et
cependant ils n'en recueillent aucun fruit, ou du
moins que des fruits passagers et peu satisfai-
sants. Il est donc déraisonnable de rechercher
avec tant d'empressement des biens terrestres et
de s'attendre d'y trouver le bonheur.

WYASA

(Les Védas de l'Inde et le Manôva-Dharma-Sastrâ)

Originairement il n'y avait qu'une âme, et

rien autre chose n'existait ; l'Etre pensa : Je créerai les mondes, et ainsi il créa les mondes, l'eau, la lumière, les choses mortelles. Il pensa : Voilà les mondes ; je créerai des gardiens pour ces mondes.....

Or, à quel Dieu offrirons-nous nos oblations, sinon à celui qui fit le firmament fluide et la terre solide ; qui fixa l'orbe solaire et le céleste séjour, qui forma les gouttes de pluie dans l'atmosphère ? A celui que la terre et le ciel contemplent mentalement, tandis qu'ils sont éblouis de ses dons et illuminés par le soleil au-dessus d'eux ! Il est le Dieu suprême. Pragâpati, le maître des créatures ; Asùra, l'esprit vivant ; Daksha, le tout-puissant ; Mitra, le bienveillant ; Dhâtar, le créateur, etc.

Nota. — Un passage du 'Rigvedâ, t. i, 164-46, affirme que les sages donnent plusieurs noms à l'Etre qui est Un, et qu'ils appellent tour à tour Indra, Mitra, Varuna, Agni, etc., etc. Ainsi le monothéisme existait dans les temps les plus reculés de l'histoire de l'Inde comme un souvenir emporté des plaines de Sennaar. Un récit très curieux du déluge, d'après Manou, (voyez De Riancey, *Hist. du Monde*, t. i; p. 277), vient à l'appui de cette manière de voir, car ce récit n'est que la contre-partie de celui de Moïse.

XÉNOPHANE

(*Frag.* xxi, 13, dans *Athénée*, xi, 7)

Au commencement des repas, c'est le devoir

de tout homme sage de louer Dieu, de lui rendre des actions de gráces avec un cœur pur et de le prier de nous accorder la force qui nous est nécessaire pour faire le bien.

Id. — *Sextus empiricus*, t. VIII, p. 326

Jamais nous ne pourrons sortir par nous-mêmes de l'incertitude, jamais personne ne connaîtra la vérité soit sur Dieu, soit sur l'univers; car quand bien même il arriverait à quelqu'un de dire absolument la vérité, il ne le saurait point lui-même avec certitude, parce que tout n'est qu'opinion et probabilité.

XÉNOPHON

(Entretiens mémorables de Socrate)

Imiter Dieu, c'est surtout aimer les hommes, parce que Dieu est éminemment philanthrope.

Oui, il aime les hommes et il a voulu que l'homme exerce son empire sur la nature. A lui seul il a donné le pouvoir de vivre comme un dieu en lui accordant le privilège de la raison. Nous lui devons donc un culte de reconnaissance, de crainte respectueuse et d'amour, car il nous aime jusqu'à la folie.

ZELLER

(Annales de Tubingue, t. I, ch. 2, p. 285).

Lorsque la divinité se révèle, lorsque ce qui

est nature dans le ciel se manifeste sur la terre, il faut nécessairement que ce soit d'une manière surnaturelle. Le miraculeux est donc la conséquence immédiate du théisme, le caractère indispensable de toute révélation.

Id. — Philosophie des Grecs, t. II, p. 164

On a eu tort de vouloir comparer Socrate à Notre-Seigneur Jésus-Christ. Socrate n'est pas ce parfait idéal de vertu auquel la critique moderne a cherché à l'assimiler, mais, bien au contraire, un véritable Grec des pieds à la tête, un homme enfin, en chair et en os, qui est loin d'être un abrégé de morale pour tous les temps; sa vertu ne s'élève point au-dessus du type de moralité familier aux Grecs.

ZOROASTRE

(Le *Zend-Avesta*, traduction de Anquetil Duperron)

L'homme fut créé pur et uni à son *ferouër*, à sa représentation immatérielle, à son âme. Et le ciel était destiné à l'homme et à la femme, premiers créés, Meschia et Meschiânè, pourvu qu'ils fussent humbles de cœur, qu'ils remplissent l'œuvre de la loi et fussent purs dans leurs pensées. Ils devaient, dans ces conditions, faire leur bonheur mutuel. Mais dans le pays de délices où ils vivaient, Ahrimân vint les trouver et ce

maudit courut sur leurs pensées et il les séduisit ;
et le Dew, qui ne dit que le mensonge, leur
apporta des fruits dont ils mangèrent. Et de là,
de cent avantages dont ils jouissaient, il ne leur
en resta plus qu'un. Et ce sont le père et la mère
du genre humain et, quand ils moururent, leur
corps se mêla avec la terre et leur âme retourna
au ciel pour y attendre l'heure du jugement.
Car, dit Ormuzd, il y aura résurrection ; Meschia
et Meschiânè ressusciteront, et tous les autres
après eux. L'âme reconnaîtra le corps, et alors
paraîtra sur la terre l'assemblée de tous les êtres
du monde et chacun verra le bien et le mal
qu'il aura fait, et les justes iront au Goratman
(paradis), et les méchants au Douzarek (enfer).

. . . .

Tout ce qu'il y a de bon vient d'Ormuzd, tout
ce qu'il y a de mal vient d'Ahrimân. Mais, à la
fin des siècles, Ormuzd triomphera... Un jour
paraîtra un grand prophète, qui achèvera l'œuvre
que le fidèle Mazdéen (Zoroastre), aura commencée, et qui frappera d'un dernier coup la
puissance du prince des ténèbres.

— Fin —

TABLE DES MATIÈRES

DARWINISME ou TRANSFORMISME

DIEU (Trinité, Infini)

ÉGLISE

HEXAMÉRON (Genèse, Géologie)

HISTOIRE
CHRONOLOGIE ET ÉCRITURE SAINTE

HOMME & HUMANITÉ

JÉSUS-CHRIST

MARIE (la sainte Vierge)

MIRACLES

MORALE

MORT (Résurrection et l'immortalité)

MYSTÈRES

ORGANISME (Vie)

PAPAUTÉ

PRIÈRE

PROPHÉTIES

RELIGION & RELIGIONS

SCIENCES (philosophiques)

SCIENCES NATURELLES

(Astronomie, Médecine, Physique et Chimie)

VOLONTÉ (Effort moral)

ERRATA

Pages	Lignes	Au lieu de :	Lisez :
10	23	dans le foyer	dans leur foyer
51	15	Chevreuil	Chevreul
87	20	d'Alexandre	d'Alexandrie
247	4	en souvenir	au souvenir
270	21	philosophie de la révélation (Lessing)	Schelling
272	1	Introduction aux écrits d'Etienne Nacgelassenen (Lessing)	Schelling
»	8	Leçons sur la méthode (Lessing)	Schelling
382	28	d'où il est descendu	dont il est descendu
432	17	Labdanus	Labdacus
480	25	Wyasa	Vyasâ

Saint-Jean-d'Angély, imp. E. Robert.